地震边坡危险性区划及灾害评估

张迎宾　富海鹰　柳　静　余鹏程　王庆栋　著

U0212998

科学出版社

北　京

内 容 简 介

本书是在作者多年来从事地震滑坡危险源辨识及灾害评估研究中所取得的科研成果的基础上撰写的。本书通过基于力学模型的地震滑坡危险性评价方法，提出综合考虑边坡坡向、地震动脉冲效应等的地震滑坡危险源辨识方法，并采用数值模拟、模型试验等手段探讨地震滑坡启程及运动机理，全方位对地震滑坡进行灾害评估。本书通过开展理论推导、数据统计、计算分析、数值模拟、模型试验等研究工作，辨识出区域内地震滑坡高危险性边坡，并分析这些边坡在地震作用下的运动特性，完成了灾害评估。

本书可供从事岩土地震工程、地质灾害防治、工程地质等科研和工程技术人员参考，也可供高等院校教师、研究生和高年级本科生参考。

图书在版编目（CIP）数据

地震边坡危险性区划及灾害评估/张迎宾等著. —北京：科学出版社，2024.2

ISBN 978-7-03-068201-7

Ⅰ.①地… Ⅱ.①张… Ⅲ.①地震灾害-边坡稳定性-风险评价
Ⅳ.①P315.9

中国版本图书馆 CIP 数据核字（2021）第 039015 号

责任编辑：宋 芳 李程程 / 责任校对：马英菊
责任印制：吕春珉 / 封面设计：东方人华平面设计部

科 学 出 版 社 出版

北京东黄城根北街 16 号
邮政编码：100717
http://www.sciencep.com

北京中科印刷有限公司 印刷

科学出版社发行 各地新华书店经销

*

2024 年 2 月第 一 版 开本：787×1092 1/16
2024 年 2 月第一次印刷 印张：15 1/4 插页：7
字数：383 000

定价：162.00 元

（如有印装质量问题，我社负责调换〈中科〉）

销售部电话 010-62136230 编辑部电话 010-62135319-2030

前　言

我国地处太平洋地震带和喜马拉雅—地中海地震带之间，受到严重的板块挤压运动影响，活动断裂带构造活跃，强震频发并诱发大量的滑坡灾害，造成了十分严重的破坏。据不完全统计，1500~1949 年，有 134 次地震诱发过次生滑坡、崩塌，并且在一些地震中，山体滑坡摧毁了数千平方千米的土地，对安全和社会发展构成巨大的威胁。地震滑坡危险源辨识及灾害评估对于减少地震滑坡灾害导致的人员伤亡、财产损失等具有重大的意义。本书主要基于地震滑坡危险性评价方法分析地震诱发滑坡的空间分布概率，并提供滑坡的具体位置、危险性等级等描述要素，辨识出区域内的危险源，进而对高危险边坡进行灾害评估。本书可为建筑物及陆地交通工程的建设提供技术支持和科学依据，减小地震滑坡带来的危害，对我国的经济建设有着重要的意义。

本书通过改进 Newmark 滑块模型，并建立脉冲型永久位移模型，提出基于改进力学模型法的地震滑坡危险源辨识方法，以地震滑坡为研究对象，对危险性较高的边坡进行单体灾害评估。本书通过开展理论推导、数据统计、计算分析、数值模拟、模型试验等研究工作，实现地震滑坡从区域到单体的分析，主要研究工作如下：建立全面、完整的地震滑坡数据库；基于地震滑坡数据库探究历史地震滑坡的断层效应；提出考虑边坡坡向、地震荷载作用方式的改进 Newmark 滑块模型；建立考虑脉冲效应的永久位移预测模型；以鲜水河断裂带某一区域为例，完成该区域的地震滑坡危险源辨识；采用数值模拟、模型试验等方法对地震滑坡机理进行研究，分别探讨边坡动力响应规律、落石崩塌运动特性及滑坡运动特性等，全方位对地震滑坡进行灾害评估。

本书包含作者所在岩土地震边坡课题组多位老师和学生的科研成果，是本课题组成员的共同劳动结晶。在此感谢肖遥、王金梅、黄小福、唐云波、肖莉、唐文毅、相晨琳、李小琴、夏逍、刘伦杰等对本书的付出。

本书得到西南交通大学研究生教材（专著）经费建设项目（SWJTU-222022-001）等资助；本书中研究内容得到国家自然科学基金面上项目（41977213，川藏铁路活动断裂带地震触发大型高速滑坡脉冲剧动启程机理研究；41672286，近断层脉冲地震动作用下岩质滑坡剧动失稳及多重加速机理研究）、科技部国家重点研发计划（2016YFC0802201，重大交通基础设施及区域综合交通系统的危险源动态辨识、风险评估技术与信息化管理平台）、第二次青藏高原综合科学考察研究（2019QZKK0906，任务九"地质环境与灾害"，专题 6"综合灾害风险评价与防御"）、四川省科技计划项目（2017JQ0042，高烈度山区交通沿线地质灾害早期识别及风险评价；20GJHZ0232，青藏高原交通沿线地震边坡致灾机理研究；2019YFG0001，川藏铁路建设重大关键技术难题创新研究）等支持，在此一并表示感谢。

限于作者水平，书中难免存在不足之处，恳请读者批评指正。

目　　录

第1章 绪 论

1.1 引 言

强震常常使边坡失稳而产生重大滑坡灾害（彩图1），对其影响范围内的基础设施及建筑物等产生重大冲击破坏，进而导致严重的人员伤亡和巨大的财产损失。我国地处太平洋地震带和喜马拉雅—地中海地震带之间，强震分布广，地震滑坡破坏性严重。例如，2008年"5·12"汶川特大地震触发了大量的滑坡地质灾害（Huang et al.，2013），导致宝成铁路109隧道发生坍塌；北川老县城发生滑坡并直接掩埋1600余人（黄润秋等，2008）；青川东河口发生大滑坡掩埋了4个村庄，导致700多人丧生（殷跃平 等，2009；孙萍 等，2009）。1999年我国台湾集集（Chi-Chi）地震诱发的滑坡崩毁面积约占台湾地区整个面积的3%，并造成了2400余人死亡，10000多人受伤，房屋、道路、桥梁等建筑物损毁严重（林成功，2003）。1994年北岭（Northridge）地震造成约11000个滑坡，这些滑坡的平均体积小于1000m^3，但部分滑坡体积超过100000m^3，造成了巨大的伤亡和损失（Harp et al.，1996）。

随着我国交通事业和经济建设的发展，不少铁路被建设规划在地质构造复杂且灾害频发的地区。川藏铁路、沪昆高铁、成贵高铁等，是在西部艰险山区建造的高速铁路。例如，川藏铁路因面临着"显著的地形高差""强烈的断裂活动""频发的山地灾害"的挑战，而成为全世界最难建的铁路。在如此复杂的自然环境下建造和运营铁路，需要解决一系列前所未有的理论难题和克服一系列的技术困难。陆地交通等重大工程在前期规划、中期建设和后期运营中，都面临着严峻的地震边坡抗减震挑战，因此提出可行、可靠、高效的地震滑坡危险源辨识及灾害评估研究方法，科学地开展地震边坡灾害管理，是减少地震活动频繁区域交通基础设施地震边坡灾害损失，减少人员伤亡和财产损失的必要工作。

本书以地震滑坡为研究对象，对地震滑坡区域分布特征进行研究，提出考虑边坡坡向和脉冲特性的区域地震滑坡危险源辨识方法，采用数值模拟、模型试验等方法针对危险性较高的边坡进行灾害评估。本书不仅对揭示地震边坡失稳机理具有重要的科学意义，也为解决强震山区交通工程前期规划、中期建设和后期运营中面临的地震边坡灾害防控问题提供科学依据。

1.2 地震滑坡研究综述

地震滑坡机理研究一直是国际工程地质界研究的热点问题。单体地震滑坡过程可分为失稳阶段和运动阶段，如图1-1所示。失稳阶段的研究主要解决边坡在地震动作用下是否破坏和如何破坏的问题；运动阶段的研究主要解决地震滑坡如何运动（滑动、抛射、碰撞等）和运动参数（包括速度、滑距、覆盖范围等）的问题。针对区域尺度而言，主要通过研究地震滑坡的区域性发育和分布规律特征，采用定性或定量方法确定滑坡发生的空间概率，结合滑距、覆盖范围等运动参数，实现危险性辨识，为后续灾害评估奠定基础。国内外许多学者通过震害分析、理论分析、模型试验和数值模拟等手段已进行了广泛而深入的研究，成果显著。本书涉及单体地震滑坡的动力学机理研究和借助统计运动参数进行区域尺度的危险性辨识，主要从这两个方面进行现状评述和动态分析。

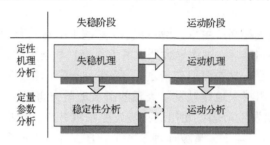

图 1-1　单体地震滑坡过程

1.2.1　失稳阶段研究

高烈度山区地震边坡的失稳机理一直是国际工程地质界研究的热点科学问题，尤其是近年来世界范围内数次大地震发生并诱发大量巨型滑坡之后。地震边坡的失稳机理研究主要关注岩质斜坡在地震动作用下是否破坏和如何破坏的问题。基于此，许多国内外学者采用震害分析、理论分析、模型试验和数值模拟等手段对此问题进行了深入的研究。周维垣（1990）提出，地震等动荷载对岩质边坡稳定性的影响主要表现在地震波通过岩层面及岩体结构面时发生的反射及折射作用导致的超压增大，以及地震荷载与其他因素（水的作用）对斜坡体的共同破坏两个方面。胡广韬（1995）提出了边坡动力失稳机理的坡体波动振荡加速效应假说。毛彦龙等（2001）认为地震时的坡体波动振荡在斜坡岩土体变形破坏过程中产生累进破坏效应、启动效应和启程加速效应三种效应。祁生文等（2004）则认为，地震边坡的失稳是由地震惯性力的作用以及地震产生的超静孔隙水压力迅速增大和累积作用造成的。

汶川地震之后，很多学者对地震边坡的失稳机理进行了诸多研究。黄润秋等（2009）在大量现场调查的基础上，提出了震裂、抛射等术语，用以描述强震过程中坡体动力破坏的基本过程和特征。许强等（2009）认为在多次循环出现的强大水平惯性力作用下，斜坡顶部主要表现出以张拉破坏为主的特征。Huang 等（2011）认为强震条件下大型滑坡失稳破坏最基本和内在的破坏模式可用"拉裂—滑移"概括，并提出了拉裂—顺走向滑移型、拉裂—顺（层）倾向滑移型、拉裂—水平滑移型、拉裂—散体滑移型、拉裂—剪断滑移型等几类典型的地震滑坡成因模式。唐春安等（2009）运用应力波在自由面的入、反射原理和加速度倍增效应，通过数值模拟再现了冲击载荷作用下的边坡表层散裂和抛射现象。同时，大量汶川地震边坡破坏机理的研究结果（梁庆国 等，2009；孔纪名 等，2009；韩金良 等，2009；冯文凯 等，2009；李秀珍 等，2009；何思明 等，2010；胡新丽 等，2011；裴向军 等，2015）表明：地震边坡的特殊破坏模式可为后续形成高速远程滑坡提供有利条件。张迎宾等以滑块位移理论分析、非连续性变形分析（discontinuous deformation analysis，DDA）数值模拟及振动台模型试验等手段，针对地震动特性及边坡张拉-剪切破坏机理进行了研究（Zhang，2017，2013；Zhang et al.，2015a，2015b，2014a，2014b，2012，2011）。

地震诱发滑坡失稳阶段的研究方法主要如下。

1）拟静力法

拟静力法最早由太沙基（Terzaghi）提出，地震荷载被看作水平方向和竖直方向的惯性力，作用在潜在滑动体重心上，进而基于极限平衡理论，求出边坡抗震安全系数。简单来说，只需在静力稳定性分析上添加一个反映地震作用的地震系数。研究发现，抗震安全系数主要受岩土体的力学性质（抗剪参数、拟静力荷载因子）和滑动面位置的影响。岩土的抗剪参数 c、φ 通过试验或者试验反算确定，滑动面的位置由经验法或者工程类比法得到，其形状一般根据边坡地质条件假定为直线、折线和圆弧。拟静力荷载因子由地震系数确定，其大小等于地震力与重力的比值。

地震系数的选取是拟静力分析的关键。Seed 总结了确定地震系数的经验值法、刚体反应分析法和黏弹性反应分析法。此外，何蕴龙等（1998）基于有限元分析方法研究了岩石边坡地震系数的分布规律以及坡高、坡度等边坡参数对其的影响，并且提出了新的近似计算方法。在地震系数的选取方法中最常用的是经验值法。张克绪等（1989）先后总结了前人常取的经验值。目前尚未有人对经验值的首次出现做出解释，因此 Seed 等（1966）质疑这些地震系数的选取是否具有可靠的科学依据。

拟静力法在工程中广泛应用，研究人员积累了丰富的工程经验。顾淦臣（1981）通过动三轴试验获得了总应力的动剪切参数，采用力的多边形法计算了各个土条滑弧面的静应力，得到了地震荷载作用下的边坡稳定安全系数。Leshchinsky 等（1994）用数值分析方法获得了简单边坡的正应力在潜在滑动面上的分布情况，据此确定了边坡在极限平衡条件下的最小安全系数，给出了方便用于简单边坡地震稳定性评估的设计表。Bray 等（1994）将波传播理论与拟静力分析方法相结合，对具有软弱夹层的固体废物堆填区进行了地震稳定性评价。曾富宝（1997）用泰勒的摩擦圆法，提出了在地震荷载影响下的土坡稳定性评价计算方法。Ling 等（1997）采用拟静力分析方法对沿节理面滑动的岩体进行了地震稳定性分析和永久滑动位移计算。Biondi 等（2002）给出了地震发生时和震后的孔隙水压力对饱和无黏性土坡的稳定性影响的详细计算过程。Siad（2003）将屈服设计理论的运动学方法和拟静力法相结合，推导了考虑边坡参数和地震系数影响的破裂岩体边坡的稳定性上限系数公式，绘制了不同破裂面摩擦角（φ）的稳定性系数上限曲线。姚爱军等（2003）改进了 Sarma 边坡稳定性分析方法，探讨了复杂的岩质边坡如何进行地震敏感性分析的问题。

2）数值分析法

目前，边坡地震稳定性分析中常用的数值模拟方法简单分为有限元法（finite element method，FEM）、离散元法（distinct element method，DEM）和有限差分法（finite difference method，FDM）三类。Clough 等（1966）在进行土体动力反应分析时引入了有限元法。采用有限元法进行动力分析时，考虑了静力荷载、动力荷载、惯性力和阻尼力的共同作用，同时，未忽略地形条件、土的特性以及水的影响，进而深入分析和探讨土的自振特性和动力反应。离散元法主要解决节理岩体或块体集合在准静力和动力作用下的力学稳定问题，考虑了非线性和非连续性等物理本质，被广泛用于节理岩体的数值模拟。边坡动力响应问题分析最早采用的数值分析方法是有限差分法，该方法将求解域划分为差分网格，用泰勒级数展开等方法生成有限个网格节点上的函数值差商，再代替控制方程中的导数，从而进行离散，最终建立线性代数方程组。

将上述数值计算方法应用于实际工程中，工程师们做了大量的工作。郑颖人等（2010）在有限元强度折减法的基础上，提出了强度折减动力分析法。该方法对剪切强度以及抗拉强度的折减进行了充分的考虑，根据计算不收敛和位移突变的结果综合判断边坡是否发生动力失稳破坏。

王来贵等（2009）用有限元分析方法数值模拟了强震作用下单一软弱面斜坡的拉张破裂过程。研究结果表明：岩体发生拉张破裂是在岩石的抗拉强度大于第一主（拉）应力时。当岩土体总应力状态满足塑性屈服准则时，发生剪切破坏。在地震荷载作用下，随着拉张破裂变形的不断累积，含有软弱夹层的斜坡可能在软弱面发生拉张破坏。周桂云等（2010）采用有限元强度折减法对边坡的稳定安全系数进行了求解，采用塑性变形区贯通时刻的位移突变作为边坡稳定性的判断标准；以十里铺水电站作为工程实例，计算了边坡动力位移时程，进行了库区边坡的抗震稳定性分析，计算结果合理评价了实际边坡工程在地震荷载下的稳定性。肖克强等（2007）采用离散元分析方法分析了边坡参数和边坡动力位移的关系，发现顺层岩体边坡的位移并不随着坡高单调增加，当坡高达到一定数值时，坡角的影响更大。Bouckovalas 等（2005）用 FLAC 有限差分程序分析了边坡几何参数、输入地震波的特性和土体材料参数对边坡动力响应的影响。研究表明：斜坡地形对地震波具有放大效应，尤其是坡高和地震波波长的比值大于 0.6、坡角大于17°时，放大效应更为明显。迟世春等（2004）运用有限差分分析方法，对土体的抗剪强度逐步折减，求解土体边坡稳定的安全系数。建议采用坡顶位移增量替代传统折减法中"不收敛"等模糊概念，作为边坡破坏状态的评价标准。张友锋等（2008）通过对实际土坡的地震荷载动力分析，着重探讨了 FLAC 3D 在数值模拟时的边界条件的设置、岩土体阻尼的选取、地震波的输入转化等问题。

3）试验法

国内外学者还对地震边坡破坏进行了大量的物理模型试验研究。试验研究主要分为振动台试验和动态离心机试验。在振动台试验方面，Wartman 等（2005）采用小型振动台设备模拟边坡重力场的行为，将边坡产生的位移分别与基于峰值和残余强度的纽马克（Newmark）公式计算结果进行了比较。门玉明等（2004）和梁庆国等（2005）对顺层岩质边坡做了简化模型的振动台试验，获得了边坡在地震条件下的变形破坏情况。许强等（2009）采用弹簧式二维振动试验台，对岩质边坡的地震动力响应和地震诱发滑坡的成因机理进行了模拟试验。徐光兴等（2008）和范刚等（2015）对边坡动力特性与动力响应进行了大型振动台模型试验。董金玉等（2011）和赵安平等（2012）对地震作用下顺层岩质边坡或基覆型边坡进行了振动台模型试验。黄润秋等（2013）通过大型振动台试验，研究了反倾和顺层两类结构岩体边坡在强震条件下的地震动力响应，发现斜坡对水平地震动力的响应要远超过垂直地震动力。李祥龙等（2014）对顺层岩质边坡进行了地震动力破坏的离心机试验研究。巨能攀等（2019）对反倾边坡的地震波传播及破坏机理进行了振动台试验与数值模拟的对比研究。

1.2.2 运动阶段研究

地震对滑坡的作用主要表现在启动阶段，它使滑坡体能够获得地震给予的能量，并在滑动的瞬间释放出来。胡广韬等（1995）指出地震作用下滑坡具有高速远程性质的原因在于滑坡体势动能转化加速效应、滑床气垫擎托持速效应、滑床触变液化持速效应和滑程碎屑流持速效应，并且提出了坡体振荡加速效应。许强等（2008）提出了汶川地震诱发的大型崩滑灾害具有震裂溃屈、临空抛射和碎屑流化等独特动力学特征。黄润秋等（2008）对汶川地震诱发的大光包滑坡的基本特征进行了描述，认为滑坡运动过程可分为坡体震裂松弛和解体、高速溃滑、震动堆积、二次抛射和碎屑流堆积四个阶段。殷跃平（2009）认为汶川地震滑坡具有地震抛掷—撞击崩裂—高速滑流三阶段特征，并指出在高速滑流阶段，可存在三种效应，即高速气垫效应、碎屑流效应和铲刮效应。有学者也对典型的单体地震滑坡（如东河口滑坡、谢家店子滑坡、牛圈沟滑坡、唐家山滑坡等）进行了现场调查、数值模拟或理论分析等方面的研究。

地震诱发滑坡运动机理的研究方法主要有解析法、经验法、试验法和数值模拟法。

1.3 地震滑坡危险性评价

地震滑坡危险性评价从概念来说是指利用一些计算、分析方法对边坡在受到地震作用时可能发生滑坡灾害的概率、位置以及体量大小等进行评估，从而得到某一区域或者某一边坡发生滑坡的危险度。根据地震滑坡的概率值大小可对区域进行分区，将其划分为极高危险区、高危险区、中危险区和低危险区等。地震滑坡危险性评价需要从边坡本身特性和地震作用两个角度出发。一般来说，边坡本身的一些性质，主要包括高程、坡度、岩土体强度、材料重度、地质构造等。地震的相关信息，包括地震的震级、发震断层、震源位置以及地震动强度分布等。

早在 20 世纪 60 年代前，学者们就针对单体滑坡进行了成灾机理研究，并通过对边坡的稳定性分析来评估滑坡的危险性（李浩宾，2016）。后来，全世界范围内遭受了多次大地震，由于滑坡数量增多，专家们难以对所有地区的滑坡进行单个分析，因此，区域性地震滑坡危险性评价就慢慢成为防灾减灾工程中重要的研究方向。

基于早前对单体滑坡的研究，学者们发现地震滑坡的形成机理复杂，且受到坡体自身的特性和外界环境的共同影响。探究单体地震滑坡灾害往往需要用到现场调查、理论分析、数值模拟和模型试验等手段。由于该过程需要处理大量信息和数据，因此针对区域性地震滑坡这些方法均难以开展。随着 3S（GIS、RS、GNSS）技术的发展，许多国家利用这些技术手段建设了灾害监测和预警平台，这些平台可提供更为精细的研究数据。人们将 GIS 逐渐运用到地震滑坡危险性分析中。GIS 具有强大的空间数据管理和处理分析功能，可以对同一区域的坡体数据（高程、坡度、地质信息等）和地震信息（震级、地震动参数、断层距等）进行分析计算和绘图。RS 通过飞机或人造卫星携带的传感器对地面进行观测，该法可以在短时间内获取到一个较大区域的数据，包括地面高程、地形等数据。通过长时间对边坡、铁路、建筑物等的监测，可获取到其变形数据。多年来，全世界范围内发生过多次大地震及滑坡事件，在研究数据和研究手段同时趋于成熟的时候，人们将 GIS 和 RS 结合起来，演化为针对区域地震滑坡危险性评价的研究方法。这种方法往往需要通过 3S 技术提供精度较高的图像，然后通过机器或人工对其进行解译、分析，接着利用 GIS 将图像数据转换为栅格数据。这些栅格数据结构简单，易于分类和储存，可利用多种计算工具进行分析。

目前，区域地震滑坡危险性评价方法逐渐完善，方法众多，分类依据也各有不同，本书将其大致分为滑坡编录图法、数据分析法和基于力学模型法。

1.3.1　滑坡编录图法

在科学技术不发达的时期，地质工作者们主要通过野外调查的方法获取滑坡的位置、面积等参数，然后绘制到地图中，但人们难以在高山峡谷等地质条件复杂、地势陡峭的区域考察，因此会存在调查不充分的情况。随着科学的发展，于 20 世纪 70 年代末期，加拿大学者莫拉德采用了基于遥感影像识别解译滑坡的方式进行滑坡分析。如今，获取遥感数据的手段众多，数据形式也各有不同，常用的数据有航空像片和光学卫星影像。除此之外，学者们还采用了其他多种技术手段 [如合成孔径雷达干涉测量（interferometric synthetic aperture radar，InSAR）、差分合成孔径雷达干涉测量（differential interferometric synthetic aperture radar，D-InSAR）、激光雷达（light detection and ranging，LiDAR）等] 来识别滑坡灾害（宿方睿 等，2017）。

滑坡编录图法是根据滑坡编录图分析地震滑坡的分布情况与震中距、断层距、坡角、坡向、断层类型等的关系（Qi et al.，2010；Yin et al.，2010；Shou et al.，2011）。其中，Qi 等（2010）通过遥感解译建立了 2008 年汶川地震诱发的滑坡数据库，并结合 GIS 空间分析和野外调查，分析了滑坡灾害与活动断裂、边坡坡度、高程及坡向之间的关系；Yin 等（2010）利用 ArcGIS 地理信息软件对 2008 年汶川地震中安县—北川段诱发的滑坡进行了分析，研究发现地震滑坡与研究区域地形、地质条件及地表粗糙度等都存在相关性。该法可为滑坡机理的研究提供依据，也可进行震后灾害评估。目前完成一次地震滑坡事件的编录主要分为以下步骤。

（1）滑坡解译。在地震发生后基于遥感影像对滑坡数据进行提取。目前遥感解译方法有自动识别和目视解译两种：自动识别主要是利用遥感影像的重分类、影像空间分析、对象信息提取等手段进行滑坡识别；目视解译，顾名思义，是指人为地通过滑坡相关知识进行识别（许冲 等，2010a）。需要注意的是，在解译时应区别古新滑坡及连续分布的多个滑坡。

（2）建立滑坡数据库。通过滑坡解译可将滑坡存储为多个面数据，每个面数据包含该滑坡的属性数据，如滑坡的长、宽、面积、体量及滑坡坡度、滑动方向等。同时，一个完整的滑坡数据库也应包括地震信息，如断层距、震源距等。通过 GIS 的数据处理功能，选用一定的计算方法可以简单地获取到这些基本信息，如果需要进行滑坡机理等的研究，还需要进行野外实地调查和现场测绘等工作。

完成滑坡数据编录后，可以利用 GIS 的数据统计功能，得到地震诱发滑坡的数量，以及滑坡分布与坡度、坡向、断层距等的关系，然后将结果推广到地质环境相近的地区，对这些地区进行滑坡灾害危险性预测。

1.3.2　数据分析法

随着计算机和人工智能技术的发展，人们学会了利用智能算法研究滑坡稳定性，这些方法可以用来解决复杂的滑坡问题，并用于滑坡的空间位置预测。数据分析法指通过不同的智能算法对滑坡、地震动参数、地形、地貌、地质岩性等进行交叉分析，得到各影响因子与地震滑坡之间的关系，然后建立危险性评价模型。该法主要包括人工神经网络法（artificial neural network，ANN）、层次分析法（analytic hierarchy process，AHP）、二元线性统计模型法、逻辑回归法、支持向量机和模糊逻辑法等（Barredo et al.，2000；许冲 等，2009；Akgun，2012；Xu et al.，2013；Wang et al.，2016；Razifard et al.，2018）。

其中，李芸芸等（2016）基于 ArcGIS 选取了地震的烈度、滑坡距断裂带的距离、高程、坡度、坡向和水系距等 6 个影响因子对历史地震滑坡数据进行分析，建立了危险性评估的数学模型，以此对震后滑坡进行快速评估；许冲等（2009）通过野外调查滑坡，并利用层次分析法对发震断层、研究区域岩性、高程值、坡度值、河流距、公路距等 7 个影响因子开展了滑坡危险性分析，进行滑坡易发程度的分区（程艺昊，2018）；Wang 等（2016）采用逻辑回归法对 2008 年汶川地震中的 1904 个滑坡和地形起伏度、河流距离和道路距离等参数进行分析，并建立了滑坡概率模型。下面以人工神经网络法和层次分析法为例对危险性评价过程进行详细说明。

1）人工神经网络法

人工神经网络法是指利用机器学习法模仿生物的神经网络结构，并基于数学统计类型的学习方法对数据进行联结计算，得到数据之间的非线性函数关系。

神经网络中的神经元为基本处理单元，结构图如图 1-2 所示。其中 $a_1 \sim a_n$ 为输入向量的分量，在地震滑坡危险性评价中则为坡度、坡向、断层距等参数值；$w_1 \sim w_n$ 为神经元各个突触的权值，即几个输入参数之间的连接程度，权值越高表示单元之间的相关性越高；b 为偏；f 为传递函数，这个函数通常为非线性函数；t 为根据非线性传递函数计算输出的结果，一般用数学函数表示，$t = f(WA' + b)$，W 为权向量，A' 为 A 的转置，A 为输入向量，f 为传递函数。因此，整个计算过程便是将每个输入项的影响参数乘以相应的权重，然后求和，最后基于非线性函数计算得到研究区域的地震滑坡危险性分析结果（Xu et al.，2018）。

人工神经网络法具有分布式存储信息，并行协同处理信息，自组织、自学习处理信息，信息处理和存储合二为一等特点。该法能将地震信息、地质状况、地形特征等因子全部考虑在内，分析各个因子之间的相关性，选择出对地震滑坡有重要影响的因子。人工神经网络法通过对历史地震滑坡样本进行训练，建立各个因子与地震滑坡之间的非线性关系，然后对地震滑坡区域进行分析评价，操作简便、高效，能够客观地对地震滑坡事件进行分析评价，但对于地震滑坡危险性分级方面难以确定标准，且一次地震事件的滑坡样本经过训练后得出的结果可能不适用于另一次地震事件和研究区域。

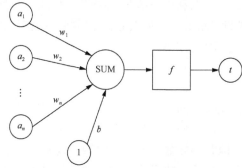

图 1-2　人工神经网络结构图

2）层次分析法

层次分析法是萨蒂教授在 20 世纪 70 年代初期提出的。该法是将与研究问题相关的影响因素对应分解为目标、准则和方案三个层次，然后基于经验和已有知识划分每个层次因子两两关系构造矩阵，进而确定这些影响因子的权重，最后将这些影响因子代入评价模型，逐级定量分析（陈晓利，2007；李芸芸，2016）（表 1-1）。该法研究按以下步骤进行。

表 1-1　构造关系矩阵标度及影响因子的重要性

标度值	影响因子的重要度
1	两个影响因子同等重要
3	前一影响因子比后一影响因子稍重要
5	前一影响因子比后一影响因子明显重要
7	前一影响因子比后一影响因子强烈重要
9	前一影响因子比后一影响因子极端重要
2, 4, 6, 8	上述相邻判断的中间值
$1/i$（$i=1, 2, \cdots, 9$）	与以上结果相反

（1）建立层次结构模型。列出与分析问题相关的影响因子，并将其按照属性从上往下分为多个层次。在层次结构中，同一层的影响因子通常从属于上一层或者对上层的因素存在一定影响，并且又对下一层因子产生影响或者会受到下一层因子的反向作用。层次结构的最高层为目标层，通常是一个因素；结构的中间层叫作准则层或者指标层，通常来说该层可能有一个或者多个层次；最底层为方案层。

（2）构造各层中的对比矩阵。层次结构中的第二层会受到最高层和下一层因子的相互影响，但它们在目标层中所占的比重不同。对影响因素两两进行比较，采用 1～9 的标度值表示两两因素的重要性，确定构造关系矩阵。

（3）层次的单排序及一致性检验。对每一个成对比较矩阵计算其对应的特征向量和最大特征根值，然后对成对比较矩阵进行一致性检验，在该检验中需要利用一致性比率、一致性指标及随机一致性指标三个指标对检验结果进行判定。若检验结果判定为通过，则该特征向量在经过归一化分析后即为所需的权向量；若检验不通过，则需要重新构造成对比较矩阵，再按照以上步骤求其权向量。

$$CI = \frac{\lambda_{max} - n}{n - 1} \qquad (1-1)$$

式中，CI 为一致性指标，范围为 0～1；λ_{max} 为判断矩阵的最大特征值；n 为判断矩阵的元数个数。

（4）层次的总排序及一致性检验。计算最底层对目标的组合权向量，进行目标排序，从而完成方案选择，接着根据式（1-1）对该方案进行组合的一致性检验。若检验结果判定为通过，则按照前面计算的组合权向量结果进行最后的决策；若检验结果不通过，则需要重新考虑层次结构模型或者构造一些一致性比率较大的成对比较矩阵，接着完成上述计算步骤。

1.3.3 基于力学模型法

基于力学模型的地震滑坡危险性评价法最早是通过对地震边坡稳定性分析中的 Newmark 滑块法的研究得出的。在过去的研究中，人们通过计算边坡的静态安全系数来判断其稳定性，但该法不能考虑场地和震源、断层之间的联系（Miles et al.，1999）。因此，有专家提出以边坡永久位移值来分析边坡稳定性，永久位移是结合边坡的几何特征、地质条件和地震荷载等多个影响因素计算得出的，可以很好地考虑边坡自身性质和地面运动特征。基于力学模型法是指利用永久位移模型计算区域内各个滑坡单元的位移和滑坡概率的危险性评价方法（Jibson et al.，2000；Rodríguez et al.，2011；Chousianitis et al.，2014；Liu et al.，2018）。该法是基于 Newmark 滑块法计算地震作用下的边坡滑动位移值，根据产生滑移边坡的位置、位移大小和已知边坡破坏位置之间的相关性，即可对特定地震滑坡场景进行危险性分析。国际上主要利用该方法与 GIS 结合进行地震滑坡的危险性预测评估，并证实该法在区域性地震滑坡危险性分析中十分有效（Gaudio et al.，2003；Wang et al.，2016）。

目前，已有多位学者采用基于力学模型的地震滑坡危险性评价法对全世界范围内的多个区域进行了地震滑坡危险性分析。Miles 等（1999）使用严格的 Newmark 方法评估了位于加利福尼亚州伯克利附近的旧金山东湾山（31km^2）地震引发的滑坡灾害；Jibson 等（2000）以 1994 年美国北岭（Northridge）发生的 M_s 6.7 级地震为例，对震中大约 30km×20km 范围内的区域，利用简化 Newmark 累计模型绘制了该地区的地震滑坡灾害地图；Gaudio 等（2003）选择了由阿里亚斯（Arias）强度（I_a）和临界加速度（a_c）组成的位移模型对意大利南部的多尼亚（Daunia）区域进行了滑坡危险性分析；Rodríguez 等（2014）假设内华达山脉（Sierra Nevada）区域的 Padul 断层上发生 M_w 6.6 级地震，通过地震动衰减关系获取到该区域的峰值加速度分布，结合 Newmark 永久位移模型计算了边坡可能产生的位移，确定了不稳定斜坡的空间位置。

该法可用于多个研究区域，能进行震前地震滑坡的评价和震后快速评估，且能和地震滑坡的风险分析建立良好的关系。该法通过与 GIS 结合，利用其强大的数据处理和空间存储功能进行数据之间的计算转换。应用 GIS 将地震滑坡的各影响因子（高程数据、坡度、内摩擦角、黏聚力、地震动强度等）的矢量栅格数据进行叠加分析和运算，最终得到一张新的栅格图（图 1-3）。通过 GIS 也可将不同数据存储到同一图层属性表的不同字段中，然后根据研究需要显示不同的属性或进行字段计算。这些计算可以通过 GIS 计算工具完成，也可通过其数据导出功能置于常用的数据分析计算软件中。

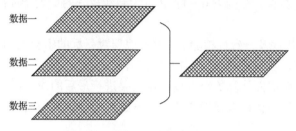

图 1-3　基于 GIS 的栅格叠加分析

该法本质上是利用 Newmark 动力滑块模型计算地震作用下边坡的永久位移值。Newmark 滑块法可计算出滑体在滑面上的累积位移值，通过对位移值大小判断边坡的稳定性。由于该模型难以同时对一个区域内的多个边坡进行分析计算，学者们建立了由边坡临界加速度和地震动参数组成的永久位移经验模型。

（1）获取研究区域所需的数据，包括历史地震引发滑坡编目图、数字高程模型（digital elevation model，DEM）图、地质图、岩组单元的物理力学数据、地震动数据等。

（2）利用 ArcGIS 将获取到的数据进行栅格化处理，并结合 GIS 的数据计算功能计算出该区域内每一栅格单元的临界加速度值。

（3）选择一个永久位移经验模型，将需要的地震动参数数据也进行栅格处理，然后将地震动参数和临界加速度代入位移模型中，得到永久位移地图。

（4）结合历史地震滑坡数据和永久位移值建立的永久位移-概率关系，可求得滑坡概率，绘制滑坡灾害地图，完成危险性评价。

该方法能够很好地考虑区域内各边坡的地形、岩性及不同位置的地震强度，因此被广泛用于区域地震滑坡危险性评价（图 1-4）。

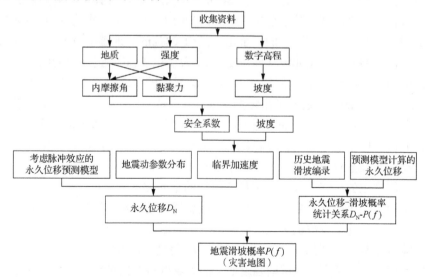

图 1-4　基于传统力学模型的地震滑坡危险性评价方法流程图

1.4 地震滑坡分布特征

国内外许多学者对地震滑坡进行了广泛而深入的研究，成果显著。然而，地震触发大型高速滑坡剧动启程机理仍处于探索阶段，也远未达到解决川藏铁路等重大工程建设面临的地震滑坡防灾减灾问题的程度。一方面，地震滑坡的近断层分布规律和沿脉冲地震动优势方向展布的事实说明：近断层脉冲地震动对地震滑坡的触发及空间分布起着非常重要的作用，甚至是决定性作用。在现有的研究成果中，地震滑坡的触发机理尚未充分考虑近断层地震动的长周期、大振幅等脉冲特性及方向差异特征。另一方面，川藏铁路所处的青藏高原东缘是地震滑坡研究的天然试验场，川藏铁路活动断裂带孕育的地震及其诱发的滑坡具有非常鲜明的地域特色。为了更好地服务川藏铁路建设，还需要对川藏铁路活动断裂带地震触发大型高速滑坡进行针对性研究。

Zhang（2013）通过分析对比多个历史地震滑坡的分布规律及与近断层脉冲地震动分布的关系，证实了近断层脉冲地震动与滑坡分布的客观联系。图 1-5 所示为 2008 年中国汶川地震及 1997 年美国 Northridge 地震诱发滑坡的优势方向、相应典型近断层脉冲地震动脉冲优势方向和该脉冲地震动导致斜坡永久位移优势方向的一致性。另外，通过初步改进的动力滑块法研究了斜坡在近断层脉冲地震动作用下产生永久位移的方向差异性，研究发现倾向与近断层脉冲地震动优势方向一致的滑坡产生的永久位移最为显著，进一步证实了近断层脉冲地震动与地震滑坡的高度相关性。同时，通过对近断层脉冲地震动作用下滑坡永久位移累积进程的分析初步发现，脉冲地震动对滑坡的破坏作用往往发生在地震事件的初始阶段，而且表现出启程剧动的特征，这和近断层脉冲地震动的基本特征（短时高能）刚好吻合。

以上的预研成果初步证实了近发震断层脉冲地震动与地震滑坡的客观联系，近发震断层地震滑坡的脉冲触发机理还需深入研究。

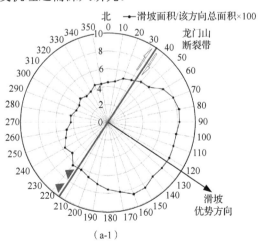

（a-1）

图 1-5 2008 年中国汶川地震及 1997 年美国 Northridge 地震诱发滑坡的优势方向、相应典型近断层脉冲地震动脉冲优势方向和该脉冲地震动导致斜坡永久位移优势方向的一致性

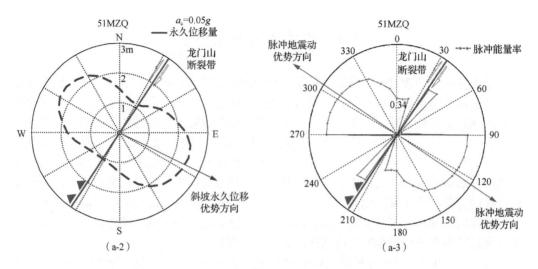

（a）2008年中国汶川地震

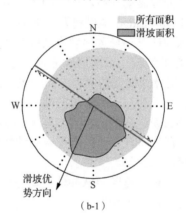

（b-1）

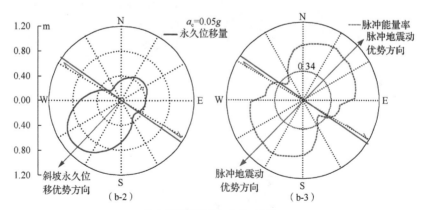

（b）1997年美国Northridge地震

图 1-5（续）

（张迎宾根据相关资料绘制：地震滑坡数据（a-1）来源于 Parker，2010；（b-1）来源于 Meunier 等，2008）

1.5　研究内容及方法

　　地震滑坡的近断层分布规律和沿脉冲地震动优势方向展布的事实说明：近断层脉冲地震动对地震滑坡的触发及空间分布起着非常重要的作用，甚至是决定性作用。在现有的地震滑坡区域危险性评价研究成果中，近断层地震动的长周期、大振幅等脉冲特性及其区域方向差异特征均未被充分考虑。在地震边坡区域灾害评价中考虑脉冲成分的影响，至少需要满足三个基本条件：首先，能够考虑脉冲特性的时间效应；其次，能够考虑近断层地震动脉冲效应显著的方向效应；最后，能够满足区域危险性评价中涉及的大量坡体单元的分析。现有的三类地震边坡评价方法——拟静力法、Newmark 法和应力-应变方法均不能同时满足以上三个条件。为了解决以上问题，以 Newmark 永久位移计算方法为基础，提出了考虑地震动脉冲方向效应和横-竖向耦合效应的改进动力滑块方法，并编制了批量计算程序。该方法可以考虑地震动的脉冲效应，考虑地震滑坡的方向效应，为地震边坡危险源辨识奠定基础。

　　基于力学模型的地震滑坡危险性评价方法大多建立在永久位移简化模型的基础上，这些简化模型由于其基本力学模型的简化本质特征，使其永久位移模型拟合标准差常常跨越一个数量级，表现出较强的模型离散性。本书以近断层脉冲地震动识别方法建立的脉冲地震动数据库为基础，通过采用改进的动力滑块法，建立了可考虑地震动脉冲方向效应和横-竖向耦合效应的低离散性永久位移模型，为地震滑坡区域危险性评价提供了一种高效准确的方法。

　　以上成果可应用于行政区域或长大干线沿线的地震边坡区域危险性评价，实现地震滑坡危险源的早期识别。同时，为了充分考虑近断层地震动的特殊效应，研究中结合脉冲型永久位移模型和脉冲型地震动衰减模型，建立了能考虑近断层地震动脉冲效应和山体地形放大效应的地震边坡区域危险源辨识方法。另外，在区域研究成果的基础上，针对危险性较高的潜在滑坡，采用抽离、建模的方法，结合地震滑坡变形、失稳、运动、堆积全过程的分析方法，可实现从危险源辨识到单体灾害评估的地震滑坡灾害防控流程（彩图 2）。

1.6　小　　结

　　综上所述，针对当前基于力学模型的地震滑坡危险性评价方法中未考虑近断层地震动的脉冲效应，从而可能低估滑坡危险性的现状，提出了可考虑地震动脉冲方向效应和横-竖向耦合效应的改进动力滑块方法并编制了批量计算程序；结合全球脉冲地震动记录数据库，建立了地震边坡低离散性永久位移模型，实现了潜在地震或假想地震情况下考虑脉冲效应的地震边坡危险源辨识。该评价方法由于考虑了发震断层的震源机制及地震边坡的脉冲致滑效应，显著提高了评价精度。同时，由于采用了基于改进力学模型的地震滑坡危险性评价方法，提高了评价精度；结合边坡灾害的非连续数值模拟，构建了从危险性区划到单体灾害评价的地震边坡灾害防控流程。本书构建的地震滑坡危险性区划及灾害防控框架,对强震山区边坡灾害的震前预测、震时应急和震后评估具有重要作用。危险性区划的成果为选择单体边坡进行灾害防控设计提供了依据。

第2章　地震滑坡发育分布规律综述

自古以来，地震这一自然灾害始终威胁着人类。我国地处欧亚地震带与环太平洋地震带之间，是世界上地质构造最复杂且地震最多的国家之一。自 20 世纪有记录以来，我国境内已经发生了 800 余次 6 级以上地震，极大地影响了我国经济和社会的发展。

在地震导致的次生灾害中，滑坡由于其数量多、规模大、影响范围广等特点，往往是地震中引起人员伤亡与财产损失的重要因素，在某些情况下，甚至超过了地震直接带来的损失；在所有与地震有关的伤亡中，大约 70%不是由地震直接造成的，而是由滑坡造成的；2008~2017 年，我国西部地区共发生了 5 次 6.5 级以上地震（表 2-1），产生滑坡数十万个。同样，在我国，地震滑坡也是各类减灾防灾工程的重点防护对象。特别是我国西部地区，拥有川藏铁路等重大国家建设工程，因其处于印度洋板块与亚欧大陆板块交界处，断层分布广泛，地震频发，且地形高低起伏大、多山区，使得滑坡、泥石流、山体崩塌等自然灾害频繁发生，给人民生命财产安全和生产生活造成了巨大的威胁。

表 2-1　2008~2017 年我国西部地区典型地震诱发滑坡情况统计

地震名称	时间	震级/ M_w	滑坡数/处	滑坡总面积/km²	发震断层性质
九寨沟地震	2017-08-08	7.0	4834	9.63	走滑断层
鲁甸地震	2014-08-03	6.5	1024	5.19	斜滑断层
岷县漳县地震	2013-07-22	6.6	2330	0.76	逆断层
芦山地震	2013-04-20	7.0	15546	18.55	逆断层
玉树地震	2010-04-14	6.9	2036	2447.57	走滑断层
汶川地震	2008-05-12	8.0	197481	1160.02	斜滑断层

地震滑坡数据来源：九寨沟地震（许冲 等，2017）；鲁甸地震（许冲 等，2014a）；岷县漳县地震（许冲 等，2013a）；芦山地震（许冲 等，2014b）；玉树地震（许冲 等，2012）；汶川地震（许冲 等，2013b）。

大光包滑坡［图 2-1（a）］是汶川地震诱发的最大滑坡，其面积高达 7.8km²，约为 1000 个足球场的大小，最大坡体厚度达到 550m，滑坡体积约为 $8 \times 10^8 m^3$。这些滑坡不仅直接导致了巨大的人身财产损失，还给社会和公共基础设施造成了间接且长期的影响。例如，地震滑坡会导致道路交通堵塞，严重延误和阻碍了大地震初期的抗震救灾行动；它还会堆积堵塞河道，形成堰塞湖，成为下游人群聚居点的巨大安全隐患。汶川地震中最大的滑坡堰塞湖——唐家山堰塞湖，由体积为 $3 \times 10^7 m^3$ 的滑坡堵塞河道形成，堰塞湖坝最高达 120m，蓄水量达 $2.4 \times 10^8 m^3$，威胁了下游 30 万人口的人身财产安全［图 2-1（b）］。

（a）大光包滑坡正视图（黄润秋 等，2009b）　　　　　　　　（b）唐家山堰塞湖鸟瞰图

图 2-1　地震诱发滑坡危害实例

因此，了解和预测地震滑坡的发生具有重要的科学和现实意义。关于地震滑坡的研究，主要可以从滑坡的微观机理和宏观分布两个方向着手。滑坡的微观机理研究主要以数学或物理模型为基础，结合大量地质及水文资料，以单个或小范围地区的滑坡为主要研究对象，对滑坡的稳定性、力学特性、运动特性等方面进行研究。其常以计算机数值模拟为研究手段，如离散元法、有限单元法、非连续性变形分析等，也可以以物理实验为主要研究法。无论数值模拟还是物理实验，其研究对象普遍以个体滑坡为主，研究结果普适性较弱，无法满足大范围灾害防治与管理的需求，且无法推动宏观的致灾理论的发展。

相比之下，滑坡的宏观分布研究以大范围的地区或大量的已有滑坡样本为研究对象，不需要收集大量的滑坡物理特性方面的数据，通过统计学方法从样本中发现规律或开展大范围的滑坡灾害危险性评价和预测，因而其研究结果更具普适性。其中，全世界关于地震滑坡危险性评价的研究已取得相当大的进展，而地震滑坡的发育分布规律影响滑坡危险性评价的准确性。因此，人类对地震滑坡的发育分布特征的认识水平至关重要，它直接影响地震减灾防灾的研究。

地震由断层活动产生，地震造成的剧烈地质结构活动又加剧了断层的扩张，地震与断层活动相辅相成。因此，断层运动的方式决定地震的特征，而地震诱发滑坡的空间分布又与地震的特征息息相关。由此可以推断，断层的运动性质与几何状态可能会极大地影响地震滑坡的发育分布特征。目前，已有一部分学者对这个问题进行了研究。但是，关于此方面的研究成果并不多，也不够深入。因此，本书将研究内容聚焦于断层性质对地震滑坡发育分布特征的影响。

到目前为止，学者对地震滑坡的研究已经极大地提高了人们对地震诱发滑坡的认识，特别是在滑坡稳定性分析、运动与堆积状态分析、机制分析等个体滑坡分析方面成果丰硕。得益于计算机和 GIS 的快速发展，对地震滑坡发育分布规律的探索也已驶入快车道。

地震与滑坡之间的关联在数千年前就有过记录，地震滑坡的测量与研究经历了从马背到航空摄影再到 GIS 的变革式发展。GIS 是以计算机系统为平台，对地表空间数据进行输入、存储、运算分析、检索和显示输出的技术系统。GIS 是地球科学、遥感测绘、仪器科学、计算机科学等多个领域的交叉学科，不仅仅是一个管理地理数据的工具，更重要的还是一个处理地理空间实体数据及其内部关系，以及用于分析和解决复杂的管理与规划问题的工具。因此，地理信息技术在地球科学、水利工程、城市规划建设等方面应用广泛，且效果良好。

GIS 在自然灾害防治与研究方面的应用是当今的热点研究方向。在地震滑坡危险性评价与发育分布特征研究方面，GIS 同样是一个重要方法与工具。国内外学者在这一方面做了大量研究。早在 20 世纪 80 年代，美国研究机构就开始利用 GIS 对地质灾害进行测绘和分析。20 世纪 90 年代，国外逐渐有学者开始利用 GIS 分析多种致灾因子，从而对某地进行危险性评价与区划。例如，1994 年，美国学者马里奥等基于 GIS 技术，考虑了基岩和地表地质、构造地质、气候、地形、地貌单元、土地利用和水文等 7 个因子对哥伦比亚的麦德林市进行了地质灾害危险性评价。21 世纪以来，基于 GIS 技术的地震滑坡研究发展更是迅速：van Westen 等（2000）使用 GIS 定义了三种滑坡危险性评价模型，Nikolakopoulos 等（2005）利用 GIS 技术结合遥感及 GPS 技术进行了滑坡的测绘，Cheng（2005）利用 GIS 建立了滑坡综合预测信息系统。

综上所述，GIS 已成为如今地震滑坡分析中必不可少的技术，在地震滑坡编录、滑坡灾害数据库建设、滑坡危险性评估预测等方面优势巨大。现今，新的遥感与人工智能技术能让人们更方便、全面地测绘地震诱发的滑坡，GIS 分析能让人们在地震滑坡与地质、地形等因子之间建立更详尽的定性或定量关系。在综合考虑通用性、开放性、技术安全与成熟度等方面因素后，本书选择现今流行的 ArcGIS 平台对滑坡等地理数据进行分析。

在地震滑坡空间分布研究方面，学者们的主要研究内容包括地震滑坡调查与编录、地震滑坡的统计与分布特征、影响因子相关性分析、滑坡危险性区划等。本书研究的是不同断层性质的地震滑坡发育分布特征，因此地震断层也是本书研究的重点，而已有滑坡编录数据是地震滑坡统计与分布特征研究的基础。结合本书的研究内容，下面分别从地震滑坡发育分布特征、数据库建立、断层效应展开论述。

近年来，地震滑坡的发育分布特征研究已经取得了长足的进步，学者们研究了地震滑坡发育分布与地震量级、地面运动参数、断层距或震中距、地质属性、地貌特征（河流、山脊等）和地形参数（曲率、坡度等）等因子的关系，并且成果斐然。例如，有学者比较了汶川、芦山和鲁甸三次地震滑坡的分布规律，发现地震滑坡密度和数量与峰值加速度和震级呈正相关。Keefer（2000）利用回归和单向方差分析（analysis of variance，ANOVA）技术对 1989 年美国加利福尼亚州 Loma Prieta（洛马普列塔）地震诱发的滑坡的分布进行了统计调查，结果显示不同地质条件对滑坡的集中度影响很大。Roback 等（2018）认为 2015 年尼泊尔地震滑坡密度是由震源特征、边坡分布以及降水（影响岩石风化和植被覆盖）共同决定的。除此之外，某些地震滑坡还具有沿河流及公路集中分布且具有一定的地形、地貌特征；而且通过探究滑坡的发育分布规律，可以提高地震滑坡危险性区划准确性。例如，Jaafari 等（2014）对伊朗北部里海森林的滑坡进行危险性评价时，将包含断层距在内的坡度、坡向、海拔、岩性、雨量等因子纳入考虑，得出当地的滑坡危险性区划图，并得出熵指数模型在滑坡危险性评价中的结果优于频率比模型的结论，甚至还可以反推地震断层破裂机理。许冲等（2010b）分析了汶川地震滑坡各灾害影响因子的确定性系数，对断裂因子进行研究的结果印证了震源位于中央断裂的震源机制解析。芦山地震发生后，学术界一直对具体的发震断层有分歧，而 Xu 等（2014）利用地震诱发滑坡的发育分布状态，成功反演出了芦山地震的发震断层。

目前，除上述成果外，关于地震滑坡发育分布特征的研究主要有以下成果。

2.1　距　离　效　应

近断层区域因其在自然灾害和地震动等方面具有众多的特殊规律，近年来逐渐成为地震及工程学界研究的热点区域。到目前为止，近断层都不是一个定义明确的术语，有的学者将断层距小于 10km 的区域称为近断层，有的学者选取断层距小于 15km 的区域，有的取值甚至达到 55km，但大部分学者默认近断层为距断层 20km 以内的区域。近断层区域没有严格的数值定义，也很难用一个简单的数字来表示近断层；准确地说，近断层是一个特殊的研究区域，这个区域很难忽略震源辐射地震波中的近场和中场域，即这是一个受断层性质与破裂机制影响、产生明显的地面永久位移、包含破裂方向效应和滑冲效应等作用的特殊研究区域，即近断层区域具有的上述特征不是所有的近场区域都具有的。

地震滑坡的距离效应是指地震滑坡趋向于靠近发震断层分布，即地震滑坡大多分布于近断层区域，距离断层越近，滑坡的数量与密度越大，且随着断层距的增加，滑坡数量急剧减少。图 2-2 所示为汶川地震滑坡断层距分布图。结果显示汶川地震中超过 80% 的大型滑坡（平面面积大于 $50000m^2$）集中分布于发震断裂地表破裂带两侧 20km 的范围内，且滑坡面积越大，距离效应越明显。因为大部分滑坡位于近断层区域，所以可以说，研究地震滑坡的空间分布本质上就是在研究其在近断层区域的发育分布特征。

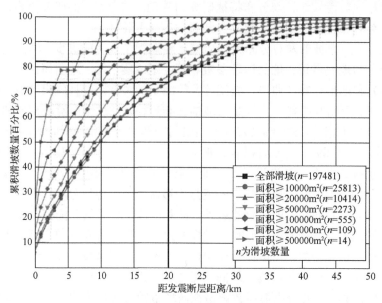

图 2-2　汶川地震滑坡断层距分布图

2.2　上/下盘效应

Abrahamson 等（1996）在研究北岭地震和其他逆断层诱发的地震记录时，首先发现了地震动的上盘效应，即断层上盘的某些地震动参数（峰值加速度、峰值速度等）明显高于下盘。Yu 等（2001）对我国台湾集集地震的地震动记录研究再一次验证了其存在。由此可以推断出：在断层上盘，地震的破坏性要大于下盘。而后，这种推断也从多个地震事件地质灾害的分布上得以证实。

地震滑坡的上盘效应指的是地震诱发的滑坡大多数分布在断层的上盘。特别是对于逆断层，断层上盘的滑坡数量和密度都要明显高于下盘。地震滑坡的上盘效应不仅表现为发震断层上盘滑坡数量远远超过下盘，还表现在上盘地震滑坡的分布范围更广，平均面积和滑坡体量也更大。例如，美国 Northridge 地震（1994）、我国台湾集集地震（1999）和日本 Niigata-Chuetsu 地震（2004）等，都是逆断层为主导致的地震，并诱发了大量滑坡，而且有明显的上盘效应。汶川地震中滑坡统计数据也显示断层上盘的滑坡明显更为活跃；黄润秋等（2009）对汶川地震中的北川—安县区域进行了统计分析，结果显示该区域三个滑坡集中区均位于映秀—北川断层上盘，且断层上盘的滑坡总面积是下盘的三倍之多，在对 85 个面积超过 50000m^2 的滑坡进行统计后发现，有超过 84% 的大型滑坡坐落于发震断层的上盘。由此可以看出，地震滑坡的上盘效应确实存在。

陈晓利等（2011）研究了汶川地震滑坡上盘效应产生的原因：通过对上下盘高程、坡度、岩性条件、地震动、地表变形、余震等影响因子的研究，陈晓利等认为汶川地震滑坡上盘效应的产生与发震断裂的逆冲性质相关，即发震断裂两侧地面运动性质的差异导致了发震断裂两侧滑坡发育特征的不同。

2.3　方　向　效　应

地震滑坡的方向效应一般分为断层错动方向效应与背坡面效应。一般认为，滑坡的方向主要受地形影响，即在自然条件下，滑坡的滑动方向应该多为垂直于山脉和沟谷的走向；但是，在实际的观察中，人们发现情况并非完全如此。在汶川地震中，地震断层附近的水系与沟谷大多垂直于断层分布，即地震滑坡大多数应该平行于断层；然而事实并非如此，统计结果如图 2-3 所示，研究区内地震诱发大型滑坡的滑动方向大多数并非平行于断层分布，而是仅有少部分平行于断层分布，另外大部分则垂直于断层或与断层呈现大角度相交。

断层错动方向效应描述的是地震滑坡与断层两个对象之间的关系，具体意义可以概述为：地震滑坡的优势分布方向与发震断裂的错动方式有关；发震断裂的错动方式包括断层破裂方式、滑动方向、破裂面几何形状与展布方向、倾角等。目前，大量研究结果表明：在以逆冲断层为主的地震滑坡中，滑坡的优势方向近乎垂直于断层走向；而许强等研究发现：在汶川地震中，以走滑断裂为主的青川段，地震滑坡的优势方向与断裂上盘的运动方向呈小角度相交。但是具体的滑坡方向与断层破裂方式的关系还有待深入研究。

背坡面效应是指在与地震波传播方向垂直的山谷中，背离地震波传播方向的一侧的上坡较迎着地震波传播方向一侧的上坡更容易发生滑坡。通常地震波传播方向与断层走向平行，所以一般在与发震断裂走向近于垂直或大角度相交时山谷内更容易观察到背坡面效应。许强等（2010）通过对汶川地震中什邡红白镇附近 5 条沟谷的研究观察发现：在与发震断层走向平行的 5 条沟谷的背坡面滑坡平均面密度为 34.7%，而在迎坡面的平均面密度仅为 16.9%，基本为背坡面的一半。一般来说，背坡面的滑坡发育密度可以达到迎坡面的 2～10 倍，表明地震过程中的背坡面效应在研究区域是真实存在的。关于背坡面效应的产生原因，有学者认为这是地震压缩波在通过斜坡的自由面时形成了成倍的反射拉伸波，而这种反射拉伸波会造成坡面的散裂和层裂（图 2-4）。

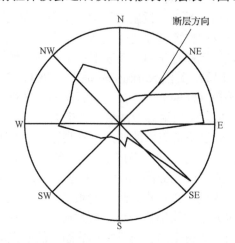

图 2-3　汶川地震研究区大型滑坡滑动方向玫瑰图（黄润秋 等，2009）

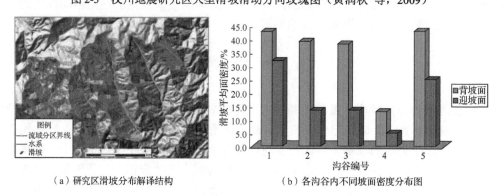

（a）研究区滑坡分布解译结构　　　　　　（b）各沟谷内不同坡面密度分布图

图 2-4　背坡面效应示意图（许强 等，2010）

断层错动方向效应与背坡面效应表明：在地震力作用下，不仅是地形等条件可以主导地震滑坡的优势滑动方向，地震力及其作用方式对地震滑坡的优势滑动方向同样具有很强的控制作用，而地震力作用的具体方式与结果还需要进一步研究。

2.4　锁固段效应

地震源自断层间的滑动，断层的锁固段是指断层中分布的岩桥、障碍或凸起体，如在断层面上不同类型、尺寸不一的凸起体，包括两断层面间的非均匀接触体、不连续断层之间的未破裂区或蠕滑受阻区。已有研究表明，断层中锁固段的性质与分布可能会影响断层的运动方式，断层中的锁固段积聚着大量的能量，也有着十分大的地震矩，这些锁固段的突破代表着能量的爆发和地震矩的突然释放，主震的发生就是这些地震矩被全部突破的后果。

从宏观来讲，锁固段一般位于发震断裂的交叉、错列、末端和转换等部位；地震滑坡的锁固段效应是指在发震断层的锁固段或者上述 4 个部位地震诱发滑坡的数量和密度明显高于其他位置。汶川地震大型滑坡集中分布区域的地表位移并不是很大，这与一般的研究结论并不相符。然而，这些滑坡大多分布在汶川地震的主发震断层（映秀—北川断裂带）的转折和错裂部位，这些部位正是断层中典型的局部锁固段。例如，汶川地震中最大的两个滑坡：大光包滑坡（面积 7.8km^2）和文家沟滑坡（面积 2.95km^2），均位于距离断层 3.9km 处。这不同于其他大部分的大型滑坡，它们一般距离断层都不会超过 1km。例如，东河口滑坡距断层 0.3km，窝前滑坡距断层 0.2km，牛眠沟滑坡距断层 0.3km。研究人员发现，之所以会出现这种情况，原因在于上述两个滑坡位于断层的锁固段，在地震过程中，锁固段会因断层整体错动而被剪断、破裂，从而释放出大量的能量，形成大量局部小"震源"，这些部位会成为大型滑坡的集中分布段。

基于此，提出本章的技术路线，如图 2-5 所示。

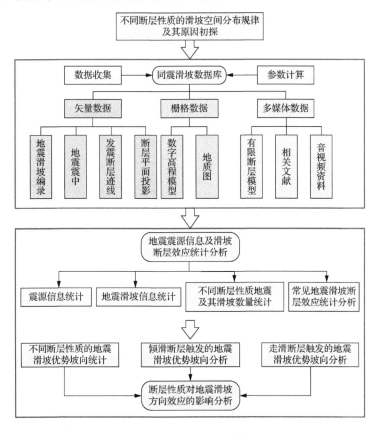

图 2-5　本章技术路线图

2.5 小　结

目前，地震滑坡发育分布规律的研究成果已经表明，地质因素、地形因素、研究区地面运动烈度、震中距等条件对地震滑坡的空间发育特征有着重要的影响，且地震滑坡危险性评价、地质灾害预防、地形地貌演变等研究领域也把上述条件作为研究的决定性因素。同时，越来越多的研究人员发现，发震断裂的性质与几何形态对地震滑坡的空间分布具有控制作用，但是当前的研究还存在如下不足。

（1）基础研究资料匮乏，地震滑坡发育分布规律的研究需要大量地震触发滑坡实例资料，但目前这些资料数量远远不够，且分散掌握在部分研究人员手中，缺少集中整理与共享机制。

（2）大部分地震滑坡发育分布规律的研究仅限于某次特定的地震滑坡事件，研究成果与论证缺乏大量其他地震滑坡事件的证据支持；很少有学者同时研究多个地震滑坡事件的空间分布共性。

（3）有关断层性质影响地震滑坡发育分布规律的研究成果还较少，而且大部分成果以单个地震事件的滑坡分布为例，缺乏说服力，很少有以大量地震事件为样本的对断层性质如何影响地震滑坡发育分布特征的研究成果。

第3章　地震滑坡数据库建立

3.1　地震滑坡数据库的意义

地震触发滑坡往往会造成巨大的人员伤亡和财产损失，地震滑坡也是当今学术界研究的热点问题之一。Keefer（1984）认为，地震震级大于 M_L 4.0 级就会导致滑坡的发生，地震触发的滑坡数量与地震震级密切相关，单次地震触发的滑坡从几处到几万处不等，目前已知最多的是汶川地震诱发滑坡，其同震滑坡数达到近 20 万处（许冲 等，2014）。因此，在地震滑坡研究中，会需要大量的地震、同震滑坡资料以及其他相关资料，这些资料对地震滑坡的后续研究有着非常重要的意义。由于缺乏统一的标准与数据来源，这些滑坡研究数据质量参差不齐，对后续研究的可重复性、权威性以及研究人员之间的数据共享、分析交流有着极为消极的影响，且会直接影响结果的可信度。

全面、完整的地震滑坡数据库对地震滑坡后续研究的意义体现在以下几个方面。

（1）对地震滑坡发育分布规律与危险性评价的意义。

（2）对地震区滑坡泥石流防灾减灾的意义。

（3）对震级、活动断层运动习性等的反馈。

（4）对河流与地貌演化研究的基础意义。

（5）对全球地震震级与触发滑坡关系研究的意义。

因此，建立标准统一、数据全面、使用方便的地震滑坡数据库是地震滑坡灾害研究的基础性工作。

滑坡编录（又叫滑坡编目）是一个滑坡地图集，在这个地图集上标注或勾画出了本区域内某个时间段发生的或某次地震触发的所有滑坡。现代的滑坡编录一般是某个 GIS 平台所属的空间数据文件，这些文件记录了每个滑坡的位置、时间、类型等相关信息。数据库是存储在计算机中的、有结构的、能够扩展与更新的大量数据的集合。地震滑坡数据库记录包含地震、发震断层、地形地质等信息，而滑坡编录仅为滑坡在地图中的表现形式。由此可知，地震滑坡数据库所包含的数据比滑坡编录更加全面，滑坡编录仅是地震滑坡数据库的一个子集。

通过文献阅读与研究，收集现有准确、完备的地震滑坡编录，以拥有滑坡编录的地震事件为单元，建立起包含此次地震信息、发震断层信息以及同震滑坡信息等相关资料的结构清晰、标准统一、使用方便的地震滑坡数据库系统。此数据库不但可以为地震滑坡的发育分布规律、危险性评价等研究工作提供基础数据，还可以解决地震滑坡科研人员对相关数据获取途径不清楚、获取数据质量参差不齐等问题。

3.2　数据资料准备

3.2.1　基础数据类型及要求

地震滑坡数据库以地震事件为单元,每个地震单元都需要此次地震的滑坡编录。地震滑坡编录是一种以 GIS 为平台的空间数据文件,文件主要存储本次地震触发的所有滑坡的位置信息。当前,地震滑坡编录主要以点数据和面数据两种方式表示滑坡,前者用一个平面中的点要素来表示滑坡,后者勾勒出滑坡的水平投影形状。显然,面数据记录的信息更加完整,也更加有利于以后地震滑坡的科学研究工作。彩图 3 所示为分别以点(Gorum et al.,2011)和面(许冲 等,2014)记录的汶川地震触发的最大滑坡——大光包滑坡的两个地震滑坡编录。

目前,本数据库共收录了 35 次地震事件、42 个滑坡编录,共 48 万余个滑坡数据,其基本数据统计见附录 1。

3.2.2　地形地貌数据

地形地貌数据是滑坡及地貌演变研究中必不可少的一部分,也是最重要的基础数据。在本数据库中,地形地貌数据主要是指数字高程模型(DEM),且此数字高程模型范围应包含本次地震事件触发的所有滑坡。

当前,全球已开放免费的 DEM 数据主要有以下几类。

(1)航天飞机雷达地形测绘任务(shuttle radar topography mission,SRTM)。该数据为 2000 年美国国家航空航天局(National Aeronautics and Space Administration,NASA)利用奋进号航天飞机上的 C 波段雷达对全球进行扫描所得。这几乎是当前全球最有名的 DEM 数据(Google 地球也使用该数据)。该数据覆盖范围广,包含了全球南北纬 60°以内的所有区域。SRTM 分为 SRTM1 和 SRTM3 两种数据,前者精度 1″(30m),后者精度 3″(90m)。目前中国区域该 DEM 仅有 90m 精度的数据可供下载。

(2)先进星载热发射和反射辐射仪全球数字高程模型(advanced spaceborne thermal emission and reflection radiometer global digital elevation model,ASTER GDEM)。该 DEM 数据是日本经济产业省和美国国家航空航天局合作的成果。ASTER GDEM 是 2009 年 NASA 利用新一代对地观测卫星(Terra)对全球北纬 83°~南纬 83°之间所有陆地区域进行观测后得到的,这也是目前世界上第一款几乎覆盖全球所有陆地(99%)的高精度 DEM 数据。ASTER GDEM 有 V1 和 V2 两个版本,V1 版本原始数据局部地区数据存在异常,2015 年日本经济产业省发布了 ASTER GDEM 的第二个版本,该版本采用了一种效果极佳的算法改进了第一版的 GDEM 数据,两个版本的精度都是 30m。

(3)DLR(德国航空航天中心)-SRTM X-SAR DEMs。该数据由德国航空航天中心 2000 年在航天飞机雷达地形测绘任务期间通过在航天飞机上搭载 X 波段合成孔径雷达

（synthetic aperture radar，SAR）数据生成的。该数据精度相比 SRTM C 波段雷达大大提升，绝对精度达到 16m 左右。但是缺点是覆盖范围更小，该数据范围为网状结构覆盖全球，数据带宽度约为 50km，空白带宽度约为 100km。

（4）GTOPO 30。该数据由美国地质调查局（United States Geological Survey，USGS）于 1996 年发布，是最早覆盖全球的 DEM 数据。它是八个不同来源的 DEM 数据拼接成的，其精度约为 30″（1000m 左右）。

（5）GMTED 2010（the global multi-resolution terrain elevation data 2010，全球多分辨率地形高程数据 2010）。该数据是由 USGS 和美国国家地理空间情报局（National Geospatial-Intelligence Agency，NGA）对 USGS 的 GTOPO 30 进一步优化而来的。其大部分数据精度约 7.5″（250m 左右），但美国局部地区有精度为 1″、1/3″甚至 1/9″（约 3m）的数据。

上述是目前全球可获取的免费开放的主要几个 DEM 数据，现在大部分商业软件也是利用上述几种原数据插值而成的。除此之外，近几年还出现了一些精度更高的商业数据可供购买。

关于 DEM 数据的选择，基于地震滑坡数据库的用途，本书制订了以下 3 个 DEM 数据选择的基本原则：尽量选择地震滑坡发生前的 DEM 数据；尽量选择制作时间最接近地震滑坡发生时的数据；在满足上述两个原则的情况下尽量选择精度高的数据。

无论地震或是由其触发的滑坡，一般来说已有前人对其进行过研究，有利于后来的研究者快速了解此次地震相关信息。同时，地震及滑坡研究可能存在众多争议性结论，将每次地震事件前人的重要研究成果加以收集汇编，也有利于后来的研究者清楚这些争议点及对此进行判别。

3.3　断层性质及震源数据的处理

3.3.1　震源机制解

地震在震源区发生的力学过程或震源物理过程称为震源机制，一般采用各种震源模型对震源机制进行解释。目前流行的震源模型一般分为两种：一种是点源模型，其又可细分为单力偶模型和双力偶模型，目前广泛使用的震源机制解（focal mechanism solution）模型是双力偶模型；另一种是非点源模型，其又可细分为有限移动震源模型和位错震源模型。震源机制解也称断层面解，它是由许多观测台站记录到的某次地震产生的地震波波形（或地震前后的地形变测量资料等）对双力偶点源模型参数进行求解的结果，通常需要至少 10 个在地理上围绕震中分布良好的台站的波形记录才能得到相对合理的震源机制解。它是对地震矩张量的一种推断，对于地震研究具有至关重要的意义。

地震震源学理论表明，平面断层在均匀弹性介质中产生纯剪切错动时会产生地震波辐射，在远离震源处，这种纯剪切错动产生的地震波如同在相同震源处的一个双力偶作用所产生的地震波。因此，当可将震源近似看成点源时，可以用双力偶模型代替剪切位错震源。双力偶由一对大小相等、方向相反且合力、合力矩都等于零的力偶组成。这样的双力偶作用不会对刚体产生任何运动效果，但会使弹性体介质内部的震源区产生突然形变，从而向外辐射地震波。双力偶点源模型用矩张量（三维对称张量）来表示，其独立模型参数只有 3 个，可以借助 3 个正交轴来描述矩张量：P（压力、压缩轴）、T（张力轴）和 N（零轴），一般代表断层面（P 波两个节面中的一个）的走向、倾角和滑动角。主要求解方法有 P 波初动方向法、P 波和 S 波振幅比方法等。

在分析求解后，共提供两组力学参数：一组为断层面走向、倾角和滑动角；另一组为最大主应力轴、最小主应力轴和中等主应力轴的方位与产状，可以用过球面中心的两个互相垂直的平面表示，这就是双力偶震源模型的两个节面。两个节面中有一个是断层面，另一个是辅助面，没有实际的结构意义。仅根据 P 波初动方向记录还是无法确定哪个是断层面，条件允许时，可以通过现场地质考察、余震的空间分布来判断哪个节面为断层面；也可以根据波形反演法、振幅反演法、应力张量反演法等方法确定断层面。

3.3.2 震源机制解与断层性质

根据震源机制解能够揭示断层滑动的方向和性质。震源机制解"海滩球"（震源球）是下半球赤平面投影。图 3-1（a）所示为 2008 年汶川地震震源机制解，两个互相垂直的大圆弧将震源球分成了四个部分，这四个部分由两个灰色区域和两个白色区域组成。两个大圆弧代表两个节面，其中一个便是产生地震的断层面的机制解。例如，汶川地震震源机制解共有（222，29，152）、（338，77，64）两个节面，经地质调查（222，29，152）为断层面，断层面的三个参数依次表示走向、倾角和滑动角。震源机制解的几何意义如图 3-1（b）所示。

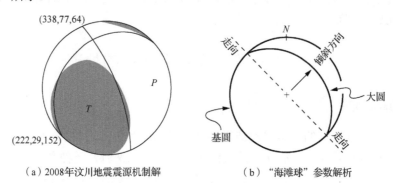

（a）2008年汶川地震震源机制解　　　　（b）"海滩球"参数解析

图 3-1　震源机制解图示

节面的走向表示断层面与震源球边界交点连线的方向，但此交线有两个方向，遂按以下原则规定断层的走向：断层走向的方向加上一个直角正好是断层的倾向。走向范围为 0°～360°。倾角表示断层面与水平面的夹角，其范围为 0°～90°。以滑动角表示上盘的滑动矢量，滑动角的确定要以在断层面上相对于断层面的参考走向来测量，使用右手法则确定参考走向，如图 3-2 所示。从走向方向逆时针量至滑动方向的角度为正，这是断层上盘在下降、下盘在上升，这代表断层两侧是相互挤压运动的；顺时针量至滑动方向的角度为负，这代表断层的下盘在下降、上盘在上升。滑动方向指断层上盘相对于下盘的运动方向，其取值范围为 -180°～180°。

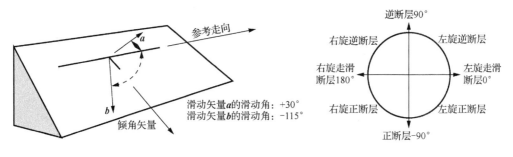

（a）断层滑动方向示意 （b）滑动方向与断层性质的关系

图 3-2 滑动角示意图

由此可知：滑动角为正值时，此断层带有逆冲分量；滑动角为负值时，此断层带有正滑分量；90°和-90°分别表示纯逆断层和纯正断层。滑动角为 0°～-90°和 0°～90°带有左旋分量；滑动角为-90°～-180°和 90°～180°必带有右旋分量。滑动角为 0°和 180°时分别代表纯左旋走滑断层和纯右旋走滑断层。本书依据断层滑动角的大小，将断层类型分为走滑断层、斜滑断层、正断层和逆断层四类，其分类标准如表 3-1 所示。

表 3-1 断层性质分类标准

断层类型	滑动角 α 大小
走滑断层	-30°<α<30°、150°<α<180°、-180°<α<-150°
斜滑断层	30°<α<60°、120°<α<150°、-60°<α<-30°、-150°<α<-120°
正断层	-120°<α<-90°
逆断层	90°<α<120°

3.3.3 震源数据的提取

地震是地震滑坡的触发因子，震源数据的提取对地震滑坡发育分布特征与地震的关系等研究有着必不可少的作用。地震滑坡数据库的地震数据来源主要为美国地质调查局、中国地震局（China Earthquake Administration，CEA）及其他学术论文等资料。主要地震数据有震中、发震断层和地面运动信息三类。本数据库将震中信息利用 GIS 空间数据格式存储为一个点数据。发震断层信息主要有以下四类信息：①发震断层地表迹线；②发震断层平面投影；③有限断层模型；④震源机制解。地面运动信息主要包含了地震监测台站、峰值[地动]加速度（peak ground acceleration，PGA）等值线、峰值地动速度（peak ground velocity，PGV）等值线、地震烈度图等资料。

3.3.4 空间数据的坐标系统

规范化的坐标系统是地理信息数据表达与处理的基础，可以使不同来源的各类数据和资源在统一的坐标系统内表达相应的空间关系与地理特征，同时也是各种栅格数据矢量化、配准和裁剪拼接的必要条件。为满足日后各类数据处理工具的需要，它主要包括统一的地理坐标系和统一的投影坐标系。

地震滑坡数据库囊括了全球各大洲的 35 次地震事件所触发的滑坡，且未来的数据量还会持续增加。本数据库所有数据均使用 1984 年世界大地坐标系（WGS 84），所有数据统一选择通用横墨卡托投影（universal transverse Mercator projection，UTM）。

3.4　地震滑坡数据库结构设计

1）总体结构设计

地震滑坡数据库要满足多类研究需求，因此须包含多种数据，主要的数据类型有矢量数据、栅格数据、多媒体数据和属性数据等。矢量数据主要有地震滑坡编录、地震震中、矢量化的发震断层地表迹线、断层平面投影等数据；栅格数据主要有数字高层模型等；多媒体数据主要有此次地震有限断层模型、相关文献、图片及音视频等；属性数据是一个数据库存储系统，它存储了每个滑坡位置、坡度、坡向及其他与滑坡相关联的附加信息。本书重点内容为不同断层性质对地震滑坡空间分布的影响，地震滑坡数据库也以此为核心建立。数据库的总体结构图如图 3-3 所示。

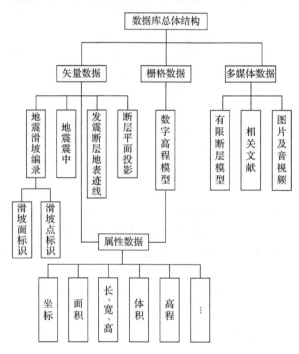

图 3-3　地震滑坡数据库总体结构图

2）属性数据编码设计

属性数据存储了每个滑坡的相关信息，这些信息大多是矢量数据和栅格数据的附加信息。属性数据编码所需数据分别是从滑坡点标识和滑坡面标识提取的信息，因此将滑坡属性数据编码以滑坡点标识（point）和滑坡面标识（polygon）进行分类，并统一编入地震滑坡基本信息表，如图 3-4 所示。

No.	Point									Polygon						
	Latitude (Δ=0.001)	Longitude (Δ=0.001)	Elevation (m, Δ=1m)	Hanging wall or footwall, H (1) or F (0)	Slope(0-90°, Δ=1°)	Aspect (0-360°, Δ=1°)	Distance to epicenter (m, Δ=1m)	Distance to fault (m, Δ=1m)	Distance to the boundary lines of projection of fault plane (m, Δ=1m)	Area, A (m², Δ=1m²)	Length, L (m, Δ=1m)	Width, W (m, Δ=1m)	L/W	Landslide type based on L/W	Height (m, Δ=1m)	Volume(m³, Δ=m³)
1	34.670	-118.723	920	0	24	142	53470	40340	32319	2244	111	28	4.02	纵长式	45	12602
2	34.669	-118.723	912	0	14	66	53446	40303	32300	2564	100	38	2.65	纵长式	26	13680
3	34.669	-118.726	998	0	47	128	53488	40296	32357	1641	50	42	1.20	纵长式	42	8661
4	34.669	-118.725	955	0	20	38	53431	40248	32297	3344	74	56	1.32	纵长式	29	18941
5	34.643	-118.702	798	0	15	136	50071	37250	28865	4939	78	88	0.89	等轴式	23	28964
6	34.642	-118.686	785	0	37	114	49514	37039	28234	550	13	55	0.24	横长式	14	2079
7	34.636	-118.748	753	0	37	207	50761	36939	29958	6716	184	62	2.97	纵长式	138	52816
8	34.636	-118.747	791	0	40	184	50735	36937	29919	2216	28	138	0.20	横长式	74	13284
9	34.633	-118.676	954	0	3	141	48346	36076	27040	1704	27	78	0.35	横长式	9	7353
10	34.633	-118.676	949	0	6	114	48287	36003	26981	2495	106	36	2.96	纵长式	14	12194
11	34.625	-118.712	832	0	33	205	48455	35301	27377	3206	33	135	0.25	横长式	46	19186

图 3-4　地震滑坡基本信息

利用滑坡点标识可以提取的信息有滑坡编号、纬度（latitude）、经度（longitude）、高程（elevation）、上下盘位置（hanging wall or footwall）、坡度（slope）、坡向（aspect）、震中距（distance to epicenter）、断层距（distance to fault）、与断层投影面边界距离（distance to the boundary lines of projection of fault plane）；利用滑坡面标识可以提取的信息有面积（area）、长度（length）、宽度（width）、长宽比（L/W）、基于长宽比的滑坡类型（landslide type based on L/W）、高度（height）、体积（volume）。

3）基本数据的处理

对于一个数据库中的所有数据，其坐标系统必须是一致的，所以在数据处理前需要将所有数据的地理坐标系设置为 WGS 84，投影坐标系根据地震数据所处投影带使用相应的 UTM。

对数据进行校正和配准，其过程如下。

（1）添加配准工具条，将需要校正的矢量数据或图像添加到 ArcMap。

（2）在矢量数据或图像中找几个确定坐标或不同图层中已确定相对关系的点。

（3）在配准工具栏中依次将每个点选为控制点后，右击，输入它们的实际坐标。

（4）添加完所有控制点后再单击更新地理配准和校正，数据校正完成。

至此，所有数据都有了统一的坐标系统和正确的对应位置关系。对于某些图片或者栅格数据，还需要对其进行矢量化处理。矢量化的步骤如下。

（1）将数据添加到 ArcMap，然后进行校正配准处理。

（2）根据需要，在 ArcMap 目录中新建面要素、线要素或者点要素。

（3）创建要素属性表，主要包括字段的命名、字段类型和字段长度的选择。

（4）对新建的点、线、面要素进行矢量化跟踪，即对图像中的资料进行描图。

（5）对于地质图，还可以根据其颜色对栅格重分类后进行"栅格转面"操作。

4）矢量数据的处理

矢量数据的处理主要包括地震滑坡编录、地震震中、矢量化的发震断层地表迹线、断层平面投影图等数据的处理。因研究需要，这 4 种矢量数据均需要对其空间数据进行投影并存储于数据库中。

对于发震断层地表迹线，一些数据可从美国地质调查局断裂与褶皱数据库中找到矢量数据；其余大部分数据均来源于相应地震及其构造研究论文中的图片资料，然后再对这些图片资料依次进行校正配准、矢量化、坐标投影等操作并存储为矢量数据。断层平面投影数据来自 USGS 的 KML 文件，在 ArcMap 中使用"KML 转为图层"工具将其转为"多面体"要素，然后通过"多面体轮廓线"工具将其转为面要素进行存储。

需要注意的是，由于地震滑坡数据库中的地震事件断层信息不完整，很多地震事件缺乏详细的地震断层地表迹线，导致无法对滑坡进行上下盘分类，因此，人们使用各个地震事件的震源深度（H）、震中位置、断层机制解中的断层倾角（α）与断层走向，利用图 3-5 所示几何关系与式（3-1）计算震中至断层地表迹线距离（L），再结合断层机制解中的断层走向参数得到地震事件的虚拟断层地表迹线。在下文中的上下盘位置、断层距等参数计算时，对于缺乏详细断层地表迹线的地震事件，使用虚拟断层地表迹线计算。

$$L = \frac{H}{\tan \alpha} \qquad (3\text{-}1)$$

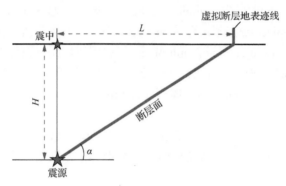

图 3-5　虚拟断层地表迹线示意图

5）栅格数据的处理

栅格数据主要包括数字高程模型和地质图。一般各机构对免费开放的 DEM 数据是以固定尺寸"瓦片"的方式下载的，因此需要对下载的 DEM 源数据进行裁剪和拼接操作，以适应地震滑坡研究范围的需要或者减少日后的数据处理量。多个 DEM 的拼接操作步骤为：在 ArcMap 中打开 Arctoolbox（工具箱），依次选择数据管理工具→栅格→栅格数据集→镶嵌至新栅格，然后在对话框中选择或输入要拼接的多个 DEM 数据、存储路径、新文件名称、空间参考系和波段数即可。单个 DEM 的裁剪步骤如下。

（1）新建面要素。

（2）编辑面要素，利用面要素描绘出包含所有地震滑坡或其他可能研究到的区域。

（3）添加需要裁剪的 DEM。

（4）打开"按掩膜提取"工具。

（5）按要求输入栅格数据和裁剪范围，完成栅格数据裁剪。对 DEM 裁剪和拼接后得到合适的地震滑坡研究范围，再对 DEM 数据进行配准和投影即可存储于地震数据库中。

进行涉及地质问题的研究时，一般需要其矢量数据，但是，目前的地质资料几乎都是图片格式（栅格数据）。因此，需要对地质图校正、配准后进行栅格矢量化操作。矢量化后的地质图即可进行投影和存储。

6）多媒体数据的处理

多媒体数据主要有此次地震相关文献、图片、音视频，如地震震源机制解的"海滩球"图片、有限断层模型文件等资料。这些资料一般是直接存放于相关目录中。

7）属性数据的处理

如图 3-4 所示，属性数据存储了每个滑坡的相关信息，将滑坡属性数据编码以滑坡点标识和滑坡面标识进行分类，因地震滑坡编录是以点标识或面标识对滑坡进行标记的，因此，以点标识标记滑坡的地震滑坡编录将缺少与"面"相关的属性数据；以面标识标记的地震滑坡编录在获取与"点"相关的属性数据时，须使用此编录所有滑坡面要素的"特征点"，即用这个"特征点"来代表整个滑坡的位置。此"特征点"的表示形式有多种。例如，使用 ArcMap 的"要素转点"工具生成，即用滑坡多边形的质心（重心）作为"特征点"表示滑坡；使用滑坡源区的质心作为"特征点"，没有标明滑坡源区的地震滑坡编录则通过前面所述程序计算出源区；使用滑坡多边形中海拔最高的角点作为"特征点"表示滑坡。以上方式均可用来表示滑坡"特征点"，地震滑坡数据库主要使用第一种"特征点"来获取滑坡信息。下面依次说明图 3-4 中所有滑坡属性信息的意义及获取方式。

经度和纬度栏用于记录滑坡的具体坐标，其获取步骤为：①打开滑坡编录属性表，在属性表中添加经纬度字段；②分别右击添加的经纬度字段选择"计算几何"；③分别计算经纬度字段的 X、Y 坐标（即经纬度坐标）；④导出滑坡编录属性表。

高程用于记录滑坡特征点的海拔高度，获取滑坡特征点海拔需要用到 DEM 数据，其步骤为：①在 ArcMap 中添加当次地震的 DEM 数据和地震滑坡编录（点要素）；②打开"值提取至点"工具并在工具栏中添加相应数据后执行；③导出滑坡编录属性表。

属性数据以 1 或 0 代表每个滑坡的上下盘位置，其获取步骤为：①在 ArcMap 中添加 DEM、断层地表迹线、滑坡编录等数据；②根据文献资料判断断层地表迹线两侧的上、下盘位置；③新建面要素并描图，使新建面要素包含断层某一侧（如上盘）所有的滑坡点；④使用"按掩膜提取"工具提取新建面要素范围内的 DEM 数据；⑤利用"值提取至点"工具将上步提取的 DEM 高程值赋值到所有滑坡点；⑥导出属性表，表中高程值为空值（-9999）的点即属于下盘，其余点属于上盘；⑦利用 Excel 函数将空值替换为 0，其余值替换为 1 即可。

坡向数据代表滑坡处坡体的水平朝向，它是指 DEM 栅格表面各像元方向上的 z 值上的最大变化率方向。坡向的范围为 0°～360°，以北为基准方向按顺时针进行递增。坡向的获取步骤为：①在 ArcMap 中添加 DEM 和滑坡编录数据；②使用"坡向"工具将 DEM 栅格图转为坡向图；③利用"值提取至点"工具将坡向图数据提取至滑坡编录属性表；④导出滑坡编录属性表。

坡度数据代表滑坡特征点处坡体的坡度值，其获取步骤为：①在 ArcMap 中添加 DEM 和滑坡编录数据，为计算方便，此处最好添加 DEM 的投影数据；②使用"表面坡度"工具将 DEM 栅格图转为坡度图；③利用"值提取至点"工具将坡向图数据提取至滑坡编录属性表；④导出滑坡编录属性表。

震中距即每个滑坡到震中的距离值，断层距即每个滑坡与断层地表迹线的最小距离。它们的获取步骤为：①在 ArcMap 中添加震中距、断层距数据及滑坡编录，此处输入数据须为投影坐标系下数据；②使用"近邻分析"工具计算所有滑坡至震中或断层的最小距离；③导出滑坡编录属性表。

与断层投影面边界距离即每个滑坡到断层投影面的最小距离值，其获取步骤为：①在 ArcMap 中添加断层投影面数据及滑坡编录，此处输入数据须为投影坐标系下数据；②使用"近邻分析"工具计算所有滑坡至断层投影面的最小距离，如果滑坡位于断层投影面内，则距离值为 0；③导出滑坡编录属性表。

面积表示的是滑坡的平面投影面积，其获取步骤为：①在 ArcMap 中添加以面要素表示的滑坡编录，此处输入数据须为投影坐标系下数据；②打开属性表，在属性表中添加面积字段；③在添加的面积字段处右击选择"计算几何"计算滑坡面积；④导出滑坡编录属性表。

滑坡长宽值为滑坡多边形外接矩形（彩图 4）的长宽值，其获取步骤为：①在 ArcMap 中添加以面要素表示的滑坡编录，此处输入数据须为投影坐标系下数据；②打开"最小边界几何"工具，在工具栏选择"RECTANGLE_BY_AREA"和"将几何特征作为属性添加输出中"，即生成封闭输入要素的面积最小的矩形；③导出生成矩形要素的属性表。

输出的属性表中包含了矩形的长宽值和长边的方位值（MBG_Orientation 字段），但是矩形的长宽值不一定对应滑坡的长宽值，因为实际的滑坡可能是"横长型"，即滑坡的长宽比小于 1。因此，需要对矩形的长宽进行判断，本数据库默认滑坡"特征点"坡向与矩形长边方位值之差的绝对值小于 45°，矩形长宽值正好对应滑坡长宽值；否则，滑坡即"横长型"。滑坡长宽比定义为上文得出的滑坡长宽的比值。滑坡类型是基于滑坡长宽比确定的，分类标准如表 3-2 所示。

表 3-2　滑坡长宽比分类标准

滑坡类型	长宽比	滑坡类型	长宽比
横长型	≤0.8	等轴型	(0.8, 1.2]
纵长型	(1.2, 3.0]	狭长型	>3

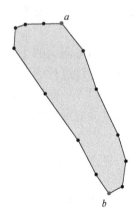

图 3-6　滑坡面要素结构

滑坡高度值表示的是滑坡坡顶至坡底的海拔差，在 ArcGIS 中，没有直接计算滑坡高度的工具，因此，利用 ArcGIS 的二次开发环境，使用 Python 语言开发了计算滑坡高度的程序。计算滑坡高度的 Python 程序基本原理如下：在以面要素表示的地震滑坡编录中，滑坡面是一个多点连成的多边形（图 3-6），多边形上的每个点在 DEM 上均有其对应的高程值，点 a 为滑坡多边形上高程值最大的点，点 b 为滑坡多边形上高程值最小的点，只要分别求得点 a、b 的高程值 H_a、H_b，则滑坡高度 $H=H_a-H_b$。除此之外，此程序还有简单的分离滑坡源区的功能。

滑坡体积为滑坡体的滑动体积，利用现有的数据资料，很难获取所有滑坡编录的体积资料，因此，本书中的滑坡体积是利用经验公式计算而得，表示如下：

$$V = 0.9105 \times A^{1.1693} \times H^{0.1348} \tag{3-2}$$

式中，A 为滑坡面积；H 为滑坡高度；V 为滑坡体积。

3.5　滑坡数据库的生成

本数据库主要用于地震滑坡发育分布规律的研究，为了后续研究的方便，它应满足以下几个方面的需求。

（1）具有便利友好的图形界面以降低使用门槛。

（2）具有高可扩展性，方便后续新增与更新数据。

（3）具有方便查询、提取的特点。

（4）具有开放性，方便与其他软件兼容。

当前，商用数据库软件已经非常完善，非必要情况下宜采用成熟的商用数据库，而Microsoft SQL Server 是当前流行的商业数据库之一，且基本满足上述需求。ArcGIS（彩图 5）也是当前功能强大且通用的空间数据管理与分析工具之一。所以，根据不同的功能需求，分别采用 Microsoft SQL Server 和 ArcGIS 对滑坡属性数据和地震滑坡空间数据进行存储管理。

如图 3-7 所示，地震滑坡数据库以地震事件为基础建立其专属表格，并将地震滑坡属性数据输入专属表格，以此建立统一的地震滑坡数据库。

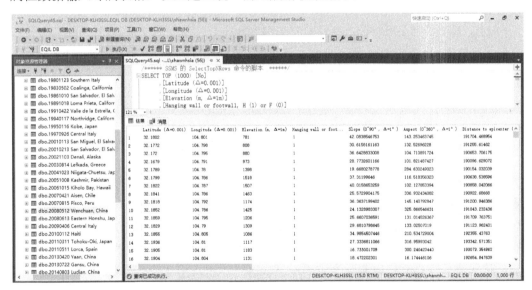

图 3-7　以 SQL Server 为平台的地震滑坡数据库系统界面

除此之外，ArcGIS 拥有 Microsoft SQL Server 的数据接口，两者数据互通对后续滑坡的空间分布分析有着十分重要的作用。

3.5.1　滑坡源区分离模块

当前大部分以面要素表示的地震滑坡编录均是基于卫星遥感图像为基础解译而成，但是，很少有滑坡编录将滑坡的源区与堆积区分离；未分离源区与堆积区的滑坡在进行滑坡的坡度、曲率等因素分析时具有较大的误差。因此，利用 ArcGIS 的二次开发环境，使用 Python 语言开发了滑坡源区与堆积区的分离模块。除此之外，此程序还具有计算滑坡高度的功能。

3.5.2 程序基本原理及结构

在以面要素表示的地震滑坡编录中，滑坡面是一个多点连成的多边形，多边形上的每个点在 DEM 上均有其对应的高程值；显然，实际情况中滑坡源区所在地势更高，因而，滑坡源区点的高程值更大。本程序则是基于以上原则，将滑坡面要素多边形的所有点分为位置连续的两部分。

如图 3-8 所示，滑坡面要素多边形由 14 个点组成（$a_1 \sim a_{14}$），将其分为位置连续的两部分，其中一部分为 $a_n \sim a_{n+m}$（其中 $n=1 \sim 14$，当 $n \leqslant 8$ 时，$m=6$；当 $n>8$ 时，$m=-8$）。

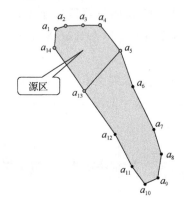

图 3-8 滑坡源区示意图

若以 H_{source} 表示滑坡源区所有多边形点的高程之和，则有

$$H_{source} = a_n + a_{n+1} + \cdots + a_{n+m} \tag{3-3}$$

式中，$n=1 \sim 14$，当 H_{source} 最大时，$a_n \sim a_{n+m}$ 即为组成源区多边形的点（图 3-8 空心圆点），将这些点连接起来，即为滑坡源区。当滑坡多边形由 3 个点（$n=3$）组成时，即默认整个面要素都是滑坡源区；当滑坡多边形由 4 个点（$n=4$）组成时，选择海拔最高的 3 个点作为滑坡源区；当滑坡多边形由 n 个点组成时，$n/2$ 大于 2，先对 $n/2$ 取整后，按照海拔由高到低取整数个点为滑坡源区；当滑坡多边形由奇数个点构成时，由海拔最高的 $(n+1)/2$ 个点作为滑坡源区。此外，还可以用滑坡源区的质心作为滑坡的特征点，用以计算其他参数。

本程序根据经验粗略地将滑坡面要素平分为源区与堆积区，因此，存在一定的误差，但是，相比直接以滑坡面要素的质点作为滑坡点，预计用其计算的源区质心作为滑坡点来获取的滑坡坡度、曲率等参数的精度会有所提升。地震滑坡高度及源区与堆积区分离程序整体算法流程如图 3-9 所示。

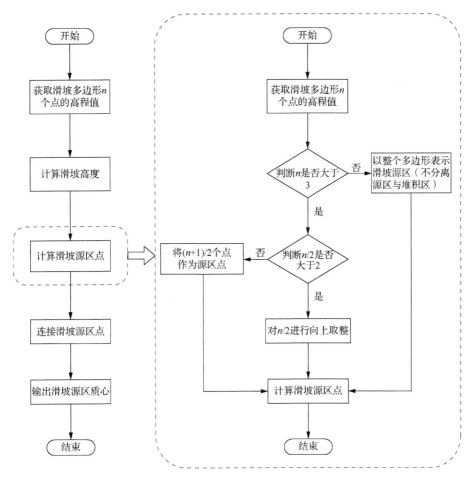

图 3-9　地震滑坡高度及源区与堆积区分离程序整体算法流程

3.5.3　模块输入与输出文件

滑坡源区分离模块输入文件为.txt 文本格式，表 3-3 所示为滑坡源区分离模块输入文本文件编码格式。输入文件共有 5 列，依次如下。

（1）总编号：整个滑坡编录中组成面要素多边形的所有点的编号。

（2）原编号：点所属的原滑坡面要素的编号。

（3）高程：此点的高程。

（4）横坐标：此点的经度（负值为西经）。

（5）纵坐标：此点的纬度（负值为北纬）。

表 3-3　滑坡源区分离模块输入文本文件编码格式示例

总编号	原编号	高程/m	横坐标/（°）	纵坐标/（°）
1	0	2970	85.75139159	28.07633565
2	0	2969	85.75139518	28.07632775
3	0	2969	85.75139878	28.07631985

续表

总编号	原编号	高程/m	横坐标/（°）	纵坐标/（°）
4	0	2968	85.75140237	28.07631195
5	0	2970	85.75138911	28.0763416

上述文本文件是使用滑坡编录与 DEM 在 ArcGIS 中处理后得到的，处理过程如下。

（1）在 ArcMap 中添加以面要素表示的滑坡编录与 DEM 文件。

（2）使用"要素折点转点"工具生成所有组成滑坡多边形的点要素。

（3）使用"值提取至点"工具将 DEM 上的高程赋值给上步所得点要素。

（4）使用"计算几何"功能计算上述点要素的坐标值。

（5）删除属性表中多余列并导出属性表（.txt 文本文件）。

（6）删除.txt 文本文件表头（第一列）。

（7）将.txt 文本文件命名为"test.txt"并保存在 Python 程序同一文件夹内运行。

经过以上步骤,运行程序后,在文件夹内将生成 4 种文件,分别为:①Source_area.shp 图形文件：滑坡源区线要素图形文档；②Source_area_points.shp 图形文档：滑坡源区点要素图形文档；③Source_area_feature_point.shp 图形文件：滑坡源区质心点图形文档；④rangepoints.txt 文本文件：滑坡高度文本文件。

3.5.4　程序实例验证

按前文所示步骤使用滑坡源区分离模块对 2015 年 4 月 25 日尼泊尔 M_w 7.8 级地震触发滑坡编录（Zhang et al.，2016）进行源区分离；此次地震共触发滑坡 2645 个，分离后的滑坡源区点（Source_area_points）共计 16420 个。尼泊尔地震某处滑坡源区示意图见彩图 6。

3.6　小　　结

地震滑坡数据库记录了地震、发震断层、地形地质等信息，而滑坡编录仅为滑坡在地图中的表现形式。因此，地震滑坡数据库可以为地震滑坡的发育分布规律、危险性评价等研究工作提供基础数据。本章主要介绍了地震滑坡数据库的创建过程：收集现有的地震滑坡编录，以地震事件为基础，建立包含地震、发震断层以及同震滑坡等相关资料的地震滑坡数据库系统。地震滑坡数据库的基本数据必须做到标准统一、数据完整，且在制作数据库前必须指定统一的坐标系统。地震滑坡数据库包含矢量数据、栅格数据、多媒体数据和属性数据等多种数据类型，为方便研究，地震滑坡数据库必须结构清晰，方便易用。

根据不同的功能需求，分别采用了 Microsoft SQL Server 和 ArcGIS 对滑坡属性数据和地震滑坡空间数据进行存储管理；还利用 ArcGIS 的二次开发环境，使用 Python 语言开发了滑坡源区与堆积区的分离模块，模块可以对滑坡坡度、曲率、高程等重要参数的计算起到优化作用。

第4章　地震滑坡断层效应

地震滑坡数据库是地震触发滑坡发育分布规律研究中不可或缺的基础性资料,其意义重大。第3章对建立地震滑坡数据库的过程和内容进行了详细的描述,本章是在第3章的基础上,对地震滑坡数据库中的地震震源和地震滑坡信息的基本特征进行详细的统计分析。这种前期概述性的统计分析有助于研究人员把握地震滑坡数据库的基本内容与特征,对后期的深入研究有着十分积极的意义。除此之外,本章还利用掌握的大量地震滑坡数据,对目前已有的地震滑坡发育分布规律,如距离效应、上盘效应等进行更详细的分析和验证,对地震滑坡的方向效应分析将在第5章中进行介绍。

4.1　地震滑坡断层效应统计分析

4.1.1　距离效应

距离效应是指地震滑坡大部分分布于近断层区域的一种发育分布规律。地震滑坡数据库收录的35次地震事件中仅有13次地震事件拥有详细的断层平面图,对于缺少详细断层平面图的地震事件,采用第3章所述的虚拟地表迹线计算滑坡断层距。因为虚拟地表迹线与实际断层地表迹线存在一定的误差,所以本节首先对35次地震事件的滑坡断层距分布进行统计分析,再对13次拥有详细断层平面图的地震事件做单独分析。

1）全部地震事件距离效应统计分析

对35次地震事件（有多个数据库的地震仅统计滑坡数最多的数据库）的断层距信息进行统计,95%和80%分位滑坡断层距是指本次地震触发的滑坡中距离断层最近的前95%和80%滑坡的最大断层距值,统计结果如图4-1所示。35次地震事件的95%分位滑坡断层距越大,地震事件数量越少,地震数量在10～20km及20～30km两个区间分布较多,95%分位滑坡断层距在这两个区间的地震事件占总数约57.1%;相比95%分位滑坡断层距,80%分位滑坡断层距更不易受异常滑坡点的影响,更为适合用以表征地震事件滑坡断层距的分布。图4-1显示35次地震事件的80%分位滑坡断层距分布较为规律,总体是随着断层距的增加,地震事件的数量越来越少,35次地震事件中约有68.6%的地震事件触发滑坡的80%分位滑坡断层距分布于距离断层20km以内。

为探究地震震级对地震滑坡断层距的影响,本章对不同震级地震触发的滑坡断层距进行了统计分析,如图4-2所示,以地震震级对35次地震事件的滑坡进行分类汇总。因最远致灾断层距受特殊点影响较大,此处仅计算地震滑坡在每个震级区间的95%、90%、80%分位滑坡断层距。可以看出,随着地震震级的增加,95%、90%、80%分位滑坡断层距值几乎是随着地震震级的增加而稳定上升。上述统计结果也说明,一般条件下,随着地震震级的上升，地震波影响山体滑坡的范围越来越大，即地震滑坡的断层距逐渐上升。

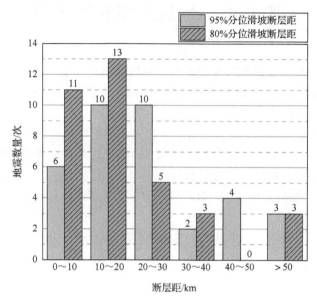

图 4-1　全部地震事件滑坡断层距分布图

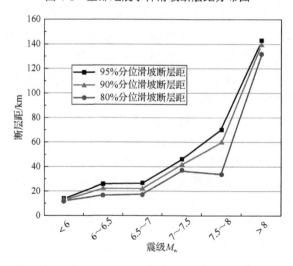

图 4-2　不同震级的地震触发滑坡断层距分布

本章拟对不同面积的地震滑坡断层距分布进行统计分析，地震滑坡数据库中共有 21 次地震事件的滑坡拥有面积信息。对 21 次地震事件触发的滑坡（单次地震事件有多个滑坡数据库的，仅统计其滑坡数量最多的库），按面积分别大于 $1 \times 10^4 \mathrm{m}^2$、$2 \times 10^4 \mathrm{m}^2$、$5 \times 10^4 \mathrm{m}^2$、$10 \times 10^4 \mathrm{m}^2$ 分类统计其断层距信息。这 21 次地震事件共触发了 294949 次滑坡，其中汶川地震触发了 197481 次滑坡，占滑坡总数的 67%，因其对地震滑坡统计结果影响过大，将其剔除做单独统计，统计结果如图 4-3 所示。结果显示，汶川地震与除汶川地震外的其他地震触发的滑坡面积越大，滑坡向断层附近集中的趋势越大，即随断层距增加，面积大的滑坡数量百分比上升越快。

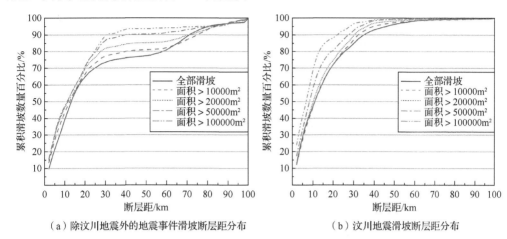

（a）除汶川地震外的地震事件滑坡断层距分布　　　　　　（b）汶川地震滑坡断层距分布

图 4-3　不同面积的地震滑坡断层距分布图（21 次地震事件）

2）拥有断层破裂带的地震事件距离效应统计分析

13 次拥有详细断层平面数据的地震事件见表 4-1（有多个数据库的地震，仅统计滑坡数最多的数据库）。它们的断层空间展布图见彩图 7。13 次地震事件共触发滑坡 271028 处，其中汶川地震触发滑坡 197481 处，占滑坡总数的 72.9%。

表 4-1　拥有详细断层平面数据的地震事件列表

序号	地震日期	地震发生地	滑坡编录类型	滑坡数量/处
1	1976-02-04	危地马拉（Guatemala）	多边形	6224
2	1989-10-18	洛马普列塔（Loma Prieta），加利福尼亚州（California）	点	1775
3	1994-01-17	北岭（Northridge），加利福尼亚州（California）	多边形	11111
4	1995-01-16	神户（Kobe），日本（Japan）	多边形	2353
5	2002-11-03	德纳里（Denali），阿拉斯加州（Alaska）	多边形	1579
6	2003-08-14	莱夫卡扎（Lefkada），希腊（Greece）	多边形	274
7	2005-10-08	克什米尔（Kashmir），巴基斯坦（Pakistan）	多边形	2930
8	2008-05-12	汶川（Wenchuan），中国（China）	多边形	197481
9	2010-01-12	海地（Haiti）	多边形	23567
10	2013-04-20	雅安（Yaan），中国（China）	点	15546
11	2013-07-22	甘肃（Gansu），中国（China）	多边形	2330
12	2014-08-03	鲁甸（Ludian），中国（China）	多边形	1024
13	2017-08-08	九寨沟（Jiuzhaigou），中国（China）	多边形	4834

13 次地震事件断层距信息统计结果如图 4-4 所示。在 6 个断层距区间内，13 次地震事件的 95% 和 80% 分位滑坡断层距分布梯度明显，即随着断层距的增大，地震事件的数量逐渐减少，共有 10 个地震事件的 80% 分位滑坡断层距在 20km 以内，且没有地震事件超过 40km。

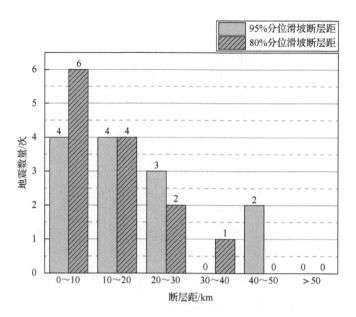

图 4-4 拥有断层平面图的地震事件滑坡断层距分布图

上述 13 次地震事件中除 1989 年 Loma Prieta 地震触发的滑坡外均拥有面积信息（2013 年雅安滑坡编录也记录了面积信息）[图 4-5（a）]。为防止汶川地震滑坡数量过多造成统计结果不够客观，分别对 11 次地震事件和汶川地震的各面积级别的滑坡断层距进行统计。结果显示，汶川地震滑坡面积越大，滑坡向断层附近集中的趋势越大，即随断层距增加，面积大的滑坡数量百分比上升越快 [图 4-5（b）]；其余地震不同面积滑坡的断层距分布曲线没有明显差异，甚至随断层距增加，面积大的滑坡数量百分比上升更慢一些，这与汶川地震及上文所述 35 次地震滑坡断层距统计结果正好相反。

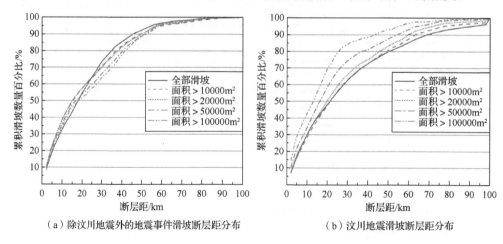

（a）除汶川地震外的地震事件滑坡断层距分布　　　　（b）汶川地震滑坡断层距分布

图 4-5 不同面积的滑坡断层距分布图（13 次地震事件）

4.1.2　上/下盘效应

通常认为，以逆冲性质为主的地震触发的滑坡有明显的上盘效应，我们对自建的地震滑坡数据库中的滑坡数据进行了统计。此外，对地震滑坡上盘效应的研究还需要定义上盘效应强度的意义，本节将滑坡上盘效应的强度定义为滑坡数量上盘效应强度（S）和滑坡面积上盘效应强度（A），定义见式（4-1）和式（4-2）。

$$滑坡数量上盘效应强度(S) = \frac{上盘滑坡数量(N)}{下盘滑坡数量(M)} \tag{4-1}$$

$$滑坡面积上盘效应强度(A) = \frac{上盘滑坡总面积(A_N)}{下盘滑坡总面积(A_M)} \tag{4-2}$$

对于有详细断层地表破裂带的地震事件采用地表破裂带区分上、下盘，其余则使用虚拟断层地表迹线将地震滑坡分为上、下盘滑坡，再对地震事件的上盘效应强度（S）按断层性质进行统计，上盘效应强度（S）定义见式（4-1），且将 $S>1$ 定义为具有上盘效应，$S<1$ 定义为不具备上盘效应。一般不讨论走滑断层的上盘效应，于是对正断层、逆断层、斜滑断层三种断层的上盘效应进行统计，结果如图 4-6 所示。

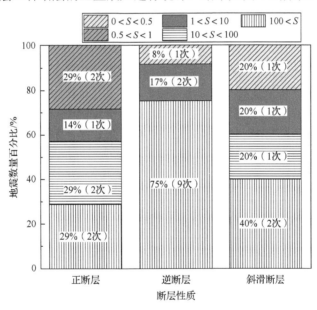

图 4-6　不同断层性质地震滑坡数量上盘效应强度统计图

统计结果表明，在地震滑坡数据库收录的 35 次地震事件中，80%的斜滑断层、71%的正断层以及 92%的逆断层型地震触发滑坡在数量上存在上盘效应，走滑断层一般不讨论其上/下盘效应；而且在 5 例斜滑断层性质的地震中，3 例逆斜滑断层触发的滑坡全部存在上盘效应，而 2 例正斜滑断层性质的地震触发滑坡中有 1 例不具备上盘效应。因此，地震滑坡的上盘效应普遍存在于倾滑断层（包括正断层与逆断层）与斜滑断层触发的滑坡中。

统计地震滑坡数据库中具有面积信息的 13 次倾滑断层和斜滑断层性质的地震滑坡

面积上盘效应强度，这 13 次地震中仅有逆断层和斜滑断层性质的地震，其统计结果如图 4-7 所示。

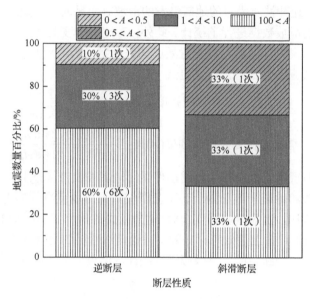

图 4-7 不同断层性质地震滑坡面积上盘效应强度统计图

统计结果显示，逆断层和斜滑断层在面积上也存在明显的上盘效应，但地震样本过少可能对统计结果的可信度有一定影响。而后，对上述统计结果的滑坡数量上盘效应强度（S）和滑坡面积上盘效应强度（A）进行对比研究，上述 13 次统计滑坡面积上盘效应强度（A）的地震事件中，有 7 次地震事件滑坡全部位于断层上盘，其余 6 次地震事件的 S 和 A 值见表 4-2。

表 4-2 两种上盘效应强度值比较

序号	地震日期	地震发生地	断层类型	滑坡数量/处	S	A
1	1994-01-17	北岭（Northridge），加利福尼亚州（California）	逆断层	11111	0.29	0.20
2	2005-10-08	克什米尔（Kashmir），巴基斯坦（Pakistan）	逆断层	2930	4.92	6.84
3	2008-05-12	汶川（Wenchuan），中国（China）	逆斜滑断层	197481	3.90	4.87
4	2013-04-20	雅安（Yaan），中国（China）	逆断层	15546	1.72	2.51
5	2014-08-03	鲁甸（Ludian），中国（China）	斜滑断层	1024	0.45	0.51
6	2015-04-25	尼泊尔（Nepal）	逆断层	24915	1915.54	6071.11

从表 4-2 中可以看出：除北岭地震外，表中其余 5 次地震事件，其面积上盘效应强度（A）都明显大于其数量上盘效应强度（S）。这表明上述地震事件中，断层上盘的地震滑坡平均面积是大于断层下盘的地震滑坡平均面积的；这也说明，地震滑坡的上盘效应具体应表现在以下三个方面。

（1）地震在发震断层上盘触发的滑坡数量更多。

（2）地震在发震断层上盘触发的滑坡总面积更大。

（3）地震在发震断层上盘触发的滑坡平均面积更大，或者可能在发震断层上盘触发更多的大型滑坡。

当然，应用几何方法得出的断层信息对上盘效应的统计存在一定的误差，上文利用几何关系计算出的虚拟断层地表迹线，对于盲断层，更会使上盘面积比实际情况大，将某些下盘的滑坡归入上盘，从而可能导致某些不具备上盘效应的地震滑坡事件统计结果显示存在上盘效应。

4.2　地震滑坡优势坡向统计

在滑坡发育分布特征研究中，滑坡优势滑动方向的研究颇为重要，学者研究发现：自然条件下，滑坡的优势滑动方向与地质、光照、降雨、植被覆盖等条件有着密切的关系。但是，在地震触发滑坡中，上述条件已不是滑坡的决定性触发因素；地震发生的直接原因是断层的相互错动造成能量突然释放进而诱发了地面运动，可以说断层的错动方式决定着地面的运动方式或地震力的作用形式。众多研究表明：不同形式的地震力是触发滑坡或影响滑坡运动方式的重要条件。因此，不同形式的地震力对滑坡优势滑动方向有着非常大的影响，归根结底，地震滑坡优势滑动方向极有可能受断层的错动方式的影响。

目前，关于断层性质与地震触发滑坡优势滑动方向的空间分布研究的成果主要集中于前文所述的断层错动方向效应，即在以逆冲断层为主的地震触发滑坡中，滑坡的优势滑动方向垂直于断层走向或与断层走向大角度相交。还有研究表明：在以走滑分量为主的发震断层中，有大量地震触发滑坡滑动方向平行于断层走向。但是，也有研究人员认为，地震触发滑坡的滑动方向与地震波的传播方向并无明显关系，或者地质、光照等环境条件对地震触发滑坡的优势滑动方向影响更大。为解决上述争议并探讨不同的断层性质如何影响地震触发滑坡的优势滑动方向，本章以地震滑坡数据库为基础，对多个不同地震事件的发震断层性质进行分析与分类，建立断层性质与地震触发滑坡优势坡向的定性关系。

4.2.1　地震滑坡优势坡向统计分析

为探究地震触发滑坡优势坡向与断层性质的关系，本节以地震滑坡数据库为基础，对地震滑坡数据库中所有地震触发滑坡的坡向进行统计分析。地震滑坡数据库中共有 35 次地震事件、42 个滑坡编录（其中 26 个有滑坡面积信息）。本节分别对滑坡数量百分比 P_N 和滑坡面积百分比 P_A 进行统计。P_N、P_A 的意义如下：

$$P_{Ni} = \frac{N_i}{\sum_{i=0}^{360} N_i} \qquad (4-3)$$

$$P_{Ai} = \frac{A_i}{\sum\limits_{i=0}^{360} A_i} \tag{4-4}$$

式中，P_{Ni} 和 P_{Ai} 分别表示在 i 方向的滑坡数量百分比和滑坡面积百分比；N_i 和 A_i 分别表示在 i 方向的滑坡数量和滑坡总面积；本节坡向以 $10°$ 为间隔进行统计，因此 i 以 $10°$ 为梯度依次递增。

　　将所有地震事件的滑坡坡向统计结果可视化为图 4-8 所示的坡向图。根据地震断层机制解（地震滑坡数据库所有断层机制解均来源于 USGS）及相关文献判断断层面，在坡向图中以粗线表示断层走向并注明断层性质，以六角星表示震源与发震断层相对位置。35 次地震事件的所有统计结果见附录 2 和附录 3。

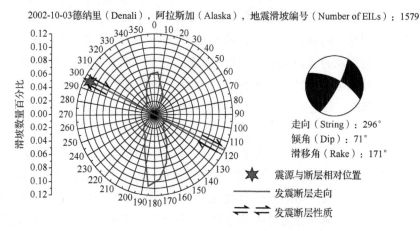

图 4-8　同震滑坡坡向图及断层机制解

　　为研究地震滑坡优势坡向与断层走向的关系，本节首先定义以下函数。

$$\mu_i = \rho_i g \cos(i - \theta) \tag{4-5}$$

$$v_i = \rho_i g \sin(i - \theta) \tag{4-6}$$

$$\mu_1 = \sum_{i=0}^{360} \mu_i \quad (\mu_i > 0) \tag{4-7}$$

$$\mu_2 = \sum_{i=0}^{360} |\mu_i| \quad (\mu_i < 0) \tag{4-8}$$

$$v_1 = \sum_{i=0}^{360} v_i \quad (v_i > 0) \tag{4-9}$$

$$v_2 = \sum_{i=0}^{360} |v_i| \quad (v_i < 0) \tag{4-10}$$

式中，μ_i、v_i 分别表示每个方向的边坡数量百分比或面积百分比在断层倾向和断层走向（倾向顺时针旋转 $90°$ 的方向）的投影（图 4-9），本节滑坡坡向以 $10°$ 为间隔进行统计，因此 i 以 $10°$ 为梯度依次递增；ρ_i 表示坡向为 i 时的边坡数量或面积百分比；θ 表示断层倾向。

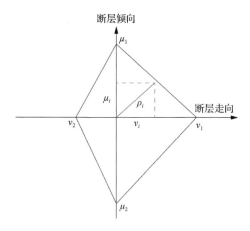

图 4-9　地震滑坡方向分布示意图

将 μ_1、μ_2、v_1、v_2 的最大值作为地震滑坡的优势坡向，对 35 次地震事件滑坡数量优势坡向（D_{PN}）和面积优势坡向（D_{PA}）（仅统计其中 21 次有面积信息的地震事件）进行计算，其统计结果如图 4-10 所示。

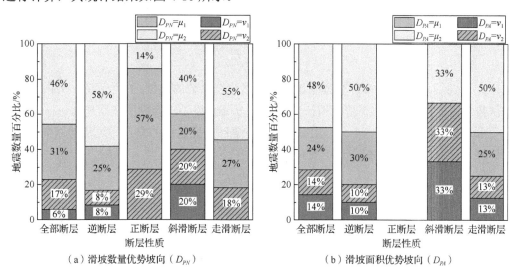

（a）滑坡数量优势坡向（D_{PN}）　　　　　　（b）滑坡面积优势坡向（D_{PA}）

图 4-10　不同断层性质的地震滑坡优势坡向分布图

通过对图 4-10 观察可知，滑坡优势坡向的分布主要有以下几个特点。

（1）在滑坡数量优势坡向方面，对于所有断层性质地震触发的滑坡，优势坡向为 μ_1、μ_2 方向的地震事件都明显多于 v_1、v_2 方向，即有更多的地震事件滑坡数量优势坡向趋近垂直于断层走向分布。

（2）在滑坡数量优势坡向方面，对于逆断层，优势坡向为 μ_2 方向的地震事件明显多于 μ_1 方向；对于正断层，优势坡向为 μ_1 方向的地震事件明显多于 μ_2 方向。

（3）在滑坡面积优势坡向方面，对于逆断层、走滑断层，优势坡向为 μ_1、μ_2 方向的地震事件都明显多于 v_1、v_2 方向，即有更多的地震事件滑坡面积优势坡向趋近垂直于断层走向分布；对于斜滑断层，优势坡向为 μ_1、μ_2 方向的地震事件都明显少于 v_1、v_2 方向，即有更多的地震事件滑坡面积优势坡向趋近平行于断层分布。

（4）在滑坡面积优势坡向方面，对于逆断层，优势坡向为 μ_2 方向的地震事件明显多于 μ_1 方向。

（5）总体来说，对于 35 次地震事件，优势坡向为 μ_1、μ_2 方向的地震事件都明显多于 v_1、v_2 方向，其比例分别达到了 77% 和 72%，即滑坡数量优势坡向和面积优势坡向垂直于断层走向的地震事件数量明显比平行于断层走向的地震事件多。

4.2.2　自然边坡优势坡向统计分析

大量研究表明，地形因素对地震滑坡发育分布特征有着重要的影响。同样，研究地震滑坡的优势坡向分布规律，必须对研究区域的自然边坡坡向进行分析。本节首先假定地震滑坡研究区域的每个栅格点为一个自然边坡单元，然后计算每个自然边坡单元的坡向，并计算每个方向的自然边坡单元百分比，每个自然边坡单元的面积应完全相等，因此，各方位自然边坡数量百分比就等于自然边坡面积百分比；对各方位自然边坡数量百分比 G_N 的定义见式（4-11），对 35 次地震自然边坡坡向的统计图见附录 3。

$$G_{Ni} = \frac{H_i}{\sum\limits_{i=0}^{360} H_i} \tag{4-11}$$

式中，G_{Ni} 表示在 i 方向的自然边坡数量占自然边坡总数的比例；H_i 表示在 i 方向的自然边坡数量；本节坡向以 10° 为间隔进行统计，因此 i 以 10° 为梯度依次递增。

利用式（4-5）～式（4-10）对 35 次地震事件研究区域的自然边坡优势坡向 D_{GN} 进行计算，计算统计结果如图 4-11 所示。

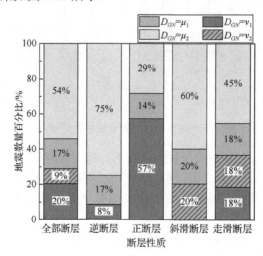

图 4-11　不同断层性质的地震滑坡研究区域自然边坡优势坡向 D_{GN} 分布图

由图 4-11 可以得到以下结论。

（1）对于所有断层性质地震触发的滑坡，地震滑坡研究区域自然边坡优势坡向为 μ_1、

μ_2 方向的地震事件都明显多于 v_1、v_2 方向，即有更多的地震事件滑坡数量优势坡向趋近垂直于断层走向分布。

（2）对于逆断层、斜滑断层和走滑断层，地震滑坡研究区域自然边坡优势坡向为 μ_2 方向的地震事件都明显多于 μ_1 方向，对于正断层，地震滑坡研究区域自然边坡优势坡向为 μ_1 方向的地震事件明显多于 μ_2 方向。

这表明，大多数地震滑坡研究区域内的自然优势坡向都是趋近垂直于断层走向分布的，我们认为主要是以下两个因素导致了这种现象。

（1）由于发震断层附近一般属于板块交界处，断层两侧本身就具有一定的海拔高度差，这种高差会产生大量垂直于断层走向的边坡。

（2）断层地表破裂带大部分处于与断层走向平行的沟壑中，断层地表破裂带附近大量沟壑导致垂直于断层走向的边坡单元的增加。

对不同断层性质的地震滑坡研究区域的自然坡向的统计结果并没显示出明显的差异性，这可能与地震样本数过少和地震研究区域本身所处地形有关。

综上所述，我们认为地震滑坡研究区域的自然优势坡向更加容易趋近于垂直断层走向分布，且对于不同性质的断层，自然边坡优势坡向不存在明显的差异性或规律性。

4.2.3　自然边坡对地震滑坡优势坡向的影响

由上文可知，对于大部分地震事件，无论地震滑坡的优势坡向（数量和面积）还是所在研究区的自然边坡优势坡向，都是垂直于断层走向分布的。经过对地震滑坡和自然边坡的优势坡向观察发现：35 次地震事件中，有 57.1%的地震事件滑坡数量优势坡向和自然边坡优势坡向完全一致，有 77.1%的地震事件滑坡数量优势坡向和自然边坡优势坡向完全一致或相反；21 次拥有面积信息的地震事件中，有 61.9%的地震事件滑坡面积优势坡向和自然边坡优势坡向完全一致，有 85.7%的地震事件滑坡面积优势坡向和自然边坡优势坡向完全一致或相反。

上述结果反映了地震滑坡的优势坡向很可能受自然边坡坡向分布的影响，为验证自然边坡对地震滑坡优势坡向的影响大小，本节使用 Pearson 相关系数对 35 次地震事件的地震滑坡和自然边坡的坡向分布相关性进行统计分析，对 35 次地震事件的相关系数值统计如图 4-12 所示。

由图 4-12 可知，35 次地震事件中，有 32 次（占总数的 91.4%）各方位地震滑坡数量和自然边坡数量的关系为正相关，且相关系数大于 0.6 的地震事件有 14 次（占总数的40%）；21 次拥有面积信息的地震事件中，有 20 次（占总数的 95.2%）各方位地震滑坡面积和自然边坡数量的关系为正相关，且相关系数大于 0.6 的地震事件有 8 次（占总数的 38.1%）。

由以上分析可知：自然边坡坡向分布对地震滑坡的优势坡向分布影响极大。因此，在研究发震断层与地震滑坡坡向分布的关系时，应尽量减少研究区域自然边坡坡向对地震滑坡坡向的影响。

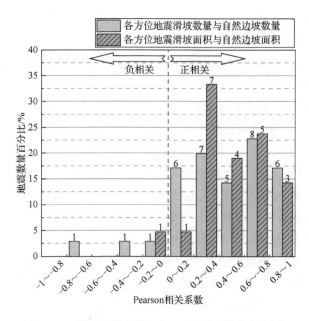

图 4-12　所有地震事件 Pearson 相关系数值分布图

4.2.4　地震滑坡优势概率坡向统计分析

基于上文的研究结论，为减少研究区域自然边坡坡向对地震滑坡坡向的影响，本节拟采用各方位地震滑坡概率指标，研究地震触发滑坡优势坡向与断层性质的关系。地震滑坡概率指标分为地震滑坡数量概率 Z_N 和地震滑坡面积概率 Z_A，其定义如下：

$$Z_{Ni} = \frac{N_i}{\sum_{i=0}^{360} H_i} \qquad (4\text{-}12)$$

$$Z_{Ai} = \frac{A_i}{\sum_{i=0}^{360} D_i} \qquad (4\text{-}13)$$

式中，Z_{Ni} 和 Z_{Ai} 分别表示在 i 方向的滑坡数量概率和滑坡面积概率；N_i 和 A_i 分别表示在 i 方向的滑坡数量和滑坡总面积；H_i 和 D_i 分别表示在 i 方向的自然边坡单元的数量和面积；本节坡向以 10° 为间隔进行统计，因此 i 以 10° 为梯度依次递增。

对 35 次地震事件各方位滑坡数量概率和面积概率值进行归一化处理，35 次地震事件滑坡数量概率和面积概率值归一化后的统计图见附录 4 和附录 5。

利用式（4-7）～式（4-13）对 35 次地震事件的滑坡数量优势概率坡向（D_{ZN}）和面积优势概率坡向（D_{ZA}）进行计算，其优势概率方向统计结果如图 4-13 所示。

地震滑坡的数量优势概率坡向和面积优势概率坡向指标能够在一定程度上减少研究区自然边坡坡向对地震真实优势坡向的影响。由图 4-13 可以看出：

（1）在滑坡数量优势概率坡向方面，对于逆断层和走滑断层，优势坡向为 μ_1、μ_2 方向的地震事件都明显多于 v_1、v_2 方向，即有更多的地震事件滑坡数量优势坡向趋近垂直于断层走向分布；对于正断层和斜滑断层，优势坡向为 μ_1、μ_2 方向的地震事件都明显

少于 v_1、v_2 方向，即有更多的地震事件滑坡数量优势坡向趋近平行于断层走向分布。

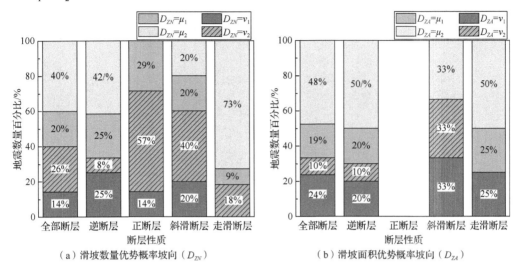

（a）滑坡数量优势概率坡向（D_{ZN}）　　　　（b）滑坡面积优势概率坡向（D_{ZA}）

图 4-13　不同断层性质的地震滑坡优势概率坡向分布图

（2）在滑坡面积优势概率坡向方面，对于逆断层和走滑断层，优势坡向为 μ_1、μ_2 方向的地震事件也都明显多于 v_1、v_2 方向；对于斜滑断层，优势坡向为 μ_1、μ_2 方向的地震事件都明显少于 v_1、v_2 方向。

（3）对于逆断层，滑坡数量优势概率坡向和面积优势概率坡向为 μ_2 方向的地震事件比例明显多于 μ_1 方向；对于正断层，没有滑坡数量优势概率坡向为 μ_2 方向。

（4）从整体来看，除去研究区自然边坡坡向的影响后，所有断层性质的地震触发滑坡优势坡向为垂直于发震断层走向分布的比例更高。

4.2.5 倾滑断层触发的地震滑坡方向效应分析

倾滑断层包含正断层和逆断层，正断层上盘向下相对运动，下盘向上相对运动，逆断层则正好相反。因此，本节仅讨论正断层和逆断层性质的地震触发的滑坡在垂直于断层走向（μ_1 和 μ_2 方向）的差异性。

1）逆断层触发的地震滑坡优势坡向

利用式（4-5）～式（4-10）对 12 次逆断层性质的地震事件在垂直于断层走向的四类滑坡优势坡向进行计算，统计结果如图 4-14 所示。

由图 4-14 可知：无论是排除自然边坡影响前的滑坡优势坡向指标（D_{PN} 和 D_{PA}），还是排除自然边坡影响后的滑坡优势概率坡向指标（D_{ZN} 和 D_{ZA}），大部分逆断层性质的地震事件在其垂直于断层走向的地震滑坡优势坡向为方向 μ_2（指向断层下盘）。

2）正断层触发的地震滑坡优势坡向

利用式（4-5）～式（4-10）对 7 次正断层性质的地震事件在垂直于断层走向的滑坡优势坡向进行计算，因为 7 次地震事件的滑坡均包含面积信息，所以仅计算其滑坡数量优势坡向（D_{PN}）和滑坡数量优势概率坡向（D_{ZN}），统计结果如图 4-15 所示。

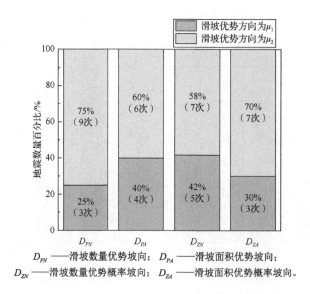

图 4-14　逆断层触发的地震滑坡在垂直于断层走向的优势坡向

D_{PN} ——滑坡数量优势坡向；　D_{PA} ——滑坡面积优势坡向；
D_{ZN} ——滑坡数量优势概率坡向；　D_{ZA} ——滑坡面积优势概率坡向。

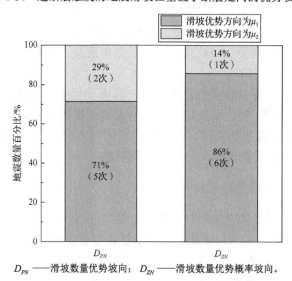

D_{PN} ——滑坡数量优势坡向；　D_{ZN} ——滑坡数量优势概率坡向。

图 4-15　正断层触发的地震滑坡在垂直于断层走向的优势坡向

由图 4-15 可知：无论是排除自然边坡影响前的滑坡数量优势坡向指标（D_{PN}），还是排除自然边坡影响后的滑坡数量优势概率坡向指标（D_{ZN}），大部分正断层性质的地震事件在其垂直于断层走向的地震滑坡优势坡向为方向 μ_1（指向断层上盘）。

3）机理分析

地震滑坡优势坡向的本质是最多比例滑坡的滑动方向，如 4.1.2 节所述，35 次地震滑坡中正断层和逆断层性质的地震触发滑坡上盘效应明显，大部分滑坡分布于断层上盘；上文所述逆断层性质的地震滑坡优势坡向指向下盘，正断层性质的地震滑坡优势坡向指向上盘。由此可以推测：逆断层性质的地震上盘滑坡多指向下盘，正断层性质的地震上盘滑坡多指向上盘。由于逆断层面的运动方式为上、下两盘相互挤压靠拢，而正断层面的运动方式为上、下两盘相互背离，因此正、逆断层上、下两盘的地面运动方向与上文所述地震滑坡的优势坡向具有一致性，如图 4-16 所示。

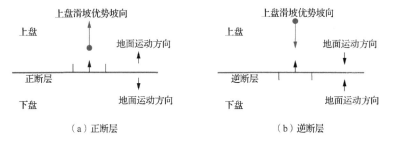

（a）正断层　　　　　　　　　　　　　　　（b）逆断层

图 4-16　倾滑断层与地震滑坡优势坡向

为验证此推测，对 19 次倾滑断层（正断层和逆断层）性质触发滑坡的上盘效应强度（S）进行计算，得到 3 次不具备滑坡上盘效应的地震事件，3 次地震事件见表 4-3。不具备上盘效应的地震事件，大多数地震滑坡分布于断层的下盘，由于断层上、下盘地面的运动方向正好相反，因此，将表 4-3 中的 3 次地震事件在垂直于断层走向的优势方向取其相反的方向再做统计，统计结果如图 4-17 所示。

表 4-3　不具备上盘效应的倾滑断层性质的地震事件

序号	地震日期	地震发生地	倾向/(°)	滑移角/(°)	断层类型	上盘/下盘
1	1980-11-23	意大利南部（Southern Italy）	32	−99	正断层	0.52
2	1994-01-17	北岭（Northridge），加利福尼亚州（California）	212	103	逆断层	0.29
3	2009-04-06	意大利中部（Central Italy）	235	−90	正断层	0.59

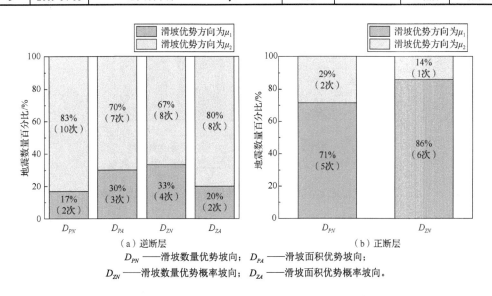

（a）逆断层　　　　　　　　　　　　　　　（b）正断层

D_{PN}——滑坡数量优势坡向；　D_{PA}——滑坡面积优势坡向；
D_{ZN}——滑坡数量优势概率坡向；　D_{ZA}——滑坡面积优势概率坡向。

图 4-17　排除上盘效应影响后的地震滑坡在垂直于断层走向的优势坡向

由图 4-17 可知：12 次逆断层性质的地震事件中，大部分地震事件的滑坡优势坡向的四个指标（D_{PN}、D_{PA}、D_{ZN}、D_{ZA}）均指向断层下盘的（μ_2），而且在排除滑坡上盘效应影响后优势坡向指向下盘的地震事件比例变得更高了；对于正断层性质的地震事件，这一比例未发生变化。

因此，我们认为：正、逆断层性质的地震滑坡在垂直于断层走向的优势坡向是有着很大差异的，这种差异表现在逆断层性质的地震滑坡优势坡向正好指向断层的下盘，而正断层性质的地震滑坡优势坡向正好指向断层的上盘。上述差异也正好和正、逆断层的运动性质符合，即倾滑断层性质的地震滑坡在垂直于断层走向的优势坡向与滑坡所在的地面运动方向一致。

4.2.6　走滑断层触发的地震滑坡方向效应分析

走滑断层包含右旋走滑断层和左旋走滑断层，这两类走滑断层两盘间的相对运动方向正好相反。本节仅讨论右旋走滑断层和左旋走滑断层性质的地震触发的滑坡在断层走向（v_1 和 v_2 方向）的差异性。

1）右旋走滑断层触发的地震滑坡优势坡向

利用式（4-5）～式（4-10）对 6 次右旋走滑断层性质的地震事件在断层走向的四类滑坡优势坡向进行计算，统计结果如图 4-18 所示。

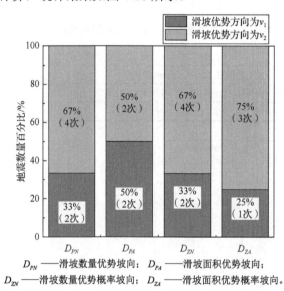

D_{PN} ——滑坡数量优势坡向；　D_{PA} ——滑坡面积优势坡向；
D_{ZN} ——滑坡数量优势概率坡向；　D_{ZA} ——滑坡面积优势概率坡向。

图 4-18　右旋走滑断层触发的地震滑坡在断层走向的优势坡向

由图 4-18 可知：除滑坡面积优势坡向（D_{PA}）两优势方向地震数量相等外，无论排除自然边坡影响前的滑坡数量优势坡向指标（D_{PN}），还是排除自然边坡影响后的滑坡优势概率坡向指标（D_{ZN} 和 D_{ZA}），大部分右旋走滑断层性质的地震事件在其断层走向的地震滑坡优势坡向为方向 v_2。

2）左旋走滑断层触发的地震滑坡优势坡向

利用式（4-5）～式（4-10）对 5 次左旋走滑断层性质的地震事件在断层走向的四类滑坡优势坡向进行计算，统计结果如图 4-19 所示。

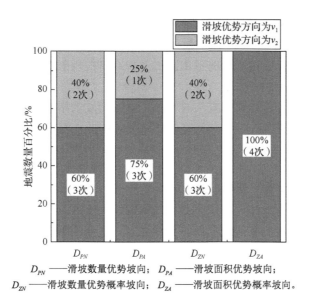

图 4-19　左旋走滑断层触发的地震滑坡在断层走向的优势坡向

由图 4-19 可知：无论是排除自然边坡影响前的滑坡优势坡向指标（D_{PN} 和 D_{PA}），还是排除自然边坡影响后的滑坡优势概率坡向指标（D_{ZN} 和 D_{ZA}），大部分左旋走滑断层性质的地震事件在其断层走向的地震滑坡优势坡向为方向 v_1。

3）机理分析

上述统计结果表明，大部分右旋走滑错动触发的滑坡在沿断层走向的优势坡向指向 v_2 方向，大部分左旋走滑错动触发的滑坡在沿断层走向的优势坡向指向 v_1 方向，两者的优势坡向正好相反。如图 4-20 所示，左旋走滑断层和右旋走滑断层的断层错动方向本身就是相反的，左旋和右旋走滑断层下侧的地面运动方向恰好与上述滑坡的优势坡向一致。

（a）左旋走滑断层　　　　　　　　　　　（b）右旋走滑断层

图 4-20　走滑断层错动方向

因此，推测大部分走滑错动触发的滑坡在沿断层走向的优势坡向与断层某一侧的地面运动方向是一致的。当然，走滑断层本身没有上、下盘可言，断层两侧的滑坡数量分布也不具有明显的规律性，因此，对走滑断层滑坡优势坡向的研究最好应将断层两侧滑坡优势坡向分别进行统计分析。

综上所述，我们认为：断层的性质对地震滑坡的优势坡向有着极大的影响，同时统计结果显示，地震滑坡的优势坡向与断层两侧地面的运动方向是一致的，且这种一致性对地震滑坡的方向效应具有控制作用。陈晓利等（2014）对汶川地震中 112 个平面面积

大于 50000m^2 的滑坡坡向进行分析后也得出类似的结论。导致此现象的原因可能是地震波面波在前进方向遇到临空面,波的反射等作用使坡体表层岩体易于拉裂并产生抛出破坏;或者地震压缩波在通过斜坡的自由面时形成成倍的反射拉伸波,而这种反射拉伸波会造成坡面的散裂和层裂。

需要明确的是,无论地震触发的滑坡还是降雨诱发的滑坡,滑坡的发生一般都是地形地貌、河流、光照等多种条件共同作用的结果。因此,滑坡优势坡向的分布也可能是复杂多样的,很难完全符合其中任何一种因素导致的规律。

造成某些结果不符合一般规律的原因还可能是那些地震事件的断层机制解本身存在诸多不确定性,断层机制解的不确定性主要源于不同学者对发震断层的解可能有较大差异。本地震滑坡数据库中的断层机制解均来源于 USGS,而 USGS 上每个地震事件可能会收录多个不同学者的断层机制解,并标注以下说明:①是否为最流行的解;②是否被科学家审核。本数据库一般收录其中最流行的断层机制解,但这种解不一定会完全符合实际情况。

4.3　小　　结

本章利用地震滑坡数据库分析了常见地震滑坡断层效应。距离效应的研究发现:全部 35 次地震事件和 13 次拥有详细断层平面数据的地震事件的最远致灾断层距分布均无明显规律,但 80% 分位滑坡断层距分布都较为规律,总体是随着断层距的增加,地震事件的数量越来越少。35 次地震事件中约有 68.6% 的地震事件触发滑坡的 80% 分位滑坡断层距分布于距离断层 20km 以内,而 13 次拥有详细断层平面数据的地震事件中,共有 10 个地震事件的 80% 分位滑坡断层距在 20km 以内,说明距离效应是普遍存在的,且大部分地震滑坡分布于近断层区域;同时还验证了通常地震震级越高,80% 分位滑坡断层距越大。对于 21 次有面积信息的地震及汶川地震触发的滑坡断层距统计发现:通常面积越大的地震滑坡越趋近于靠近断层分布。

对上盘效应的统计结果表明,在地震滑坡数据库收录的 35 次地震事件中,80% 的斜滑断层、71% 的正断层以及 92% 的逆断层型地震触发滑坡在数量方面存在上盘效应;在所统计的地震事件中,大部分的地震事件在滑坡总面积方面也存在明显的上盘效应。不仅如此,通过对比两种上盘效应强度值发现:地震在发震断层上盘触发的滑坡平均面积也更大。综上所述,我们认为,地震滑坡的上盘效应普遍存在于倾滑断层(包括正断层与逆断层)与斜滑断层触发的滑坡中。

地震力的作用是地震触发滑坡的直接因素,现代研究表明:不同断层性质的地震产生的地震波形式有所不同。因此,研究地震对滑坡优势滑动方向的影响在一定程度上来说就是研究不同断层性质滑坡优势滑动方向的影响。本章以地震滑坡数据库为基础,对地震滑坡数据库中所有地震触发滑坡的坡向以 $10°$ 为间隔进行统计。使用地震滑坡数量优势坡向和地震滑坡面积优势坡向两个指标对 35 次地震事件的优势坡向进行分析,统计结果显示:对于 35 次地震事件,优势坡向为 μ_1、μ_2 方向的地震事件都明显多于 v_1、v_2 方向,即滑坡数量优势坡向和面积优势坡向垂直于断层走向的地震事件数量明显比平行于断层走向的地震事件多。

随后，对研究区自然坡向与地震滑坡的优势坡向相关性进行分析发现，研究区自然坡向与地震滑坡的优势坡向呈高度正相关性。于是，为排除研究区自然坡向对地震滑坡优势坡向的影响，使用滑坡数量优势概率坡向和滑坡面积优势概率坡向表示真实的地震滑坡优势坡向。结果发现：从整体来看，除去研究区自然边坡坡向的影响后，断层错动触发的滑坡优势坡向为垂直于发震断层走向分布的比例更高。

此外，本章还对倾滑断层和走滑断层性质的地震事件的优势坡向进行了分析，结果发现：大部分逆断层性质的地震事件在垂直于断层走向的优势坡向指向断层下盘，而正断层性质的地震事件则刚好相反。本章还对走滑断层性质的地震事件在断层走向上的优势坡向进行了分析，结果发现：大部分右旋和左旋走滑断层错动触发的滑坡在断层走向的优势坡向是相反的，这可能是因为大部分走滑错动触发的滑坡在沿断层走向的优势坡向与断层某一侧的地面运动方向是一致的。

综上所述，统计结果表明：地震触发滑坡的优势坡向与断层活动导致的地面运动方向具有一致性，且这种一致性对地震滑坡的方向效应具有控制作用；但是地形地貌、河流、光照等条件的影响，断层机制解的不确定，地震样本缺乏，滑坡数量少等因素可能导致统计结果的偏差。

第 5 章　地震滑坡危险性评价力学模型

地震诱发的滑坡会直接破坏建筑物、铁路基础设施，造成建筑物损坏，列车脱轨、倾覆等重大事故，也会造成桥梁、道路损坏，阻碍交通，严重威胁人们的人身财产安全。随着我国交通事业的快速发展，不少铁路建设规划在地质构造复杂且灾害频发的地区，因此地震地质灾害的危险性评价预测和辨识对我国交通工程及经济建设等有着重要的意义。基于力学模型的地震滑坡危险性评价方法可考虑边坡坡向和地震动脉冲效应，对地震滑坡危险性进行预测，分析地震诱发滑坡的空间分布概率，并辨识出滑坡的具体位置。

地震诱发滑坡的永久位移是评价地震滑坡稳定性的常用指标，根据计算滑坡的位移值大小可估计地震下滑坡的危险性。滑坡位移的计算法又叫 Newmark 法。Newmark 法最早由 Newmark 于 1965 年在堤坝的稳定分析研究中提出，后来发展为地震边坡的稳定性分析方法。该法基于动力平衡理论，结合地震荷载作用反复迭代计算出边坡临界加速度，然后通过对加速度时程进行二次积分后得出滑动位移值。经过几十年的研究，不少学者对 Newmark 法进行了改进发展，目前主要分为传统的 Newmark 刚塑性动力滑块法、解耦 Newmark 动力滑块法和耦合 Newmark 动力滑块法。

5.1　Newmark 刚塑性动力滑块法

永久位移是实际地震中滑动体在地震荷载的往复作用下沿着最危险的滑动面瞬时失稳后不断累积位移造成的。Newmark 刚塑性动力滑块法基于极限平衡理论简述如下。

（1）假设土体为刚塑性体，因此在地震过程中土体强度不会发生明显变化，将滑坡体简化为一个位于无限边坡之上的刚塑性滑块（图 5-1）。

图 5-1　传统的 Newmark 滑块模型

（2）边坡上的滑动块体克服滑动面抗剪阻力将要而又未发生滑动时的加速度为临界加速度 a_c，由图 5-2 推导可得

$$a_c = \frac{cl}{m} + g\cos\alpha\tan\varphi - g\sin\alpha \tag{5-1}$$

式中，g 为重力加速度；c 为黏聚力；φ 为内摩擦角。

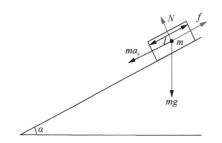

a_c——临界加速度；m——滑动块体质量；l——滑动块体的长度；α——斜坡倾角；

N——基岩对滑动块体的支持力；f——滑动块体与基岩相对运动产生的摩擦阻力。

图 5-2　滑动块体模型

在拟静力分析中，安全系数 FOS 是抗滑阻力（τ_r）与下滑力（τ_d）的比值，即

$$\text{FOS} = \frac{\tau_r}{\tau_d} = \frac{cl + mg\cos\alpha\tan\varphi}{mg\sin\alpha} \tag{5-2}$$

如果考虑地下水的作用，式（5-2）变为

$$\text{FOS} = \frac{\tau_r}{\tau_d} = \frac{cl + mg\cos\alpha\tan\varphi}{mg\sin\alpha} - \frac{k\gamma_w\tan\varphi}{\gamma\tan\alpha} \tag{5-3}$$

式中，k 为滑体被水浸透的厚度比例；γ 为坡体密度；γ_w 为水的密度。

将式（5-2）代入式（5-1）中，可以推导得出临界加速度关于安全系数的方程，即

$$a_c = (\text{FOS} - 1)g\sin\alpha \tag{5-4}$$

（3）当地震加速度超过临界加速度 a_c 时，滑动块体克服滑动面抗剪力的阻碍开始滑动。滑块与无限边坡的相对位移（D_N）数值通过对超过临界加速度的地震加速度时程增量进行两次积分计算得到，即

$$D_N = \iint_t [a(t) - a_c]\mathrm{d}t \tag{5-5}$$

如图 5-3 所示，Newmark 分析法的累积相对位移受地震时程［图 5-3（a）］控制。将图 5-3（a）中加速度值大于临界加速度的部分对时间 t 进行一次积分获得图 5-3（b）滑块速度时程曲线，再将滑块速度对时间 t 进行一次积分，可获得图 5-3（c）滑块累积位移时程曲线。

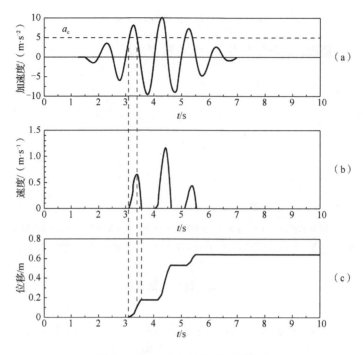

图 5-3　Newmark 二重积分求位移

5.2　解耦 Newmark 动力滑块法

Newmark 刚塑性滑块法适用于滑动面较浅的边坡。对于深层滑动的坡体以及软弱土体组成的边坡，土体变形对边坡地震位移的影响不容忽视。出于实际需要，人们提出了解耦 Newmark 动力滑块法。

Makdisi 等（1978）考虑了土体的动力响应，选择了等效线性模型，采用解耦的逼近思想，计算潜在滑动土体的平均地震反应，再结合已有的 Newmark 刚塑性滑块法求得边坡的地震永久位移。为了工程应用方便，Seed 基于黏弹性本构模型的等价线性化方法计算得到实际和假设坡体的各自地震反应，从而成功绘制不同边坡高度比 y/h 同最大水平等效加速度 $a_{\max}$ 的变化曲线，然后通过分析边坡地震动力反应，确定土坡的基本周期（T）和坡顶的峰值加速度（a_0），结合震级（M）对曲线做归一化处理。根据临界加速度 a_c，读取标准化后的 $u/(a_{\max}T_0) - a_c/a_{\max}$（$T_0$ 为初始周期，u 为位移）关系曲线计算永久位移。

Bray 等（1998）针对前人研究中存在的不足，采用完全非线性解耦模型，提出了简化的地震位移法。简化的地震位移法依旧采用解耦分析的思想，但是考虑了土体的完全非线性性质，假设更加合理，并且使用了更为丰富的实际地震动数据，降低了地震动不确定性带来的影响。该方法通过最大水平地震加速度（$a_{\max}$）、自振周期（T）、平均周期（T_m）的关系求出最大水平等效地震加速度（a_e），然后再通过屈服地震系数（k_y）和持时（D_{5-95}）计算出边坡地震永久位移的 95% 置信区间。Bray 等研究发现当 $a_c/a_{\max} > 0.5$ 时，解耦分析的计算结果可信；反之，当 $a_c / a_{max} < 0.5$ 时，特别是对于自振周期（T）较长的边坡，解耦分析的计算结果不太可信。各变量计算如下：

$$a_e = (\tau_{h,max} / \sigma_\varepsilon)g \tag{5-6}$$

$$T = 4H / V_s \tag{5-7}$$

$$T_m = \frac{\sum_{i=1} c_i^2 g\left(\frac{1}{f_i}\right)}{\sum_{i=1} c_i^2}, \quad 0.25 \leqslant f_i \leqslant 20 \tag{5-8}$$

式中，$\tau_{h,max}$ 为最大水平剪应力；σ_ε 为总竖向应力；H 为坡体的高度；V_s 为平均初始剪切波速；c_i 为经过傅里叶变换的峰值加速度；f_i 为傅里叶离散后的频率。

解耦滑块分析方法考虑了边坡的动力响应，克服了传统的 Newmark 刚塑性动力滑块法关于"刚体"假定的不足，但是实际中在地震荷载作用下，滑动块体任意时刻与基础相互耦合，因此其在计算深层滑坡的永久位移时，计算结果往往低于实际值，低估了地震对边坡造成的危害，从而带来隐患。基于此，发展一种简单实用考虑边坡动力响应和位移之间耦合作用的分析法具有深远意义。

5.3　耦合 Newmark 动力滑块法

在黏合阶段，将滑动体等效为一个广义单自由度滑动体系，滑动体的位移大小及分布可表示为

$$u(y,t) = \sum_{i=1}^n \phi_i(y)Y_i(t) \tag{5-9}$$

式中，$u(y, t)$ 为柱顶距离 y 处的土体的顺坡向位移；$\phi_i(y)$ 为第 i 阶振型函数；$Y_i(t)$ 为第 i 阶广义模态坐标；y 为距离柱顶高度；t 为时间；n 为振型数目。

Idriss 等（1968）采用分离变量法给出了剪切模量沿高度呈指数分布的堆积体的振型函数和各阶频率表达式的解析解形式，即

$$G(y) = ky^n \tag{5-10}$$

$$\phi_i(y) = \Gamma(1-b)\left(\frac{\beta_i}{2}\right)^b \left(\frac{y}{H}\right)^{\frac{b}{\theta}} J_{-b}\left[\beta_i \left(\frac{y}{H}\right)^{\frac{1}{\theta}}\right] \tag{5-11}$$

$$\omega_i = \frac{\beta_i \sqrt{k/\rho}}{\theta H^{1/\theta}} \tag{5-12}$$

式中，$G(y)$ 为土体沿着深度 y 按照指数规律变化的动剪切模量；k 为堆积体底部动剪切模量；n 为剪切模量沿着坝高分布指数，由场地土材料特性确定（Dakoulas et al.，1985）；$\beta_i(i=1,2,\cdots)$ 为 $-b$ 阶第一类贝塞尔函数 $J_{-b}(\beta_i)$ 的根；b，θ 均为振型函数分布参数；H 为堆积体高度；ρ 为土密度；ω_i 为第 i 阶圆频率。

滑移结构的动力方程为

$$\ddot{Y}_i + 2\lambda\omega_i\dot{Y} + \omega_i^2 Y_i = -\frac{L_i}{M_i}\ddot{u}_g(t) + \frac{\int_0^H p(y,t)\phi_i(y)\mathrm{d}y}{M_i} \tag{5-13}$$

$$L_i = \int_0^H m(y)\phi_i(y)\mathrm{d}y \tag{5-14}$$

$$M_i = \int_0^H m(y)[\phi_i(y)]^2\mathrm{d}y \tag{5-15}$$

式中，M_i 为滑动体第 i 阶振型的广义质量；L_i 为第 i 阶振型加速度沿坝体高度分布系数；λ 为材料阻尼比；$m(y)$ 为坝体单位高度的质量；$\ddot{u}_g(t)$ 为输入加速度；$p(y,t)$ 为沿坝体高度的分布荷载。

绝对加速度为

$$\ddot{u}(y,t) = \sum_{i=1}^{n}\phi_i(y)\ddot{Y}_i(t) + \ddot{u}_g(t) \tag{5-16}$$

当滑动体由黏着状态向滑动状态过渡时，根据达朗贝尔原理滑动体满足下列方程：

$$-M\ddot{u}_g - \sum_{i=1}^{n}L_i(y)\ddot{Y}_i = \pm N\mu_\mathrm{d} + F \tag{5-17}$$

式中，M 为滑动体的总质量；N 为滑动体底部压力；μ_d 为动摩擦因数；±，滑动体相对基础向下游方向滑动时取"+"，反之取"-"；F 为滑动体所受的其他荷载，包括水压力、渗流力以及土压力等。

滑动体在相对滑动状态时，还会受到滑动惯性位移 $s(t)$ 的作用，滑动体的动力平衡方程转化为

$$\ddot{Y}_i + 2\lambda\omega_i\dot{Y} + \omega_i^2 Y_i = -\frac{L_i}{M_i}[\ddot{u}_g(t) + \ddot{s}(t)] + \frac{\int_0^H p(y,t)\phi_i(y)\mathrm{d}y}{M_i} \tag{5-18}$$

当滑动体在滑动状态时，根据牛顿第二定律可以得到滑动体底部满足的平衡方程式（5-19）：

$$-M(\ddot{u}_g + \ddot{s}) - \sum_{i=1}^{n}\ddot{Y}_i L_i = \pm N\mu_\mathrm{d} + F \tag{5-19}$$

根据式（5-18）和式（5-19）可得动力平衡方程：

$$\ddot{Y}_i + \frac{2\lambda\omega_i}{d_i}\dot{Y} + \frac{\omega_i^2}{d_i}Y_i = -\frac{L_i(\pm N\mu_\mathrm{d}g + F)}{Md_iM_i} + \frac{\sum_{i=1j=i}^{n}L_iL_j\ddot{Y}_j}{Md_iM_i} + \frac{\int_0^H p(y,t)\phi_i(y)\mathrm{d}y}{M_id_i} \tag{5-20}$$

$$d_i = 1 - \frac{L_iL_j}{MM_j} \tag{5-21}$$

将各个振型滑动时刻的广义加速度代入式（5-22）中，可得滑动体的相对滑动加速

度 $\ddot{s}(t)$。基于 Newmark 理论将所得相对滑动加速度分别进行关于时间的一次和二次积分，可以获得该时刻滑动体相对基础的相对滑动速度和累积滑动位移。

$$\ddot{s}(t) = -\frac{\pm N\mu_d + F + \sum_{i=1}^{n}\ddot{Y}_i L_i}{M} - \ddot{u}_g(t) \tag{5-22}$$

5.4　改进 Newmark 动力滑块法

传统的 Newmark 法用来计算在斜面或水平面上可以视为刚性块体的岩土体结构的位移。该方法是将地震动荷载输入沿坡面平行的方向上。块体的临界加速度是根据安全系数计算的，一旦施加的加速度记录超过临界加速度值，将会产生累计的位移，该位移是对超过临界速度部分的加速度值进行二重积分计算的。自 1965 年 Newmark 首次提出原始的动态滑块法之后，更多研究采用模型试验验证动态滑块法的正确性，许多改进和拓展已经克服了刚塑性滑块的建设条件。已有较多的文献对材料和剪切面破坏行为假设条件进行了研究。然而，目前还没有探究加载方式对动态稳定性的影响，原始的 Newmark 方法中加载方式是固定的。以下一些限制条件对结果的影响还不是很明确且存在一定的争议。①仅施加平行于滑动面的单向荷载使滑块体系的临界加速度是固定值，而在 Newmark 方法中临界加速度是计算永久位移的关键值。在传统的加载方式中，临界加速度是根据拟静力法计算出来的常数。然而，地震是一个动态变化的过程，因此临界加速度应是动态变化的，而不是一个固定不变的常数。②地震加速度被视为是倾斜的，这是由于在地震过程中土体是竖向与水平向同时运动造成的。这个假设条件过分简化实际地震动，从而会增加另一个假设，不考虑竖向荷载。③在原始的 Newmark 方法中未考虑边坡的方向。之前的众多研究中显示，地震诱发的滑坡存在明显的方向性效应。在同震位移中应该同时考虑边坡的方向及地震动方向，特别是距离断层附近的区域。竖向地震动对永久位移是否有重要的影响，也还未知。

为了进一步探究加载方式对边坡永久位移的影响，提出了一种可以考虑三向地震动耦合的地震边坡永久位移计算方法。

在给定的区域内，边坡可以沿着任意的方向发生滑动。可知，边坡的倾向是系统失稳的关键因素。然而在岩土工程实践中也未考虑边坡的倾向。考虑边坡的方位的模型如彩图 8 所示。质量为 m 的块体所受的力分别有重力、水平向地震力以及竖向地震力 [图 5-4（a）]。将记录的地震动沿边坡倾向旋转合成，公式如下：

$$a_h = a_E \sin\eta + a_N \cos\eta \tag{5-23}$$

式中，a_h 为水平方向的地震动加速度；a_E 为分解在正东方向的加速度；a_N 为分解在正北方向的加速度；η 表示边坡方位角。

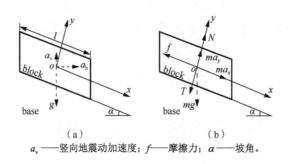

a_v——竖向地震动加速度；f——摩擦力；α——坡角。

图 5-4　基座（base）-滑块（block）模型受力分析图

如图 5-4 所示，沿着滑动面建立平面坐标系，沿斜面向下为 x 轴的正方向，垂直于斜面向上的方向为 y 轴的正方向。将输入的地震荷载分别转换到 x 及 y 轴上，分别用 a_x、a_y 表示 ［图 5-4（b）］：

$$a_x = -a_h \cdot \text{sign1} \cdot \cos(\alpha \cdot \text{sign2}) + a_v \cdot \text{sign1} \cdot \sin(\alpha \cdot \text{sign2}) \cdot \text{sign3}$$
$$a_y = -a_h \cdot \text{sign1} \cdot \sin(\alpha \cdot \text{sign2}) - a_v \cdot \text{sign1} \cdot \cos(\alpha \cdot \text{sign2}) \cdot \text{sign3} \tag{5-24}$$

式中，sign1 为激励作用的部位系数，取 1 时为作用于基座（base）上，取-1 时为作用于滑块（block）块体上；sign2 为加载是否平行于滑动面系数，取 0 为平行于滑动面，取 1 时为水平施加地震荷载；sign3 为是否考虑竖向荷载的影响系数，取 1 时为考虑竖向荷载，取 0 时为不考虑竖向荷载。需要说明的是，sign1=1，sign2=0 且 sign3=0 表示的是传统的 Newmark 计算方法。其中 sign1=sign2=sign3 表示的是荷载施加于基座上，且同时输入水平向与竖向荷载。

当滑块沿着斜面滑动或者静止时，块体相对于基座而言，受到的力有平行于斜面的地震力、垂直于斜面的地震力、重力、支持力、剪切阻力以及张拉力。块体的重力相对于基座而言，可以忽略不计。当块体相对于基座静止时，受力分析如下：

$$mg \sin\alpha + ma_x = F$$
$$N + ma_y = mg \cos\alpha + T \tag{5-25}$$

由静力平衡可知：剪切力介于向上或者向下滑动的摩擦力之间，即

$$-(cl + N\tan\varphi) \leqslant F \leqslant cl + N\tan\varphi \tag{5-26}$$

式中，c 为基座与滑块之间的黏聚力；φ 为基座与滑块之间的内摩擦角；l 为块体与基座之间的黏结长度。其中抗拉强度 T 为一个触发力，其大于零且不超过块体与基座之间抗拉强度与黏结长度的乘积。支持力由重力及地震力矢量相加减即可获得，通常是大于零的。如果支持力等于零，则抗拉强度 T 为决定 y 方向平衡的关键力。如果块体与基座发生了分离，则需要对张拉破坏进行分析。当剪切强度达到极限值时，平行于斜面的向下

（向上）的临界加速度计算如下：

$$a_{\substack{\text{dc-down}\\\text{dc-up}}}(t) = \pm\left\{\frac{cl}{m} + \tan\varphi\left[g\cos\alpha - a_y(t)\right]\right\} - g\sin\alpha \tag{5-27}$$

式中，$a_{\substack{\text{dc-down}\\\text{dc-up}}}(t)$ 为向下（向上）临界加速度，是随着时间变化的一个变量。它们的变化取决于垂直于斜面的输入地震动 $a_y(t)$。需要说明的是，如果 sign(block-base)=sign1=−1 以及 sign(竖向)=sign3=0，则向下的临界加速度将会成为一个常量，将其定义为静态临界加速度，推导如下：

$$a_{sc} = \frac{cl}{m} + g\cos\alpha\tan\varphi - g\sin\alpha = (\text{FOS}-1)g\sin\alpha \tag{5-28}$$

设置滑块-基座模型的初始速度为零，即 $v_{(S)(0)} = v_{(B)(0)} = 0$，角标 B 表示基座，角标 S 表示滑块。

如果 sign(block-base)=sign1=1（地震荷载作用于基座上），加速度计算如式（5-24），基座的速度 $v_{(B)}$ 与位移 $d_{(B)}$ 按照 Newmark 方法计算，如下：

$$v_{(B)(n)} = v_{(B)(n-1)} + [(1-\gamma)a_{(B)(n-1)} + \gamma a_{(B)(n)}]\Delta t \tag{5-29}$$

$$d_{(B)(n)} = d_{(B)(n-1)} + v_{(B)(n-1)}\Delta t + \frac{(1-2\beta)a_{(B)(n-1)} + 2\beta a_{(B)(n)}}{2}\Delta t^2 \tag{5-30}$$

式中，角标 $n-1$ 为 $n-1$ 计算步数；β 和 γ 为迭代参数，这里取 β=0.5，γ=1.0。

根据力学机制，第 n 步滑块的加速度计算方法如下：

if sign(block-base) = −1

if $v_{(S)(n-1)} = 0$，if $a_{x(n)} > a_{\text{dc-down}(n)}$，$a_{(S)(n)} = a_{x(n)} - a_{\text{dc-down}(n)}$

if $a_{x(n)} < a_{\text{dc-up}(n)}$，$a_{(S)} = a_{x(n)} - a_{\text{dc-up}(n)}$

if $a_{\text{dc-up}(n)} \leqslant a_{x(n)} \leqslant a_{\text{dc-down}(n)}$，$a_{(S)(n)} = 0$

if $v_{(S)(n-1)} \neq 0$，if $v_{(S)(n-1)} > 0$，$a_{(S)(n)} = a_{x(n)} - a_{\text{dc-down}(n)}$

if $v_{(S)(n-1)} < 0$，$a_{(S)(n)} = a_{x(n)} - a_{\text{dc-up}(n)}$

if sign(block-base) = 1，

if $v_{(B)(n-1)} = v_{(S)(n-1)}$，if $a_{x(n)} > a_{\text{dc-down}(n)}$，$a_{(S)(n)} = -a_{\text{dc-down}(n)}$

if $a_{x(n)} < a_{\text{dc-up}(n)}$，$a_{(S)(n)} = -a_{\text{dc-up}(n)}$

if $a_{\text{dc-up}(n)} \leqslant a_{x(n)} \leqslant a_{\text{dc-down}(n)}$，$a_{(S)(n)} = -a_{x(n)}$

if $v_{(B)(n-1)} \neq v_{(S)(n-1)}$，if $v_{(B)(n-1)} > v_{(S)(n-1)}$，$a_{(S)(n)} = -a_{\text{dc-up}(n)}$

if $v_{(B)(n-1)} < v_{(S)(n-1)}$，$a_{(S)(n)} = -a_{\text{dc-down}(n)}$

一旦获得了滑块的加速度，滑块的速度、位移可按照式（5-29）和式（5-30）求得，只需要将 B 变为 S 即可。滑块与基座之间的相对位移通过简单的减法计算即可获得。基于前面所描述的方法，编制相应的 C++语言程序，计算流程如图 5-5 所示。

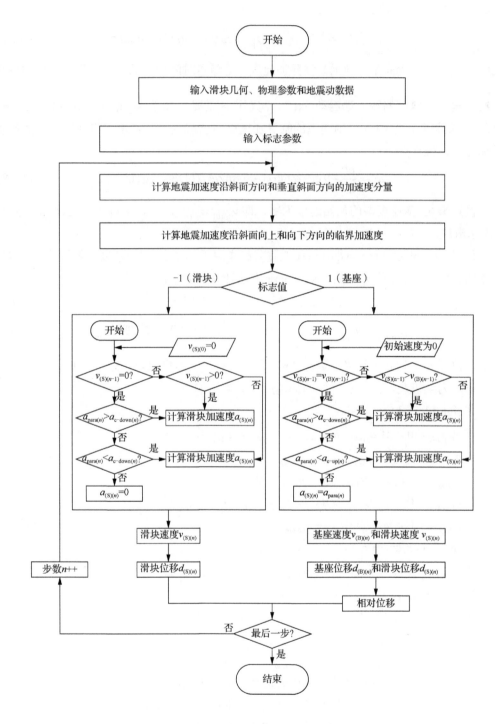

图 5-5　滑块-基座模型永久位移计算流程

5.5　地震加载方式

现有研究分析中，Newmark 刚塑性动力滑块法中地震荷载作用在简化的边坡模型上的加载方式不同。图 5-6 总结了现有研究分析中采用的加载方式。图 5-6（a）为地震荷载平行边坡斜面方向作用在滑块上；图 5-6（b）为地震荷载平行边坡斜面方向作用在基座上；图 5-6（c）为地震荷载平行边坡斜面方向作用在基础上时，水平分解后不考虑竖向分量的作用；图 5-6（d）为地震荷载平行边坡斜面方向作用在基础上时，水平分解后考虑竖向分量的作用；图 5-6（e）为地震荷载水平作用在基础上时，不考虑竖向地震动的影响；图 5-6（f）为地震荷载水平作用在基础上时，考虑竖向地震动的影响。

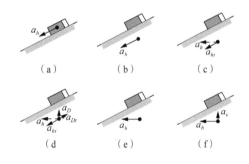

图 5-6　地震荷载加载方式简图

利用编制的程序，本节选取 NGA292（Irpinia，Italy-01，Sturno）脉冲地震动记录，采用图 5-6 中的 6 种加载方式分别进行了计算。图 5-7 绘制了图 5-6 中 6 种加载方式下滑块和基础各自的加速度、速度、位移时间曲线。

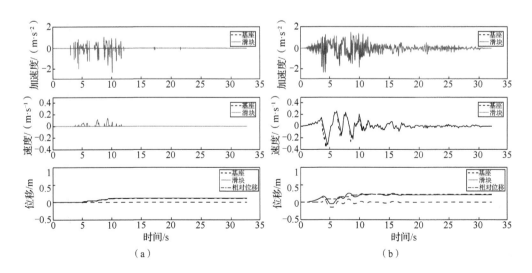

图 5-7　NGA292 地震动记录不同加载方式下计算结果（a_c =0.05g）

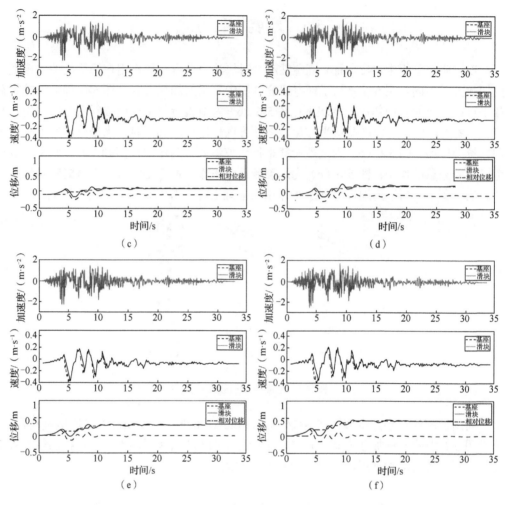

图 5-7（续）

由图 5-7 可知，不同的加载方式对边坡永久位移的影响有所差异。计算 NGA292 地震动记录引发边坡永久位移值时，考虑竖向地震动分量的方式（f）较其他加载方式，计算结果增加显著。本节采用近断层脉冲地震动记录作为荷载激励，选用图 5-6 中的 6 种加载方式，分别作用在简化的边坡模型上，计算不同临界加速度 a_c（取值范围 0.01g 到 0.4g，步长为 0.01g）对应的永久位移值。假定方式（f）的计算结果作为参考加载方式，其余 5 种加载方式计算得到的永久位移值（D_N）则分别与方式（f）计算结果（D_f）比较，计算相对比值 RO（D_N/D_f），绘制了图 5-8 相对比值分布结果。图 5-8（a）～（e）分别对应前 5 种加载方式的结果。

由图 5-8 可知，前 5 种加载方式与加载方式（f）计算结果的相对比值大多数都小于 1，表明其倾向于低估近断层地震动竖向分量的影响，尤其是方式（b）和方式（c）。因此，为避免低估某些地震动记录引发边坡永久位移值，本节采用图 5-6 中方式（f）作为本次研究的加载方式。

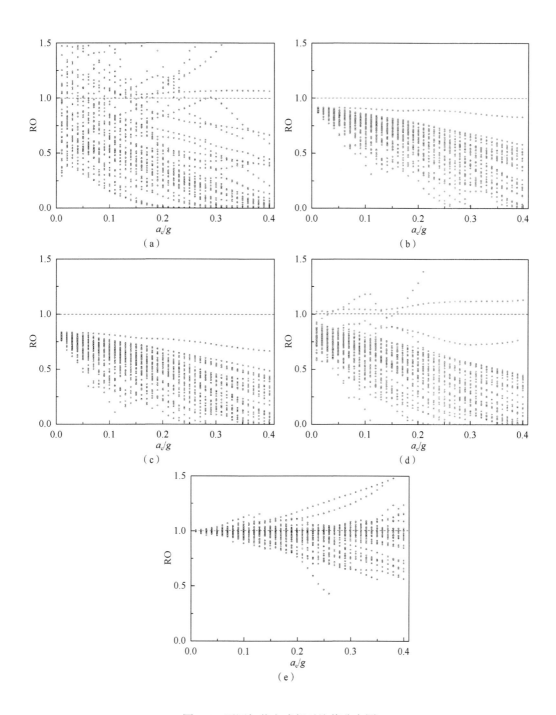

图 5-8　不同加载方式相对比值分布图

5.6 小 结

本章对几种 Newmark 动力滑块分析法进行了总结分析，得出以下结论：

（1）传统的 Newmark 刚塑性滑块法在计算位移时假设滑体为刚塑性材料，不考虑滑体的变形，因此该法仅适用于浅层滑坡或岩石类边坡。

（2）解耦动力滑块法和耦合动力滑块法考虑了土体的变形对地震边坡位移的影响，可用于深层滑坡或软弱土体类边坡。

（3）改进 Newmark 动力滑块法是在传统 Newmark 法的基础上增加了对边坡坡向和地震动作用方式的考虑，并且对边坡临界加速度值的计算方法做了改进，充分考虑了地震荷载对滑体的影响。该法可以很好地用于浅层地震滑坡的稳定性分析。

第6章　地震滑坡永久位移预测模型

Newmark 动力滑块分析法和数值模拟法都可以实现具体边坡工程的稳定性分析,但是严格计算的 Newmark 动力滑块分析法难度高、工程量大,而数值模拟法需要的参数复杂,皆不适用于区域边坡的稳定性分析。永久位移预测模型的出现为区域地震滑坡危险性评价和震后滑坡灾势快速评估提供了一种简单方便的解决方法。为了更好地估测地震作用下边坡永久位移,大量学者利用美国、日本、意大利等国家的地震动记录(如 PEER 数据库、KIK-net 数据库中地震动记录),建立了多种基于地震动参数和边坡参数的永久位移预测模型。但是长期以来,苦于地震动记录的缺乏,国内外关于边坡永久位移与近断层脉冲地震动特性之间关系的研究较少。本章将计算基于近断层脉冲地震动记录的边坡永久位移值,简要探讨既有经典位移预测模型的有效性;通过回归分析方法选择合适的地震动参数,建立新的边坡永久位移预测模型。

6.1　建立近断层脉冲数据库

近断层脉冲型地震动是近断层区域内速度或者位移时程中包含明显脉冲的地震动,其主要能量集中在一定的时域或者频域段,现已被国内外许多学者认为是工程结构遭受严重损坏的主要原因。自 20 世纪 80 年代以来,在世界范围内相继发生一些大地震。例如,2008 年中国汶川地震造成了大量的人员伤亡和重大的财产损失,但是也积累了丰富的强震动记录,尤其是近场地震动记录的发现,为近断层脉冲型地震动的识别和特性研究提供了条件。本节将探讨速度脉冲型地震动的脉冲特性、方向性效应对边坡永久位移值的影响,重点介绍脉冲型地震动量化识别的方法,建立近断层脉冲地震动数据库。

6.1.1　速度脉冲特性的影响

现有研究表明近断层地震动在震源机制、断层破裂传播方向、破裂面相对运动方向、场地因素以及潜在地面静力位移等综合作用下,具有同远场地震动显著区别的工程特性。近断层地震动最为突出的工程特性是在向前方向性效应(forward directivity effects)或者滑冲效应(fling-step effects)作用下,速度时程上具有显著的脉冲特征。

本节选取了断层距在 20km 以内的脉冲地震动 RSN180(NGA180,Imperial Valley-06,El Centro Array #5)和非脉冲地震动 RSN809(NGA809,Loma Prieta,UCSC),绘制了加速度、速度、位移、速度反应谱(s_v)以及相对累积能量率随时间的变化曲线(图 6-1)。Shahi 等(2011)提出速度时程的平方的时间积分可以表示地震动能量,而相对累积能量率由式(6-1)推导可得。

$$E(t) = \frac{\int_0^t v(t)^2 \, dt}{\int_0^\infty v(t)^2 \, dt} \tag{6-1}$$

式中，$E(t)$ 表示 t 时刻的相对能量率；$v(t)$ 表示 t 时刻的速度时程。

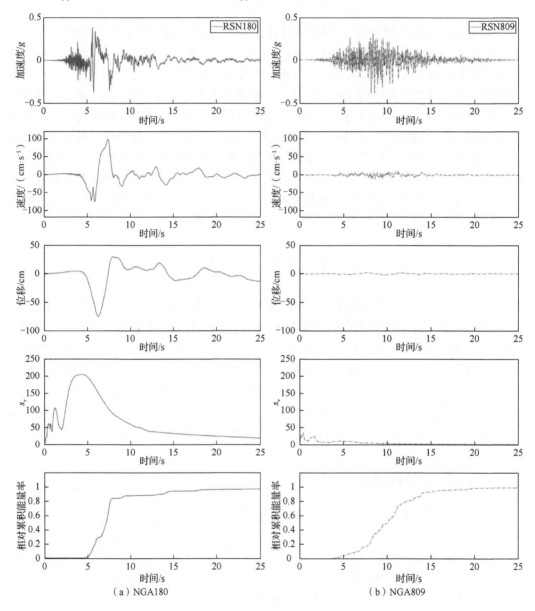

（a）NGA180　　　　　　　　　（b）NGA809

图 6-1　NGA180 和 NGA809 地震动频谱特性时间曲线

从图 6-1 可以看出，RSN180 和 RSN809 的峰值加速度大小接近，但是前者的速度时程曲线明显具有长周期、高幅值的特点，位移和速度反应谱计算结果明显更大，同时能在较短时间内快速累积主要能量。

本节在 NGA 数据库中选取了断层距在 20km 以内的 50 条近断层速度脉冲地震动记

录（见表 6-1）和 50 条近断层非脉冲地震动记录（见表 6-2）。本节所选地震动记录的断层距和震级分布结果如图 6-2 所示。将选取的地震记录作为荷载激励，作用在简化的边坡模型上，计算了临界加速度 $a_c=0.05g$ 的边坡永久位移 D_N。图 6-3 绘制了各地震动记录引发边坡永久位移的时间曲线。由图 6-3 可知，脉冲特性对边坡永久位移的影响显著。

表 6-1　本节选用的近断层脉冲地震动记录

地震名	年份	台站名称	震级	断层距/km
圣费尔南多（San Fernando）	1971	帕科伊马大坝（Pacoima Dam）左上端（upper left abut）	6.61	1.81
伊朗塔巴斯（Tabas, Iran）	1978	塔巴斯（Tabas）	7.35	2.05
因皮里尔河谷-06（Imperial Valley-06）	1979	EC 县中心（EC County Center）　FF	6.53	7.31
Imperial Valley-06	1979	埃尔森特罗群（El Centro-Meloland Geot. Array）	6.53	0.07
Imperial Valley-06	1979	El Centro Array #4	6.53	7.05
Imperial Valley-06	1979	El Centro Array #5	6.53	3.95
Imperial Valley-06	1979	El Centro Array #6	6.53	1.35
Imperial Valley-06	1979	El Centro Array #7	6.53	0.56
Imperial Valley-06	1979	El Centro Array #8	6.53	3.86
Imperial Valley-06	1979	埃尔森特罗差分阵列（El Centro Differential Arrasuiby）	6.53	5.09
Imperial Valley-06	1979	霍尔特维尔邮局（Holtville Post Office）	6.53	7.5
摩根希尔（Morgan Hill）	1984	凯奥特湖大坝西南坝肩（Coyote Lake Dam-Southwest Abutment）	6.19	0.53
棕榈泉北部（North Palm Springs）	1986	棕榈泉北部（North Palm Springs）	6.06	4.04
土耳其埃尔津詹（Erzincan, Turkey）	1992	埃尔津詹（Erzincan）	6.69	4.38
门多西诺角（Cape Mendocino）	1992	彼得多利亚（Petrolia）	7.01	8.18
兰德斯（Landers）	1992	卢塞恩（Lucerne）	7.28	2.19
北岭-01（Northridge-01）	1994	詹森过滤厂行政大楼（Jensen Filter Plant Administrative Building）	6.69	5.43
Northridge-01	1994	詹森过滤厂电力大楼（Jensen Filter Plant Generator Building）	6.69	5.43
Northridge-01	1994	洛杉矶大坝（LA Dam）	6.69	5.92
Northridge-01	1994	纽约拉克雷森塔（La Crescenta-New York）	6.69	18.5
Northridge-01	1994	Newhall（纽霍尔）-W Pico Canyon Rd.	6.69	5.48
Northridge-01	1994	Pacoima Dam（upper left abut）	6.69	7.01
Northridge-01	1994	里纳尔迪台站（Rinaldi Receiving Sta）	6.69	6.5
Northridge-01	1994	西尔玛转换台站（Sylmar-Converter Sta）	6.69	5.35
Northridge-01	1994	西尔玛橄榄园医疗中心（Sylmar-Olive View Med）　FF	6.69	5.3
日本神户（Kobe, Japan）	1995	KJMA	6.90	0.96
Kobe, Japan	1995	港湾人工岛（Port Island）（0m）	6.90	3.31

地震名	年份	台站名称	震级	断层距/km
Kobe，Japan	1995	宝塚（Takarazuka）	6.90	0.27
Kobe，Japan	1995	高取（Takatori）	6.90	1.47
土耳其科咯艾里（Kocaeli，Turkey）	1999	亚勒姆贾（Yarimca）	7.51	4.83
中国台湾集集（Chi-Chi，Taiwan，China）	1999	TCU036	7.62	19.83
Chi-Chi，Taiwan，China	1999	TCU052	7.62	0.66
Chi-Chi，Taiwan，China	1999	TCU054	7.62	5.28
Chi-Chi，Taiwan，China	1999	TCU065	7.62	0.57
Chi-Chi，Taiwan，China	1999	TCU068	7.62	0.32
Chi-Chi，Taiwan，China	1999	TCU075	7.62	0.89
Chi-Chi，Taiwan，China	1999	TCU101	7.62	2.11
Chi-Chi，Taiwan，China	1999	TCU102	7.62	1.49
Chi-Chi，Taiwan，China	1999	TCU128	7.62	13.13
Chi-Chi，Taiwan-03，China	1999	TCU076	6.20	14.66
洛马普里塔（Loma Prieta）	1989	洛斯加托斯列克星敦大坝（Los Gatos-Lexington Dam）	6.93	5.02
Cape Mendocino	1992	邦克山 （Bunker Hill） FAA	7.01	12.24
日本鸟取（Tottori，Japan）	2000	TTRH02	6.61	0.97
伊朗巴姆（Bam，Iran）	2003	巴姆（Bam）	6.6	1.7
加拿大帕克菲尔德-02（Parkfield-02，Canada）	2004	帕克菲尔德断裂带 14（Parkfield-Fault Zone 14）	6.00	8.81
新潟中越地震（Chuetsu-oki，Niigata）	2007	服务大厅阵列柏崎 NPP（Kashiwazaki NPP，Service Hall Array）	6.80	10.97
新西兰达菲尔德（Darfield，New Zealand）	2010	DSLC	7.00	8.46
Darfield，New Zealand	2010	LINC	7.00	7.11
Darfield，New Zealand	2010	ROLC	7.00	1.54
Darfield，New Zealand	2010	TPLC	7.00	6.11

表 6-2 本节选用的近断层非脉冲地震动记录

地震名	年份	台站名称	震级	断层距/km
Tabas，Iran	1978	Dayhook	7.35	13.94
Imperial Valley-06	1979	邦兹角（Bonds Corner）	6.53	2.66
Imperial Valley-06	1979	奇瓦瓦（Chihuahua）	6.53	7.29
科林加-01（Coalinga-01）	1983	Pleasant Valley（普莱森特谷）P.P.-yard	6.36	8.41
Loma Prieta	1989	BRAN	6.93	10.72
Northridge-01	1994	Beverly Hills（贝弗利山）14145 Mulhol	6.69	17.15
Northridge-01	1994	Canyon Country（坎宁县）W Lost Cany	6.69	12.44
Northridge-01	1994	洛杉矶塞普尔韦达医院（LA-Sepulveda VA Hospital）	6.69	8.44

地震名	年份	台站名称	震级	断层距/km
Northridge-01	1994	帕科伊马卡格尔峡谷（Pacoima Kagel Canyon）	6.69	7.26
Northridge-01	1994	太阳谷（Sun Valley-Roscoe Blvd）	6.69	10.05
Kobe，Japan	1995	尼崎（Amagasaki）	6.90	11.34
Kobe，Japan	1995	福岛（Fukushima）	6.90	17.85
Chi-Chi，Taiwan，China	1999	CHY036	7.62	16.04
Chi-Chi，Taiwan，China	1999	CHY074	7.62	10.8
Chi-Chi，Taiwan，China	1999	TCU048	7.62	13.53
Chi-Chi，Taiwan，China	1999	TCU055	7.62	6.34
Chi-Chi，Taiwan，China	1999	TCU057	7.62	11.83
Chi-Chi，Taiwan，China	1999	TCU071	7.62	5.8
Chi-Chi，Taiwan，China	1999	TCU072	7.62	7.08
Chi-Chi，Taiwan，China	1999	TCU074	7.62	13.46
Chi-Chi，Taiwan，China	1999	TCU078	7.62	8.2
Chi-Chi，Taiwan，China	1999	TCU079	7.62	10.97
Chi-Chi，Taiwan，China	1999	TCU109	7.62	13.06
Chi-Chi，Taiwan，China	1999	TCU138	7.62	9.78
土耳其迪兹杰（Duzce，Turkey）	1999	拉蒙特375（Lamont 375）	7.14	3.93
赫克托矿（Hector Mine）	1999	赫克托（Hector）	7.13	11.66
Chi-Chi，Taiwan-04，China	1999	CHY074	6.20	6.2
日本新潟（Niigata，Japan）	2004	NIG017	6.63	12.81
Niigata，Japan	2004	NIG019	6.63	9.88
Niigata，Japan	2004	NIG020	6.63	8.47
Niigata，Japan	2004	NIG021	6.63	11.26
Niigata，Japan	2004	NIG028	6.63	9.79
Niigata，Japan	2004	NIGH01	6.63	9.46
Niigata，Japan	2004	NIGH11	6.63	8.93
黑山（Montenegro）	1979	彼得罗瓦茨奥利维亚酒店（Petrovac-Hotel Olivia）	7.10	8.01
Chuetsu-oki	2007	上越柿崎（Joetsu Kakizakiku Kakizaki）	6.80	11.94
Chuetsu-oki	2007	长冈中之岛（Nakano-shima Nagaoka）	6.80	19.89
Chuetsu-oki	2007	长冈（Nagaoka）	6.80	16.27
Chuetsu-oki	2007	柏崎西山町长冈（Kashiwazaki Nishiyamacho Ikeura）	6.80	12.63
Chuetsu-oki	2007	Kashiwazaki NPP	6.80	10.97
岩手（Iwate）	2008	AKTH04	6.90	17.94
Iwate	2008	IWTH24	6.90	5.18
Iwate	2008	IWTH26	6.90	6.02
Iwate	2008	栗原市（Kurihara City）	6.90	12.85
埃尔马约尔-库卡帕（El Mayor-Cucapah）	2010	塞罗普列托地热电站（Cerro Prieto geothermal）	7.20	10.92
El Mayor-Cucapah	2010	米却肯州奥坎波（Michoacán，Estado de Ocampo）	7.20	15.91
El Mayor-Cucapah	2010	里伊托（Riito）	7.20	13.71

地震名	年份	台站名称	震级	断层距/km
新西兰克赖斯特彻奇（Christchurch，New Zealand）	2011	基督城植物园 （Christchurch Botanical Gardens）	6.2	5.55
Christchurch，New Zealand	2011	基督教会学院（Christchurch Cathedral College）	6.2	3.26
Christchurch，New Zealand	2011	基督城医院（Christchurch Hospital）	6.2	4.85

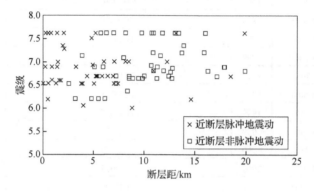

图 6-2　本节所选地震动记录断层距和震级分布情况

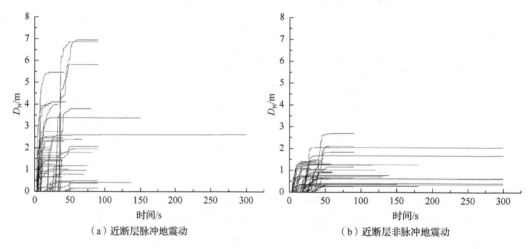

（a）近断层脉冲地震动　　　　　　　　　　（b）近断层非脉冲地震动

图 6-3　不同类型强震记录永久位移时间曲线（a_c=0.05g）

6.1.2　速度脉冲型地震动量化识别

以往脉冲地震动主要依赖观察者的经验进行肉眼观察识别，具有主观性大、效率低等弊端。因此，人们一直致力于实现脉冲地震动的客观量化识别。斯坦福大学 Baker（2007）创新性地提出了基于小波分析的脉冲型地震动识别方法，首次完成了客观意义上的速度脉冲量化识别，成功避免了主观挑选脉冲型地震动的缺陷。Zhai 等（2013）在前人的研究基础上，提出了一种新的程序化量化识别脉冲型地震动的方法——能量法，该方法对单脉冲型地震动的识别有了更进一步的发展改进。目前的脉冲识别方法对脉冲形状的多样性难以适应。因此，针对已有脉冲定量识别方法的不足，发展一种计算高效，兼顾非对称脉冲识别的方法，具有实际意义。

1）确定速度等效脉冲模型

Mavroeidis 等（2003）研究发现脉冲幅值（A_p）、脉冲周期（T_p）、半循环脉冲个数（N_C）以及相位信息（φ）这 4 个地震动参数对速度脉冲进行完整的描述具有重要意义。Vassiliou 等（2011）评价了几种常用的速度等效脉冲模型，认为 Mavroeidis 等（2003）提出的模型［以下简称 M&P 等效脉冲模型，数学表达式为式（6-2）］的拟合效果最佳。

$$v_p = \frac{1}{2} A_p \left\{ 1 + \cos\left[\frac{2\pi}{T_p \gamma}(t - T_0) \right] \right\} \cos\left[\frac{2\pi}{T_p}(t - T_0) + \varphi \right] \tag{6-2}$$

式中，v_p 为提取出的速度脉冲；A_p 为地震动记录的脉冲幅值；T_p 为脉冲周期；γ 为振动特性参数；φ 为脉冲相位；T_0 为时间偏移。

本节在脉冲幅值 A_p=20cm/s、脉冲周期 T_p=1s、时间偏移 T_0=3s 时，分别改变 M&P 等效脉冲模型的脉冲相位 φ 和振动特性参数 γ，得到对应的速度时程曲线（见图 6-4）。研究发现脉冲相位 φ 和振动特性参数 γ 的取值对提取脉冲的形状有重要作用。考虑到 M&P 等效脉冲模型具有脉冲形状适应性良好的优点，本节采用 M&P 等效脉冲模型提取速度脉冲。

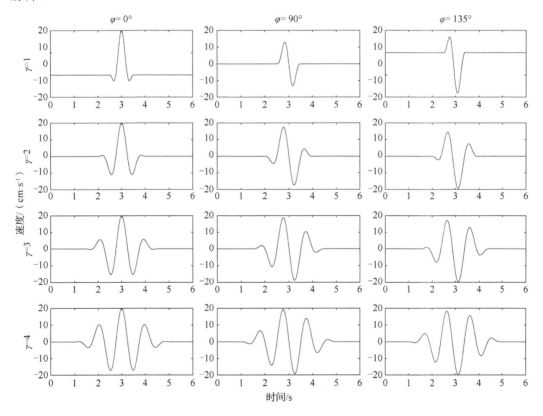

图 6-4　M&P 等效脉冲模型不同参数下的速度时程曲线

定义条件参数 α［见式（6-3）］，当 α 求得最小值时，确定 M&P 等效脉冲模型的各参数。

$$\alpha(T_{\mathrm{p}}, A_{\mathrm{p}}, \gamma, \varphi, T_0) = \sum_{i=1}^{n} \left[v_{\mathrm{o}}(i) - v_{\mathrm{e}}(i : T_{\mathrm{p}}, A_{\mathrm{p}}, \gamma, \varphi, T_0) \right]^2 \tag{6-3}$$

式中，n 为原始速度时程中数据点的数目；v_{o} 和 v_{e} 分别为原始地震动和提取到的速度。

不断重复最小二乘法确定各参数，效率低下，效果不佳。为了提高确定最优脉冲的计算速率，采用合适的方法优先确定部分参数的备选值，再代入式（6-3）中，最后确定 α 为最小值时对应的各个参数。

脉冲周期（T_{p}）常用的确定方法是拟速度反应谱法（S_v 法），即速度脉冲型地震动的周期由速度反应谱最大值对应的周期替代。图 6-5 为 NGA77［San Fernando，Pacoima Dam（upper left abut）］强震记录在阻尼比为 5%时的拟速度反应谱，根据反应谱结果可知此地震动的脉冲周期为 1.53s。Baker（2007）指出该方法不适合中长周期脉冲地震动，往往低估脉冲周期值。

Mimoglou 等（2015）提出采用拟速度反应谱和拟位移反应谱的积谱最大值对应的周期来确定脉冲周期（$S_v \times S_d$ 法）。图 6-6 是 NGA173（Imperial Valley-06，El Centro Array #10）强震记录在阻尼比为 5%时的 $S_v \times S_d$ 积谱结果，根据积谱结果可知脉冲周期为 6.08s。研究发现 $S_v \times S_d$ 法更适合确定中长周期的脉冲地震动的脉冲周期。

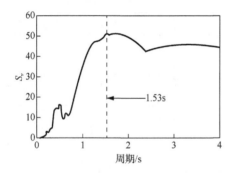

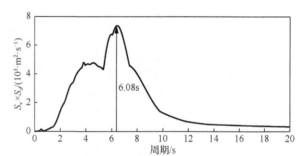

图 6-5　S_v 法确定脉冲周期示意图　　　　图 6-6　$S_v \times S_d$ 法确定脉冲周期示意图

本节将 S_v 法和 $S_v \times S_d$ 法分别获得的脉冲周期作为备选项，同其余参数一并代入式（6-3）中，当 α 求得最小值时，对应的脉冲周期值作为该地震记录的脉冲周期。

Mimoglou 等（2015）总结了脉冲幅值 A_{p} 与原始地震动记录拟速度反应谱脉冲周期 T_{p}、脉冲相位 φ、振动特性参数 γ 之间的关系，得到式（6-4）：

$$A_{\mathrm{p}} = \frac{4\zeta PS_{v,\zeta}(T_{\mathrm{p}})}{(1 - \mathrm{e}^{-2\pi\gamma\zeta})[1 + (\gamma - 1)\zeta]} \tag{6-4}$$

式中，ζ 表示反应谱阻尼比。本节 $\zeta = 50.05$，$\gamma = 1 \sim 10$，步长 $\Delta\gamma = 0.1$，$\varphi = 0° \sim 360°$，步长 $\Delta\varphi = 5°$。将反应谱阻尼比 ζ、脉冲相位 φ、振动特性参数 γ 依次代入式（6-4）中，求取对应的脉冲幅值 A_{p}。

最后一项参数是时间偏量 T_0，无具体的物理意义，以往主要由脉冲的 PGV 出现的时刻确定，但是不适合非对称脉冲。本节采用新的方法，由式（6-5）求出 T_0：

$$T_0 = t_{\mathrm{P(M\&P}, T_0=0)} - t_{\mathrm{P}} \tag{6-5}$$

式中，$t_{P(M\&P,T_0=0)}$ 为 M&P 波峰值出现的时刻。

此时，将得到的各个参数的备选值代入式（6-3）中，当 α 求得最小值时，各参数最优值被最终确定。图 6-7 是本节方法提取的 NGA143（Tabas Iran，Tabas）原始地震记录垂直断层分量的速度脉冲时程曲线，与已有方法相比，本节采用的方法对脉冲形状适应性良好。

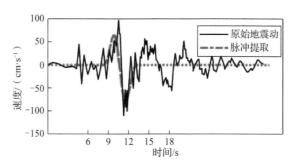

图 6-7　基于本节方法提取 NGA143 地震动记录的速度脉冲

2）确定脉冲指标

经过大量数据的统计分析，并与前人的研究成果进行对比，得到了基于脉冲峰值速度 PGV_p（cm/s）与脉冲能量率 ER_p（%）的新脉冲指标 E_R ［见式（6-6）］。当脉冲指标 E_R 大于 0 时，该地震动为脉冲地震动。

$$E_R = -(2.68 + 0.1416 \times PGV_p - 0.0162 \times ER_p + 0.0002852 \times PGV_p^2$$
$$- 0.005476 \times ER_p \times PGV_p + 0.0005197 \times ER_p^2) \tag{6-6}$$

6.1.3　脉冲方向性效应

地震动在空间与时间域同时具有高度的不确定性，现有记录到的地震动在空间上会被分解成两条水平向分量（NS、EW）和一条竖向分量（UD），三条分量两两互相垂直。Howard 等（2005）和 Zamora 等（2011）研究发现强震记录在不同方向上有脉冲性质差异。图 6-8 是 NGA181（Imperial Valley-06，El Centro Array #6）强震记录在垂直断层（FN）与平行断层方向上（FP）地震分量的频谱特性情况。由图 6-8 可以看出，两地震分量的 PGA 接近，但是地震动在不同方向上具有差异性，垂直断层分量 FN 具有长周期、高幅值的速度脉冲。将两地震分量分别作为激励作用在简化的边坡模型上，计算 $a_c=0.05g$ 时的边坡永久位移情况（图 6-9）。结果表明，脉冲强的方向上的地震分量产生更大的永久位移。

地震动具有方向差异性，脉冲性质可能出现在任意方向上。本节用两条水平分量作为研究对象来定量分析脉冲效应的方向性。根据式（6-7）将强震记录的两条水平分量沿着任意方向按照平行四边形原则进行拟合，得到对应方位上的地震动加速度。

$$\alpha(t;\theta) = a_1 \cos(\theta) + a_2 \sin(\theta) \tag{6-7}$$

式中，$\alpha(t;\theta)$为对应于θ方向的地震动加速度；θ为原始地震动记录的基础上需要偏转的角度；a_1和a_2为原始地震动加速度记录的两条水平分量。

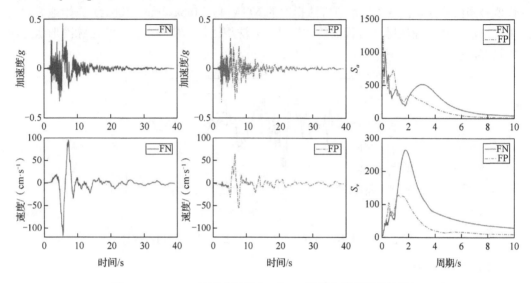

图 6-8　NGA181 地震动记录 FN 和 FP 地震分量频谱特性情况

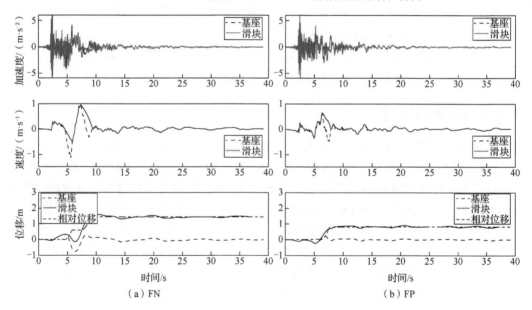

（a）FN　　　　　　　　　　　（b）FP

图 6-9　NGA181 地震动记录 FN 和 FP 地震分量引发边坡永久位移情况

NGA77［San Fernando, Pacoima Dam（upper left abut）］的地震动记录按照式（6-7），从零度方向开始，顺时针方向 6° 一偏转，各个旋转偏量的 E_R 值和永久位移值 D_N（a_c=0.05g）计算结果如图 6-10 所示。研究发现近断层脉冲地震动脉冲优势方向和该脉冲地震动导致边坡永久位移优势方向具有高度一致性。

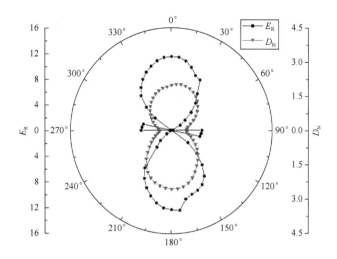

图 6-10　NGA77 地震动记录脉冲指标和永久位移结果分布图

6.1.4　建立近断层脉冲地震动数据库

本节从 NGA 数据库中搜集了 7380 组强震记录建立地震动数据库，从中初步挑选出 1385 组 PGV 大于 10cm/s 的实震记录，然后按照式（6-7）对地震动记录从零度方向开始，顺时针方向 6°一偏转，进行偏转拟合，量化识别脉冲地震动，最终挑选识别出了 594 条强震记录。考虑到近断层脉冲地震动脉冲优势方向和该脉冲地震动导致边坡永久位移优势方向具有高度相关性，所有地震记录转换到最强脉冲方向，详细的地震动记录目录见附录 6。

本节对识别出的速度脉冲型地震动所在台站进行了频率分析。断层距每 20km，计算速度脉冲地震动所在台站与相同断层距范围内总分布台站的比值，统计结果如图 6-11 所示。根据统计结果可知，速度脉冲地震动主要分布在距离断层较近区域。考虑到断层距超过 80km 后，台站频率低于 5%，不具有统计学意义，本节采用断层距在 80km 以内的强震记录用以永久位移建模分析。

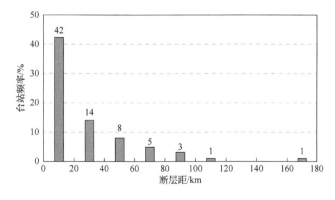

图 6-11　速度脉冲地震动所在台站频率分析

图 6-12 是本节研究所选地震动记录的地震动参数（震级 M_{w}、断层距、峰值地震动加速度 PGA、阿里亚斯强度 I_a、峰值地震动速度 PGV）分布情况。其中阿里亚斯强度

I_a 表达式见式（6-8）：

$$I_a = \frac{\pi}{2g}\int_0^T [a(t)]^2 \, \mathrm{d}t \qquad (6\text{-}8)$$

式中，g 为重力加速度；T 为地震动持时；$a(t)$ 为加速度。

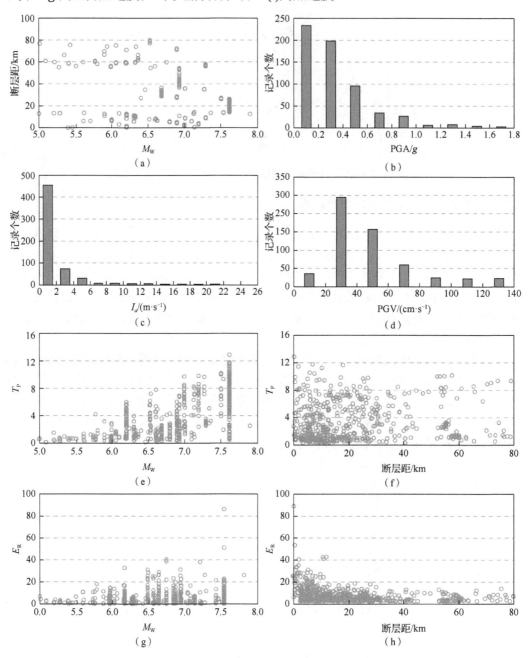

图 6-12　本节脉冲地震动参数分布结果

6.2　选取地震动参数

根据前文探讨结果，本节以附录 1 中断层距小于 80km 的速度脉冲地震动作为荷载激励，采用图 5-6 中方式（f）作为加载方式，取不同的临界加速度 a_c（$0.01g\sim0.4g$，步长 $0.01g$）来代表不同的边坡强度，计算边坡永久位移值。本节一共得到 14141 个非 0 永久位移值，具体分布详见图 6-13，图中纵轴采用的是对数坐标。

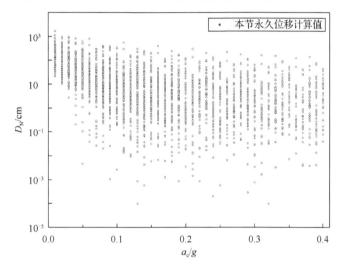

图 6-13　本节永久位移计算值与 a_c 的分布关系

本节计算了不同 a_c（$0.05g$、$0.1g$、$0.2g$、$0.4g$）时地震动引发边坡永久位移值与不同预测模型常用地震动参数（峰值地震动加速度 PGA、峰值地震动速度 PGV、阿里亚斯强度 I_a、断层距 R、脉冲识别指标 E_R、震级 M_W、脉冲周期 T_p）的回归关系。图 6-14 绘制了不同地震动参数的不同形式与边坡永久位移相关性系数 R^2 值最高时的回归结果。由图 6-14 可知，断层距 R、脉冲周期 T_p、震级 M_W、脉冲识别指标 E_R 与边坡永久位移值相关性差（相关性系数 R^2 值接近 0）。随着临界加速度 a_c 值的增加，峰值地震动加速度 PGA 与边坡永久位移值的相关性越来越显著。峰值地震动加速度 PGA 适合多项式形式的回归，而峰值地震动速度 PGV、阿里亚斯强度 I_a 更加适合对数形式的线性回归。

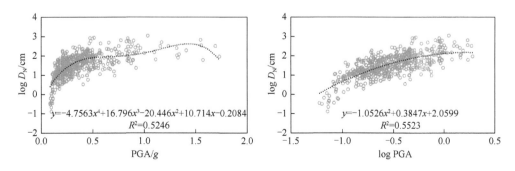

图 6-14　边坡永久位移计算值与不同地震动参数的回归关系

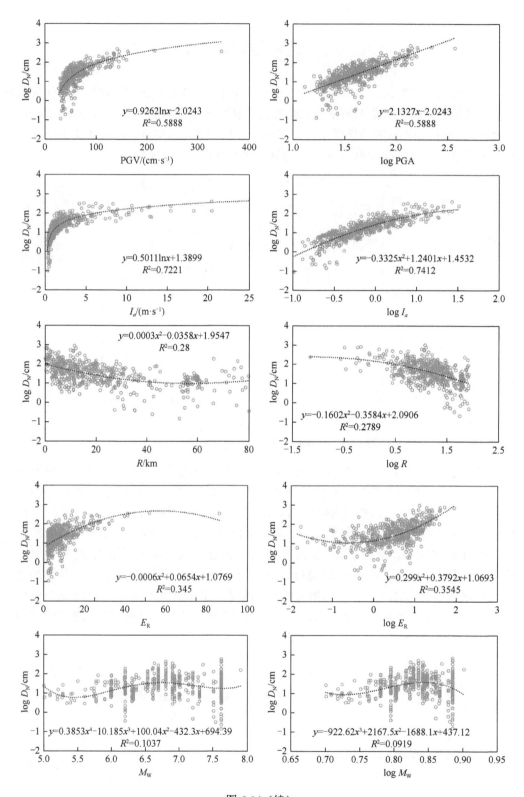

图 6-14（续）

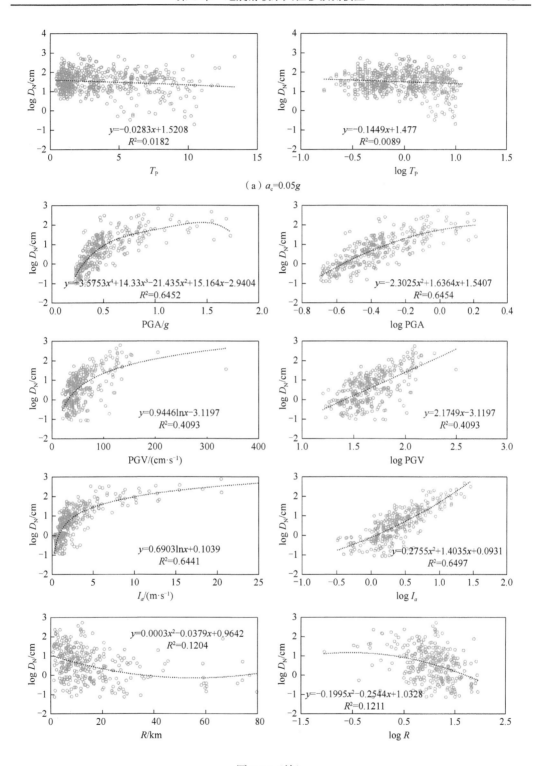

图 6-14（续）

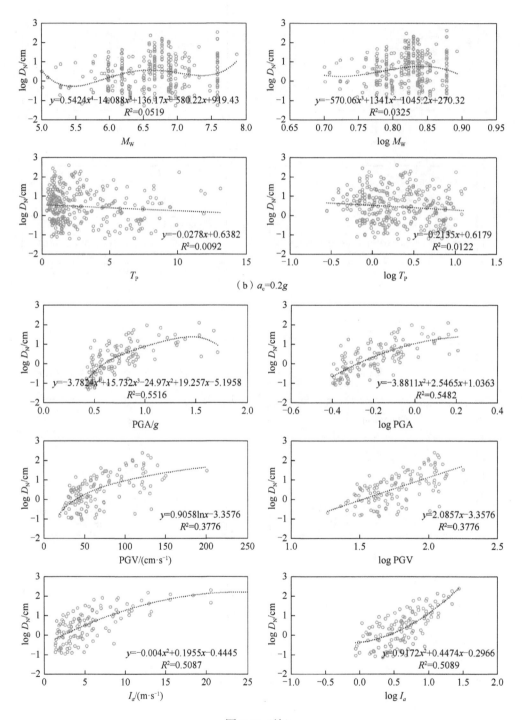

（b）$a_c=0.2g$

图6-14（续）

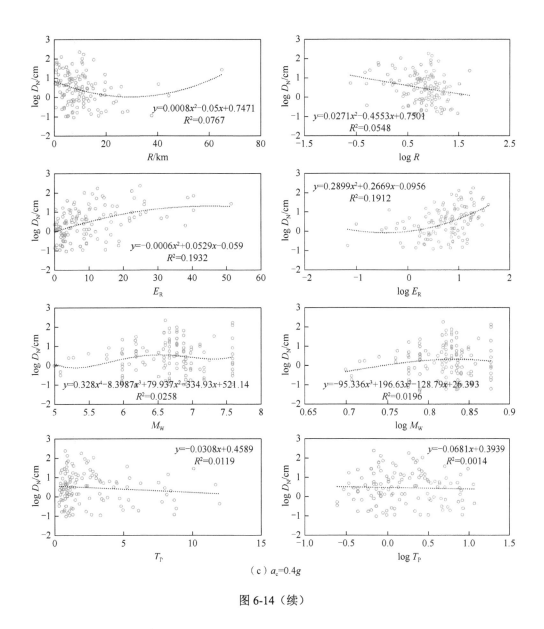

（c）a_c=0.4g

图 6-14（续）

　　基于上述研究分析，本节探讨了峰值地震动加速度 PGA、峰值地震动速度 PGV、阿里亚斯强度 I_a 及断层距 R 之间的相关性。图 6-15 是不同地震动参数之间的相关性分析结果。由图 6-15 可知，峰值地震动加速度 PGA 与阿里亚斯强度 I_a 之间有较强的相关性，而峰值地震动速度 PGV 与其他地震动参数之间无明显相关性。

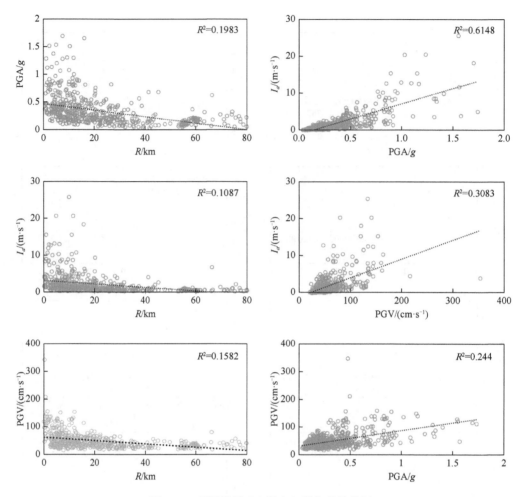

图 6-15　不同地震动参数之间的相关性分析

6.3　建立永久位移预测模型

　　Newmark 动力分析法进行位移分析计算需要两个条件：①表征边坡动力稳定性的临界加速度 a_c；②代表边坡可能承受的地震荷载的地震动加速度时程。既有位移预测模型的建立均采用了相同的方法。首先，将收集的地震动记录作为输入激励作用在简化的边坡模型上，其加速度时程看作目标加速度时程。其次，人为给定临界加速度 a_c 代表不同的边坡强度，再选择合适的 Newmark 动力分析法求解得到永久位移计算值。再次，采用回归分析方法，将永久位移计算值与多种地震动参数（峰值地震动加速度 PGA、峰值地震动速度 PGV、阿里亚斯强度 I_a 等）或者边坡参数（临界加速度比 k_y、场地周期 T_P、加速度反应谱 S_a 等）进行回归拟合，得到可能的位移预测模型。最后，根据回归判定系数的高低（R^2 越高，拟合效果越好）和标准偏差的大小（ε 越小，拟合效果越优）确定最终选择的预测模型。

根据前文相关研究分析结果，主要基于峰值地震动加速度 PGA、峰值地震动速度 PGV、Arias 强度 I_a 提出以下模型。

模型 1：

$$\log D_{\mathrm{N}} = A \log \mathrm{PGV} + B \log a_{\mathrm{c}} + C \pm \varepsilon$$

模型 2：

$$\log D_{\mathrm{N}} = A \log I_a + B \log a_{\mathrm{c}} + C \pm \varepsilon$$

模型 3：

$$\log D_{\mathrm{N}} = A \log \mathrm{PGV} + B \log I_a + C \log a_{\mathrm{c}} + D \pm \varepsilon$$

模型 4：

$$\log D_{\mathrm{N}} = A\left(\frac{a_{\mathrm{c}}}{\mathrm{PGA}}\right) + B\left(\frac{a_{\mathrm{c}}}{\mathrm{PGA}}\right)^2 + C\left(\frac{a_{\mathrm{c}}}{\mathrm{PGA}}\right)^3 + D\left(\frac{a_{\mathrm{c}}}{\mathrm{PGA}}\right)^4 + E \log \mathrm{PGA} + F \pm \varepsilon$$

模型 5：

$$\log D_{\mathrm{N}} = A\left(\frac{a_{\mathrm{c}}}{\mathrm{PGA}}\right) + B\left(\frac{a_{\mathrm{c}}}{\mathrm{PGA}}\right)^2 + C\left(\frac{a_{\mathrm{c}}}{\mathrm{PGA}}\right)^3 + D\left(\frac{a_{\mathrm{c}}}{\mathrm{PGA}}\right)^4 + E \log \mathrm{PGA} + F \log I_a + G \pm \varepsilon$$

模型 6：

$$\log D_{\mathrm{N}} = A\left(\frac{a_{\mathrm{c}}}{\mathrm{PGA}}\right) + B\left(\frac{a_{\mathrm{c}}}{\mathrm{PGA}}\right)^2 + C\left(\frac{a_{\mathrm{c}}}{\mathrm{PGA}}\right)^3 + D\left(\frac{a_{\mathrm{c}}}{\mathrm{PGA}}\right)^4 + E \log \mathrm{PGA} + F \log \mathrm{PGV} + G \pm \varepsilon$$

模型 7：

$$\log D_{\mathrm{N}} = A\left(\frac{a_{\mathrm{c}}}{\mathrm{PGA}}\right) + B\left(\frac{a_{\mathrm{c}}}{\mathrm{PGA}}\right)^2 + C\left(\frac{a_{\mathrm{c}}}{\mathrm{PGA}}\right)^3 + D\left(\frac{a_{\mathrm{c}}}{\mathrm{PGA}}\right)^4 + E \log \mathrm{PGA} + F \log \mathrm{PGV} \\ + G \log I_a + H \pm \varepsilon$$

式中，A、B、C、D、E、F、G、H 是方程的回归系数；ε 是标准偏差。

本节通过相关性分析（相关性系数 R^2 越高，标准偏差 ε 越低，预测模型表现越出色）来评价各位移预测模型。Travasarou 等（2004）指出永久位移计算值大于 0.1cm 时，才具有研究意义。因此，本节采用 13248 个大于 0.1cm 的边坡永久位移计算值进行回归分析建模。表 6-3 是各个预测模型的回归分析和相关性分析结果。由表 6-3 可知，模型 7 表现最为突出，其相关性系数 R^2 最大，标准偏差 ε 最小。

表 6-3　各模型回归分析和相关性分析结果

模型	1	2	3	4	5	6	7
R^2/%	64.2	74.0	77.2	74.7	83.7	84.6	87.4
ε	0.531	0.453	0.424	0.447	0.358	0.348	0.316
A	2.123	1.315	0.929	−5.922	−6.334	−6.021	−6.253
B	−1.558	−1.801	0.997	8.861	10.975	9.363	10.552
C	−4.116	−1.068	−1.789	−11.221	−14.930	−11.921	−14.061
D			−2.542	5.270	7.311	5.540	6.752

续表

模型	1	2	3	4	5	6	7
E				0.041	−1.372	−0.558	−1.272
F				2.410	1.046	1.416	0.987
G					1.613	−0.208	0.664
H							0.080

取不同临界加速度 a_c 值（$0.02g$、$0.05g$、$0.1g$、$0.15g$、$0.2g$、$0.3g$、$0.4g$），计算提出的模型 6 和模型 7 的预测值。将本节计算值 DN 同模型预测值 DP 相减，得到残差（$\log D_N - \log D_P$）。图 6-16 是各预测模型残差与不同临界加速度 a_c 值的分布关系，图中的小正方形是残差中位数。由图 6-16 可知，模型 7 残差值更小，因此，本节采用基于峰值地震动速度 PGV、峰值地震动加速度 PGA、阿里亚斯强度 I_a 建立的模型 7 为永久位移预测模型，该模型在相关性分析和残差分析中均表现良好。当研究目的是快速大致估算近断层边坡永久位移时，可采用形式更为简单且表现较好的模型 6。

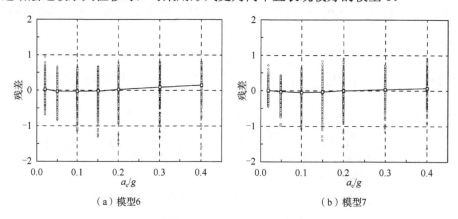

（a）模型6 （b）模型7

图 6-16　各预测模型残差与不同临界加速度 a_c 的分布关系

6.4　讨论与分析

表 6-4 对近些年国内外常用的永久位移预测模型进行了总结。所选模型回归方程中边坡永久位移预测值的单位均是 cm，峰值地震动加速度 PGA 和临界加速度 a_c 的单位均是重力加速度 g，峰值地震动速度 PGV 的单位均是 cm/s，阿里亚斯强度 I_a 的单位均是 m/s。本节计算了不同临界加速度 a_c（$0.1g \sim 0.4g$，步长 $0.01g$）值时，模型的边坡永久位移预测值。图 6-17 绘制了本节边坡永久位移计算值和所选位移模型预测值之间的分布关系。由图 6-17 可知，已有模型明显低估近断层脉冲地震动诱发边坡永久位移预测值。

表 6-4　近些年国内外常用边坡永久位移预测模型

模型	简写	地震动参数	回归方程	标准偏差
Yegian 等（1991）	Y91	PGA	$\log[D_N/(N_{ep}\mathrm{PGA}T_D^2)]=0.22-10.12(a_c/\mathrm{PGA})$ $+16.38(a_c/\mathrm{PGA})^2$ $-11.48(a_c/\mathrm{PGA})^3$	0.45
Jibson 等（2000）	J00	I_a	$\log D_N=1.521\log I_a-1.199\log a_c-1.546$	0.375
Jibson（2007）*	J07	PGA、M_W	$\log D_N=\log[(1-a_c/\mathrm{PGA})^{2.335}(a_c/\mathrm{PGA})^{-1.478}]$ $-2.710+0.424M_W$	0.454
Jibson（2007）	J07a	PGA	$\log D_N=0.215+\log[(1-a_c/\mathrm{PGA})^{2.341}(a_c/\mathrm{PGA})^{-1.438}]$	0.510
Jibson（2007）	J07b	I_a	$\log D_N=2.401\log I_a-3.481\log a_c-3.230$	0.656
Jibson（2007）	J07c	PGA、I_a	$\log D_N=0.561\log I_a-3.833\log(a_c/\mathrm{PGA})-1.474$	0.656
Bray 等（2007）	BT07	PGA、M_W	$\ln D_N=-0.22-2.83\ln a_c-0.333(\ln a_c)^2$ $+0.566\ln a_c\ln\mathrm{PGA}+3.04\ln\mathrm{PGA}$ $-0.244(\ln\mathrm{PGA})^2+0.278(M_W-7)$	0.66
Saygili 等（2008）*	SR08	PGA、PGV	$\ln D_N=-4.58(a_c/\mathrm{PGA})-20.84(a_c/\mathrm{PGA})^2$ $+44.75(a_c/\mathrm{PGA})^3-30.5(a_c/\mathrm{PGA})^4$ $-0.64\ln\mathrm{PGA}+1.55\ln\mathrm{PGV}-1.56$	$\sigma=0.524\left(\dfrac{a_c}{\mathrm{PGA}}\right)$ $+0.405$
Hsieh 等（2011）*	HL11	I_a	$\log D_N=0.847\log I_a-10.62a_c+1.84$ $+6.587a_c\log I_a$	0.295
高广运等（2014）*	GS14	PGV	$\ln D_N=-8.502-1.327\ln a_c+2.003\ln\mathrm{PGV}$	0.499

注：表中加*号模型为本节选取的 4 个具有代表性的刚塑性永久位移预测模型。

本节计算了不同临界加速度 a_c（0.1g～0.4g，步长 0.01g）值时，模型的边坡永久位移预测值。图 6-17 绘制了本节边坡永久位移计算值和所选位移模型预测值之间的分布关系。由图 6-17 可知，已有模型明显低估近断层脉冲地震动诱发边坡永久位移预测值。J07 模型、HL11 模型和 GS14 模型的预测值明显倾向于低估边坡永久位移值。J07 模型基于 2270 条地震动记录建立，但是未区分近场与远场、脉冲与非脉冲地震动。HL11 模型同样忽视了脉冲特性的影响。GS14 模型基于 189 条近断层脉冲地震动建立，低估边坡永久位移值有两个可能原因：①所选地震动记录偏少，数据量不足；②忽视竖向地震分量的作用。SR08 模型基于 2383 条地震动记录建立，其地震动参数中包括 PGV，离散度相对其他模型较好。

由以上分析可知，已有位移预测模型，或者未区分远场与近场地震动，或者忽视脉冲特性的影响，或者未考虑竖向地震效应的作用，增加了模型的离散性，降低了预测某些特定地震动引起边坡永久位移值的准确性。

本节选取了其中 4 个具有代表性的刚塑性永久位移预测模型进行研究分析，详见表 6-4 中加*号的模型。取不同临界加速度 a_c 值（0.02g、0.05g、0.1g、0.15g、0.2g、0.3g、0.4g），计算所选位移预测模型预测值。将本节计算值 D_N 同模型预测值 D_P 相减，得到残差（$\log D_\mathrm{N}$-$\log D_\mathrm{P}$）。图 6-18 是各模型残差与不同地震动参数（PGA、PGV、I_a、M_w）的分布关系，图中黑色曲线是中值线。由图 6-18 可知，各模型的残差主要位于零轴上方，表明预测模型倾向于低估脉冲地震动引发边坡永久位移值。由以上分析可知，已有位移预测模型，或者未区分远场与近场地震动，或者忽视脉冲特性的影响，或者未考虑竖向地震效应的作用，增加了模型的离散性，降低了预测某些特定地震动引起边坡永久位移值的准确性。

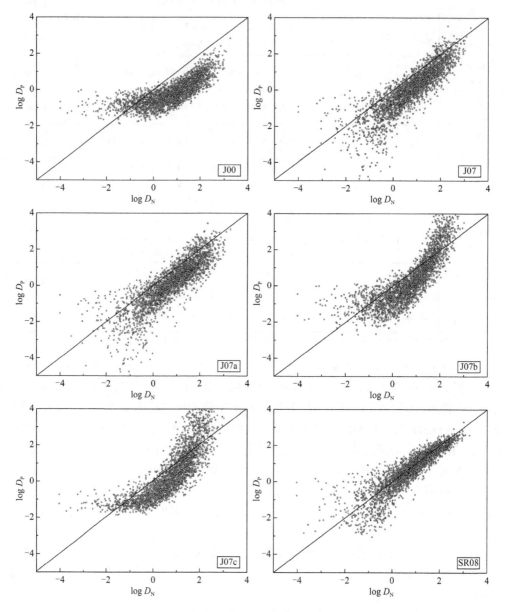

图 6-17　本节边坡永久位移计算值与不同位移模型预测值的分布关系

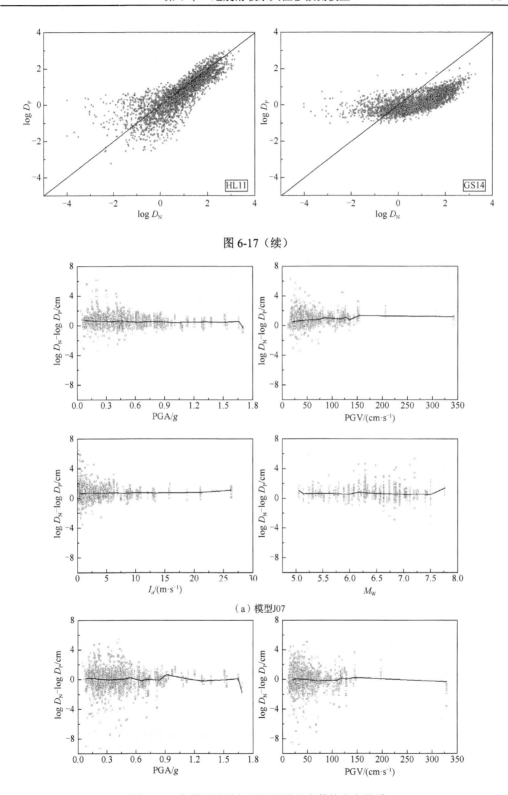

图 6-17（续）

（a）模型 J07

图 6-18　各模型残差与不同地震动参数的分布关系

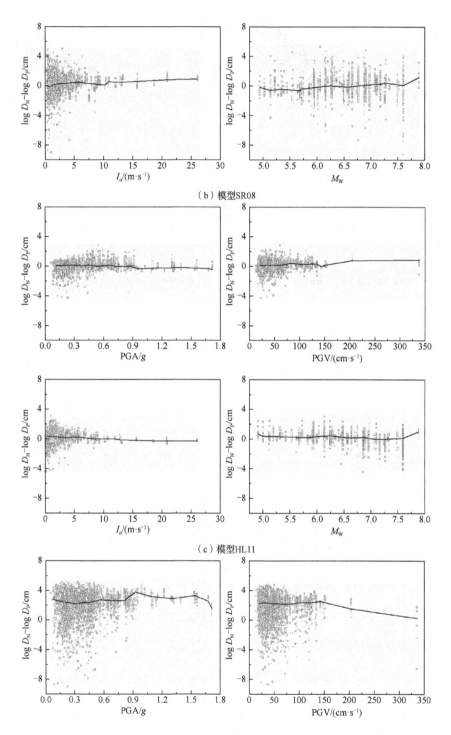

图 6-18（续）

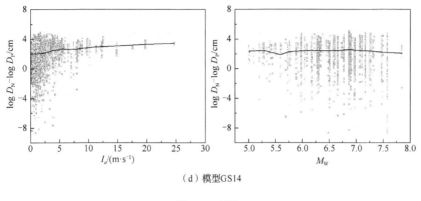

（d）模型GS14

图 6-18（续）

J07a 模型被广泛用来预测边坡永久位移值，基于本节计算值，给出了采用相同形式的本节预测模型 10 ［式（6-9）］。本节绘制了边坡永久位移值与临界加速度比（a_c/PGA）的关系曲线，如图 6-19 所示。由图 6-19 可知，J07a 模型虽然基于 2270 条地震动记录建立，但是未区分近场与远场、脉冲与非脉冲地震动记录，其预测值明显低估近断层边坡永久位移值。本节选取不同临界加速度 a_c 值（0.02g、0.05g、0.1g、0.2g），计算了本节边坡永久位移计算值（$\log D_N$）分别与 J07 模型、SR08 模型、HL11 模型、GS14 模型及模型 7 预测值（$\log D_P$）的差值。彩图 9 是不同模型的残差值分布情况。由彩图 9 可知，模型 7 表现最好，残差范围主要分布在±0.5 之间。

$$\log D_N = 0.537 + \log[(1 - a_c / \text{PGA})^{1.345} (a_c / \text{PGA})^{-1.336}] \pm 0.568 \tag{6-9}$$

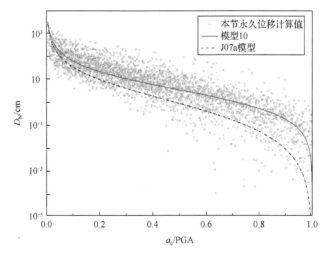

图 6-19　本节永久位移计算值与临界加速度比（a_c/PGA）的关系曲线

6.5　小　　结

本章通过新的脉冲识别方法建立了近断层脉冲数据库，并选用合理的地震动参数，拟合回归建立了基于近断层脉冲地震动的永久位移预测模型。主要结论如下：

（1）已有位移预测模型，或者未区分近场与远场地震动，或者忽视脉冲特性的影响，或者未考虑竖向地震效应的作用，增加了模型离散性，降低了预测某些特定地震动引起边坡永久位移值的准确性。

（2）通过对不同地震动参数与边坡永久位移值相关性分析发现，断层距 R、脉冲周期 T_p、震级 M_W、脉冲识别指标 E_R 与边坡永久位移值相关性差（相关性系数 R^2 值接近于 0）。峰值地震动加速度 PGA 适合多项式形式的回归，而峰值地震动速度 PGV、Arias 强度 I_a 更加适合对数形式的线性回归。

（3）通过回归分析方法，本章采用基于峰值地震动速度 PGV、峰值地震动加速度 PGA、Arias 强度 I_a 建立的模型 7 为永久位移预测模型。该模型简单实用，可应用于近断层区域的滑坡地质灾害危险性评价。

第7章 地震滑坡危险性评价及区划

7.1 地震滑坡危险性评价方法

基于力学模型的地震滑坡危险性评价法最早是通过对地震边坡稳定性分析中的Newmark滑块法的研究得出的。在过去的研究中，人们通过计算边坡的静态安全系数来判断其稳定性，但该法不能考虑到场地和震源、断层之间的联系（Miles et al.，1999）。因此，有专家提出以边坡永久位移值来分析边坡稳定性，永久位移是结合边坡的几何特征、地质条件和地震荷载等多个影响因素计算得出的，可以很好地考虑到边坡自身性质和地面运动特征。基于力学模型法是指利用永久位移模型计算区域内各个滑坡单元的位移和滑坡概率的危险性评价方法（Jibson et al.，2000；Rodríguez-Peces et al.，2011；Chousianitis et al.，2014；Liu et al.，2018）。该法是基于Newmark滑块法计算地震作用下的边坡滑动位移值，根据产生滑移边坡的位置、位移大小和已知边坡破坏位置之间的相关性，对特定地震滑坡场景进行危险性分析。国际上主要利用该方法与GIS结合进行地震滑坡的危险性预测评估，并证实该法在区域性地震滑坡危险性分析中十分有效（Gaudio et al.，2003；Wang et al.，2016）。

该法本质上是利用Newmark动力滑块模型计算地震作用下边坡的永久位移值。Newmark滑块法可计算出滑体在滑面上的累积位移值，通过对位移值大小判断边坡的稳定性。由于该模型难以同时对一个区域内的多个边坡进行分析计算，学者们便建立了由边坡临界加速度和地震动参数组成的永久位移经验模型。

该法的具体步骤如下：

（1）获取研究区域所需的数据，包括历史地震引发滑坡编目图、DEM图、地质图、岩组单元的物理力学数据、地震动数据等。

（2）利用ArcGIS将获取到的数据进行栅格化处理，并结合GIS的数据计算功能计算出该区域内每一栅格单元的临界加速度值。

（3）选择一个永久位移经验模型，将需要的地震动参数数据也进行栅格处理，然后将地震动参数和临界加速度代入位移模型中，得到永久位移地图。

（4）结合历史地震滑坡数据和永久位移值建立的永久位移-滑坡概率统计关系，可求得滑坡概率，绘制滑坡灾害地图，完成危险性评价。

该方法能够很好地考虑到区域内各边坡的地形、岩性及不同位置的地震强度，因此被广泛用于区域地震滑坡危险性评价（图1-4）。

7.2　地震滑坡危险源震前辨识

基于改进力学模型的地震滑坡危险性评价方法可用于地震滑坡危险性预测的研究，滑坡极高危险区的辨识，为地震滑坡灾害评估提供依据。

7.2.1　鲜水河断裂带区域

1. 研究区域概况

自 1725 年开始记录地震事件以后，鲜水河断裂带区域内发生过的历史中大型强震约占整个川西地区地震总数的1/2，其中包括 8 次 $M_S \geqslant 7.0$ 级的地震事件和 14 次 $M_S 6.0 \sim$ $M_S 6.9$ 级的地震事件（郭长宝 等，2015）。该断裂带由多条分支断裂带组成，主要包括炉霍段、道孚段、乾宁段、雅拉河段、色拉哈段、折多塘段和磨西段，多个分段滑动速率较高（表 7-1）。

表 7-1　鲜水河断裂带各段滑动速率及强震复发间隔

断裂带	水平滑动速率/（mm·a⁻¹)	强震复发间隔/年	最晚一次地震的离逝时间/年
炉霍段	>10	131～163	37
道孚段	>10	70～96	29
乾宁段	>10	84～118	117
雅拉河段	1～2	上千	
色拉哈段	>5	230～350	285
折多塘段	>3	230～350	55
磨西段	>5	360～490	224

炉霍段位于卡苏北西侧一带至南西仁达乡附近，全长约为 90km，走向约为 315°，由一系列短的次级断裂组成；道孚段北起炉霍县章达村北侧一带，向 SE 至冻坡附近，总体走向为 310°～325°，全长约为 85km；乾宁段北起道孚县东格西村，向 SE 经葛卡乡、龙登坝至惠远寺南段，走向约为 325°，长约为 62km；雅拉河段包括中谷断裂和雅拉河断裂两段，其中中谷断裂总体走向约为 NWW（北西西），长约为 12km，雅拉河断裂总体走向约为 320°，长约为 31km；折多塘断裂由北自康定机场东侧经折多山山口、二台子道班，至南折多塘村附近，总体走向约为 320°，长约为 30km；磨西段是鲜水河断裂带的最南端，南端与安宁河断裂带北段交会，该段的地表破裂不连续，但局部断面较为清晰，全长约为 90km，总体走向约为 330°（李东雨 等，2017）。

学者们针对鲜水河断裂带各段进行了滑动速率的研究，发现鲜水河断裂带自晚第四纪以来滑动速率较大，其中炉霍段、道孚段、乾宁段的水平滑动速率达到 10mm/a 以上，色拉哈段及磨西段水平滑动速率大于 5mm/a，折多塘断裂大于 3mm/a，雅拉河段为 1～2mm/a（郭长宝 等，2017；周荣军 等，2001；陈桂华，2006）。

鲜水河断裂带构造活跃，断裂带附近的岩土体具有结构破碎、裂隙发育等特点，因此该地区的滑坡、泥石流等地质灾害十分严重，具有灾害密度大、频率高、速度快等特点（郭长宝 等，2015；熊探宇 等，2010；闻学泽，1989）（彩图 10）。滑坡灾害主要分布在炉霍县、道孚县、老乾宁和康定附近，呈沿着断裂带分布的特点。

闻学泽（1988，1990）对鲜水河断裂带各段的历史地震和复发间隔做了分析，发现乾宁段、色拉哈段和磨西段在未来存在发生特征地震的风险，这说明该区域的交通工程、建筑和居民都时刻面临着地震及地震诱发的滑坡等地质灾害带来的危害。

如彩图 11 所示，本节选取一个长约 48km、宽约 41km 的矩形区域作为研究区域，该区域涵盖三条断裂带和多条交通路线。

中国地震局采用概率地震危险性分析法对全国潜在震源区进行了震级划分，并编制了相关标准。在划分震源区时，地质工作者们对中国大陆及邻区的地质构造、地震构造等相关内容进行了考虑。由彩图 12 可知，鲜水河断裂带区域可发生的最大地震面波震级为 8 级，地震危险性较大，若发生地震会对铁路的修建、运营造成重大影响。因此，基于表 7-1 中各段滑动速率及强震概率信息，本节工作将以鲜水河断裂带色拉哈段为发震断层，假设该段发生 M_S 8.0 级地震，分析地震诱发的滑坡对该区域的危险性等级。

Kiureghian 等（1977）针对断层破裂长度和震级的关系提出了断层破裂模型，并提出场地某一点的地震强度仅由该点到断层破裂面的距离和震级决定。除此之外，还有许多学者针对震级和地表破裂长度之间的关系做了研究，并得出以下关系：

$$M_S = 1.70 \lg L + 3.79 \quad \text{（国家地震局，1973）} \tag{7-1}$$

$$M_S = 2.10 \lg L + 3.30 \quad \text{（国家地震局西南烈度队，1977）} \tag{7-2}$$

式中，L 为地表破裂长度。

由国家地震局（1973）得到的震级和地表破裂长度关系式可知，若发生 M_S 8.0 级地震，地表破裂长度约为 299km；由国家地震局西南烈度队（1977）得出的关系式可知，地表破裂长度约为 155km。因此，在本节中假设此次地震造成的地表破裂长度为 200km。

2. 研究数据

完成该区域地震滑坡危险性分析所需资料如下：高精度 DEM 数据（来源于 USGS）；地质图（来源于全国地质资料馆）；岩土体物理力学参数（黏聚力、内摩擦角、岩土体重度）。

利用 ArcGIS 将这些数据进行栅格处理，并使用栅格表面功能将高程数据转化为坡度，数据资料见彩图 13（坡度小于 10° 的区域不进行分析计算）。该研究区域的高程最高为 5870.74m，最低为 1406.08m，高程差约为 4500m，其中东部的地势高差较西部更大。从区域坡度图中也可发现，西部区域坡度基本小于 40°，而东部有部分边坡坡度高于 50°（彩图 14）。

基于极限平衡法，采用式（7-1）计算区域内边坡的静态安全系数 FS。根据前人的野外调查结果及经验，取岩土体重度 $\gamma = 18$kN/m³，地下水重度 $\gamma_w = 10$kN/m³，潜在滑体厚度 $t = 2.5$m，$m = 0.3$（m 为潜在滑体中饱和部分与总滑体厚度的比例）；c 和 φ 根据 Zhang 等（2017）中的岩土体组力学参数取值。安全系数分布图见彩图 15，其中 FS = 1 代表边坡在静力作用下处于临界状态，安全系数越大代表边坡越趋于安全。

根据式（7-2），已知 FS 值，可得临界加速度 a_c 分布（彩图 16）。在施加外力作用相同的条件下，a_c 值越小说明边坡发生位移的可能性越大。根据彩图 16 可知，该区域断层以西的边坡稳定性较好，安全系数较大，而断层以东的区域可能更易发生滑坡灾害。

7.2.2　地震动参数分布

鉴于本书的研究对象为构造复杂、靠近断层的交通沿线区域，而目前的衰减模型都未对地震动脉冲效应加以考虑，忽略了脉冲效应对边坡的影响，因此本节将选取靠近断层的脉冲记录建立适合近（跨）断层的交通沿线区域的地震动衰减模型。

地震动参数通常用来表示地震动的强度，体现了地震动幅值、频谱和持时等要素。PGA 和 PGV 为地震动时程中某一时间点的最大值，其中 PGA 是地震边坡工程领域中最常用到的地震动参数，PGV 是由 PGA 对时间进行一次积分得出的。阿里亚斯烈度是由 Arias（阿里亚斯）提出的，包含了地震动持时、幅值等信息，常被用于地震灾害危险性分析（李伟 等，2017）。以往的研究表明 PGA 和 PGV 具有显著相关性，通常可用 PGA 值代替 PGV 值或者建立模型进行转换。图 7-1 和图 7-2 分别为从 NGA 数据库中收集到的 22144 条地震动记录和 6.1.2 节基于脉冲峰值速度 PGV_p 和脉冲能量率 ER_p（%）的脉冲指标 E_R 收集的 594 条脉冲型地震动 PGA 和 PGV 的相关性分析。根据两者相关性大小可以得出，一般地震动的 PGA 和 PGV 具有显著相关性，而脉冲型地震动中两者只具有微相关性，该结论在 Song 等（2016）中也有体现。因此，本章将选取 PGA、PGV 和 I_a 三个参数分别建立相关的衰减模型。

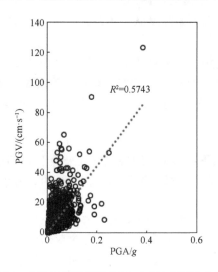
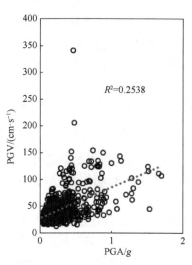

图 7-1　22144 条地震动 PGA、PGV 相关性分析　　图 7-2　594 条脉冲型地震动 PGA、PGV 相关性分析

本章建立的模型地震动记录选自 6.1.2 节收集的脉冲型地震动。这些脉冲型地震动是基于脉冲指标 E_R 值大小进行区分的，当 E_R 值大于 0 时，则该地震动为脉冲型地震动。考虑到脉冲型地震动对地震滑坡的重要影响，本章选取了脉冲效应较为明显的地震动记录（$E_R>1$）；又考虑本节主要针对地质构造复杂的近断层区域，限制地震动记录的断层距小于 80km，因此，本章选取了 370 条脉冲型地震动记录，地震震级范围为 $M_W 5.0 \sim M_W 7.62$，断层距 R 为 $0 \sim 80km$，其中震级 M_W 与断层距 R 分布如图 7-3 所示。图 7-4、图 7-5、图 7-6 分别为选取的 370 条脉冲型地震动的 PGA、PGV、I_a 与断层距的分布图。

从图中可以看出，3 个参数基本都呈随断层距增大而逐渐减小的趋势，3 个参数均可以有效地进行衰减模型的建立。

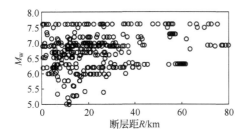

图 7-3　选取的 370 条脉冲型地震动震级 M_{W}
与断层距 R 的分布图

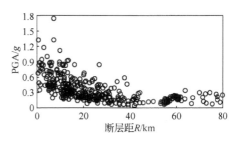

图 7-4　选取的 370 条脉冲型地震动 PGA
与断层距 R 的分布图

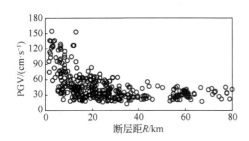

图 7-5　选取的 370 条脉冲型地震动 PGV
与断层距 R 的分布图

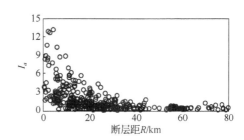

图 7-6　选取的 370 条脉冲型地震动 I_a
与断层距 R 的分布图

根据记录的编号和台站信息可以获取每一组地震动的震级、断层距、PGA、PGV、I_a 的值。结合既有的地震动衰减关系，选用以下模型形式进行回归：

$$\lg Y = b_1 + b_2 M_{\mathrm{W}} + b_3 M_{\mathrm{W}}^2 + b_4 \sqrt{\ln(R_{\mathrm{jb}}^2 + R_0^2)} \qquad (7\text{-}3)$$

式中，Y 代表 PGA、PGV、I_a；b_1、b_2、b_3、b_4 为回归参数；R_{jb} 为 Joyner Boore 距离；R_0 为断层影响距离。

根据已有的研究，将 R_0 取为 5km、10km、15km，根据最小二乘法回归原理进行多元线性回归拟合分析，得到地震动峰值加速度、地震动峰值速度及阿里亚斯强度衰减模型，见表 7-2。

表 7-2　地震动峰值衰减参数

回归参数	R_0/km	PGA	PGV	I_a
b_1		−0.481	−0.601	−5.440
b_2		0.476	0.883	2.160
b_3	5	−0.033	−0.055	−0.136
b_4		−0.732	−0.503	−1.172
标准偏差ε		0.211	0.160	0.267
b_1	10	0.755	−0.019	−4.007
b_2		0.275	0.798	2.015

回归参数	R_0/km	PGA	PGV	I_a
b_3		−0.016	−0.048	−0.124
b_4	10	−0.963	−0.634	−1.548
标准偏差 ε		0.200	0.158	0.260
b_1		0.876	0.153	−3.680
b_2		0.280	0.782	1.987
b_3	15	−0.017	−0.047	−0.122
b_4		−1.013	−0.664	−1.635
标准偏差 ε		0.201	0.160	0.264

结果发现 R_0 的取值对结果影响较小，根据 ε 大小选取 $R_0=10\text{km}$ 的衰减模型进行地震动参数计算，衰减模型如下：

$$\lg \text{PGA} = 0.7554 + 0.2747 M_\text{W} - 0.0164 M_\text{W}^2 - 0.9626\sqrt{\ln(R^2+100)} \tag{7-4}$$
$$\varepsilon = 0.20$$

$$\lg \text{PGV} = -0.0194 + 0.7978 M_\text{W} - 0.0479 M_\text{W}^2 - 0.6337\sqrt{\ln(R^2+100)} \tag{7-5}$$
$$\varepsilon = 0.16$$

$$\lg I_a = -4.0069 + 2.0150 M_\text{W} - 0.1239 M_\text{W}^2 - 1.5482\sqrt{\ln(R^2+100)} \tag{7-6}$$
$$\varepsilon = 0.26$$

部分学者指出，地形地貌对地震波具有一定的放大效应，是边坡稳定性研究中需要考虑的问题。目前，许多学者采用实测地震分析、理论分析、试验研究及数值模拟等方法进行了地震边坡响应的研究，发现地震波在较为凸出的地形、山脊处具有显著的放大效应，且放大系数和坡度具有正相关关系（周兴涛 等，2014；蒋涵 等，2015）。因此，本节将针对研究区域内边坡的坡度大小将其分为 4 类分别考虑地形放大效应：当坡度 $\alpha <$ 15° 时，放大系数 $\beta = 1.0$；当坡度 15° $\leqslant \alpha <$ 30° 时，放大系数 $\beta = 1.2$；当坡度 30° $\leqslant \alpha <$ 45° 时，放大系数 $\beta = 1.4$；当坡度 $\alpha \geqslant$ 45° 时，放大系数 $\beta = 1.6$（Rodríguez-Peces et al.，2014）。

已知设定地震震级为 $M_\text{S} 8.0$，根据面波震级和矩震级之间的关系式 [式（7-7）] 可以得出发生 $M_\text{S} 8.0$ 级地震时的矩震级 M_W 大小约为 7.7。

$$M_\text{W} = 0.844 M_\text{S} + 0.951 \tag{7-7}$$

根据建立的考虑地震动脉冲效应且适用于近断层区域的地震动参数衰减模型，将震级和断层距 R 代入式（7-4）～式（7-6），并根据坡度大小考虑地形放大效应，得到地震动参数分布图。色拉哈断层发生 $M_\text{S} 8.0$ 级地震时地震动强度分布如彩图 17 所示。

7.2.3　永久位移及概率

根据 Newmark 刚塑性动力滑块法可以求得滑体的滑动位移，针对区域性研究采用永久位移预测模型进行位移计算。基于第 3 章的研究，本研究区域为近断层区域；同时为了考虑近断层地震动的脉冲效应，选择 6.3 节中建立的模型 7 进行永久位移值的计算。利用 ArcGIS 中栅格计算器功能将已得出的 a_c 分布图和地震动参数分布图（PGA、PGV、I_a）代入模型，最终得出该区域永久位移分布图（彩图 18）。通常，我们认为当计算的位移值大于某一值时可以假设该单元会发生滑坡,但对于实际地震滑坡来说,它还受到现场诸多因素的影响,如地震波的传播、作用方式,滑坡在运动过程中岩土体强度衰减等。因此,简单地以计算出的位移值作为评判一次地震是否会诱发滑坡是较为片面的。Jibson 等 (2000) 对地震滑坡位移值和实际地震滑坡数据进行了分析,即基于 ArcGIS 将滑坡编录图分割为栅格单元,对相应单元格计算出的位移值进行分析,选择 Weibull (韦布尔) 函数建立了滑坡位移和概率之间的关系 [式 (7-8)]。该概率函数同时考虑了计算位移值和实际滑坡情况,可以较好地评价地震滑坡危险性。

$$P(f) = m[1 - \exp(-aD_{\mathrm{N}}^{b})] \tag{7-8}$$

式中, $P(f)$ 为滑坡栅格单元的比例; m 为实际滑坡数据与预测发生滑坡数据的最大比例 (m 值越大,代表滑坡概率越大); D_{N} 为计算的永久位移值; a、b 为回归系数。

Zhang 等 (2017) 利用炉霍 7.6 级地震诱发的滑坡案例和边坡位移值进行了统计分析和改进,得到适用于鲜水河断裂带区域的地震滑坡位移-概率关系式 [式 (7-9)]。根据该式便可得出研究区域地震滑坡灾害图 (彩图 18)。

$$P(f) = 0.238[1 - \exp(-0.0034D_{\mathrm{N}}^{2.4354})] \tag{7-9}$$

7.2.4　讨论与分析

1. 近断层效应

根据滑坡概率可以将研究区域划分为不同的危险等级:低危险区 (P=0%～5%)、中危险区 (P=5%～10%)、高危险区 (P=10%～20%)、极高危险区 (P>20%)。根据以上计算结果,通过对极高危险区的栅格单元比例和断层距的分析,发现极高危险区中约62.55%栅格单元分布在断层距 10km 范围内,约 36.65%分布在断层距 10～20km 内,约0.80%分布在断层距大于 20km 的位置。该结果和鲜水河断裂已有的滑坡灾害与断层的关系相一致,并进一步证实了地震滑坡灾害的近断层分布特征 (图 7-7)。

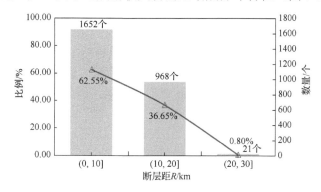

图 7-7　极高危险区 (P>20%) 的栅格单元数量及比例与断层距分布关系

2. 地形放大效应

本节对地震动峰值按照坡度大小进行了放大,为了研究地形放大效应的影响,本节以色哈拉段为发震断层,计算了不考虑地形放大时的滑坡位移分布和概率分布。根据两者结果发现,考虑地形放大效应对结果有一定的影响,不考虑放大效应时计算出的最大位移值为 371.2cm，考虑放大效应时为 444.61cm。由彩图 19 发现，（c）的（极）高危险区（P>20%）明显多于（d），因此计算了是否考虑地形放大效应两种情况下的（极）高危险区占 4 个分区总和的比值，发现考虑地形放大效应时危险性更高，其中极高危险区比例约为不考虑地形放大效应的 2 倍（图 7-8）。以上结果说明，不考虑地形放大效应可能无法识别出如研究区域靠近北面和西面的部分危险区域，导致忽略某些边坡的不稳定性。考虑地形放大效应能识别出更多的地震滑坡危险区域，为该区域不稳定斜坡的研究提供依据。

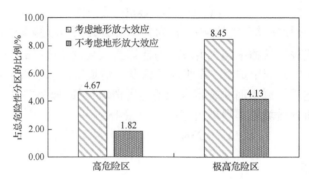

图 7-8　是否考虑地形放大效应情况下（极）高危险区占总危险性分区的比例

3. 与其他模型对比

本节选取了 Jibson 等（2000）在 Northridge 地震滑坡危险性评价研究中建立的永久位移模型（J00），对色拉哈段发生地震的滑坡概率进行了分析，结果见彩图 20。从位移分布图来看，基于 J00 模型计算的最大位移值为 1865cm，大于基于改进力学模型计算的位移值，但整体位移值偏小。分别统计各危险区的栅格单元数量，其中，基于改进力学模型的低危险区约占 4 个危险区总栅格数量的 83.7%，中危险区约占 3.2%，高危险区约占 4.7%，极高危险区约占 8.4%（图 7-9）；基于 J00 模型的低危险区约占 4 个危险区总栅格数量的 92.8%，中危险区约占 2.4%，高危险区约占 2.0%，极高危险区约占 2.8%（图 7-9）。根据改进力学模型和 J00 模型在色拉哈段地震下滑坡的位移分布和概率灾害图可知，基于改进力学模型计算的整体位移值更大，且（极）高危险区分布范围更广。改进力学模型的极高危险区面积约为 J00 模型的 3 倍，因此，J00 模型可能低估了部分区域的滑坡危险性。

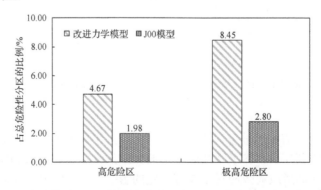

图 7-9　基于改进力学模型和 J00 模型的地震滑坡（极）高危险区占总危险性分区的比例

　　以色拉哈段为例（考虑地形放大效应），由彩图 21 可知，中高危险区基本集中在雅拉乡附近、康定东侧高山区域及沿雅拉河西侧的边坡，而断层以西的滑坡危险性较低。线路横穿发震断层（色拉哈段），并且可能穿过滑坡（极）高危险区，为线路的修建和运营带来潜在危害。为了更加直观地描述地震滑坡对线路的影响，本节还统计了距线路一定距离范围内的极高危险区（$P > 20\%$）的栅格单元数量和比例，如图 7-10 所示。由图可知，约 5% 的极高危险区位于线路 1km 范围内，表示这些危险区域一旦发生滑坡，极大可能会对线路造成危害；约 30% 的极高危险区位于线路 5km 范围内，这表示近 1/3 的危险区会给线路带来潜在的影响。

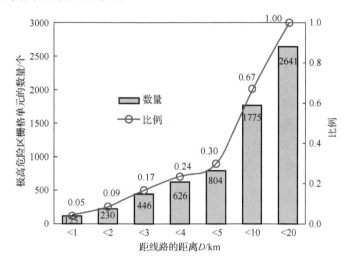

图 7-10　研究区域内极高危险区与距线路的距离（D）的关系

　　该区域内的 G318 和雅康高速也会受到地震滑坡的影响。康定以东国道 318 两侧及雅康高速隧道出口附近的边坡危险性较高，面临着地震滑坡灾害的威胁。因此，若色拉哈段发生地震，则雅拉乡及康定附近极大概率会发生滑坡，这将造成该范围内铁路、公路等道路损坏，交通瘫痪，给救灾减灾带来阻碍。

　　根据地质专家的现场勘察，发现该区域交通工程沿线有部分滑坡和危岩等不良地质体，对线路有潜在影响。这些边坡分别位于宝灵山隧道出口、跑马山隧道进出口、康定车站、康定隧道进口、折多塘隧道进出口。根据本研究结果可知，有几处不良地质体边坡也是地震滑坡的高危险区，因此这几处不稳定斜坡应做重点勘察。折多塘附近及其隧道口的不良地质体均为滑坡、岩崩等的堆积物，这些边坡可能在发生过地质灾害后趋于稳定状态，也可能在外力（如地震等）作用下发生再次滑动，因此也需要对这些边坡进行勘探。

　　该结果也可为交通线路的设计提供依据，即基于危险性地图并结合现场调查，对这些区域提前做好勘察、防护等，以避免灾害的发生；也可选择更加安全的线路和施工方法，规避滑坡给交通工程带来的不利影响。

7.3　小　　结

本章通过地震滑坡历史反演对多个永久位移模型的危险性评价表现做了比较分析，选择了评价结果较准确的基于改进力学法的脉冲型地震动永久位移模型，对鲜水河断裂带区域进行地震滑坡危险源辨识，主要结论如下。

（1）通过地震滑坡历史反演结果发现，在近断层区域地震滑坡危险性分析时，建立永久位移模型可选择中大型地震产生的地震动记录或脉冲型地震动记录，这样可以尽量减少因低估地震滑坡危险性带来的隐患。

（2）基于改进 Newmark 法的永久位移模型在地震滑坡危险性评价中表现出较高的准确性，适合用于近断层区域地震滑坡危险性分析。

（3）不同发震断层、不同永久位移模型对危险源辨识结果均有一定影响。

（4）以色拉哈段为例（考虑地形放大效应），由危险源辨识结果发现，断层以西的大部分区域发生滑坡的概率较低，东部雅拉乡附近等区域边坡危险性较高，约 30% 的极高危险区分布在距线路 5km 范围内。因此，在地震滑坡的高危险区修建铁路或建筑物时应当做好前期的勘察工作，对潜在危险性较高和不稳定的边坡提前做好防护。

第8章　地震边坡动力响应特性研究

8.1　研究背景及意义

随着我国经济的发展，经济建设越来越深入西部多山地震高发区，各种建筑物和构筑物不可避免地需要建立在山地环境中。山区发生地震时会引起各种严重的地质灾害，主要包括滑坡、泥石流、落石、崩塌等，这些灾害给人民生命财产造成重大损失。

震害调查统计表明，滑坡是地震诱发的主要地质灾害之一，特别是在山区和丘陵地带，地震诱发的滑坡数量众多、分布广泛、危害性极其严重。例如，1973 年四川炉霍发生 7.9 级地震，诱发各种规模滑坡 137 处，滑坡面积达到 90km^2。2008 年汶川地震是中国近百年来在人口较为密集的山区发生的破坏性最强、受灾面积最大、救灾难度最大、灾后重建最为困难的一次强震灾害。据估算，汶川大地震所触发的滑坡、崩塌总数量达 4 万~5 万处，其中对人员安全构成直接威胁的灾害隐患点就达 12000 余处；规模大于 1000 万 m^3 的滑坡达 30 余处。由此可见，地震造成的边坡失稳会对人身和财产造成重大损失，因此边坡在地震条件下的稳定性问题成为地球科学中需要重点研究的问题。

边坡的地震稳定性研究是一个综合性的问题，影响因素多，且因素间关系复杂，根据现有的研究现状可以将其分成 3 类。①边坡地震响应的震源效应。震源效应是指由于发震机制的不同、震源与边坡的相对位置差异、震源深度不一、地震波传播路径复杂、地震波入射角度不同，使地震波到达边坡后的波形和能量也不尽相同，从而影响地震波在坡体里的传播情况。②边坡地震响应的地质效应。地震波的传播需要依靠一定介质进行，由于坡体地质构成成分和结构的复杂性，地震波在坡体内的传播情况具有不确定性。特别是在具有节理面的岩质边坡中，由于节理面的存在，地震波在节理面位置发生反射和折射，能量的传递与耗散更复杂，因而地质效应是边坡地震稳定性研究中需要重点考虑的问题。③边坡地震响应的地形效应。地形效应是指由于边坡的几何形态、高度、坡度等地形因素使地震能量在坡体内不均匀分布。1971 年 Davis（戴维斯）等在 San Fernando 地震的余震测量中发现山顶的地震加速度与山脚的地震加速度相比成倍增长。这说明地形是边坡地震响应和地震稳定性研究中重要的影响因素。

边坡的地震响应与稳定性问题已经成为岩土地震工程界需要解决的关键问题，国内外许多学者就斜坡地震响应的问题进行了一系列研究，但对于各方面因素的综合考虑还不够全面。本章旨在通过 FLAC3D 数值模拟技术，在已有研究基础上对边坡的地形效应和地质效应作一定总结，对边坡地震响应的震源效应进行一定探索。地形效应方面，本章对二维边坡不同坡面形态下地震响应规律进行分析和总结；地质效应方面，针对汶川地震中大量出现的含软弱夹层斜坡破坏问题进行一定研究，考虑不同软弱夹层特性对斜坡稳定性的影响；震源效应方面，根据许强等对汶川地震滑坡统计可知，汶川地震大型滑坡分布具有明显的近断层特征，目前关于近断层地震动对斜坡的动力响应影响研究还较少，本章希望在这方面做一些探索性研究工作。总体来说本章由 3 部分构成：边坡地形效应研究、含软弱层边坡地形响应研究、近断层脉冲地震动作用下边坡地震响应研究。研究结论有利于更深入地理解斜坡地震响应与稳定性问题，希望研究结果能为边坡抗震工作做出一定贡献。

8.1.1 边坡响应地形效应研究现状

人们在实际的地震观测中很早就认识到地形会引起地表加速度的放大或者缩小。Davis 等在 1971 年 San Fernando 地震监测中发现边坡对地震波具有放大效应，地震中 Pacoima 坝肩山体监测到幅值高达 1.25g 的加速度。自人类从地震记录中观测到地形对加速度具有放大作用以来，地形对边坡动力响应与稳定性的研究就从未停止过。这些研究采用的方法大致可以分为 4 类，分别是实测地震分析、理论分析、试验研究、数值模拟。

1）实测地震分析

实测地震记录是分析地震响应规律最真实的资料，自 1940 年在美国埃尔森特罗（El Centro）人类第一次真正监测到地震记录以来，随着地震台站的出现和普及，收集到了大量地震波监测数据，其中不乏出现由于地形造成的地震加速度分布异常现象。

Davis 等基于 1971 年 San Fernando 地震的余震监测数据，发现卡吉尔山（Kagel Mountain）山脊和约瑟芬山（Josephine Peak）山脊顶部速度相对于底部分别放大了 4.08 倍和 2.25 倍。1968 年内华达州地下核爆试验，导致了托诺帕（Tonopah）城附近的巴特勒山（Butler Mountain）山脊顶部速度相对底部的速度放大 2.46 倍。Pedersen 等（1994）对法国阿尔卑斯山脉的 Mont St. Eynard 的地震数据进行了研究，发现山脊侧面顶部相对于山脚谱比高达 4.0。

胡聿贤等总结了我国在早期几次地震中观测到的由地形效应导致的宏观破坏现象：1970 年通海地震，处于局部孤立凸出地形上的村庄比平地上相似地基上村庄震害更严重；1975 年海城地震，高出河床 100m 左右的村庄比河谷两岸的村庄地震烈度高 1 度；1976 年唐山地震，在迁西县景忠山附近，高度相差约为 300m 的山顶和山底，烈度相差 3 度之多。此外，在 2008 年汶川 8.0 级地震中，分析自贡西山公园的强震动观测台阵记录，发现山包地形对地震加速度分布具有明显影响，从山脚到山顶的 7 个基岩场地台站的地表峰值加速度基本呈现出逐渐增大的趋势。在 2013 年芦山 7.0 级地震中，泸定冷竹关沟两岸斜坡的主震监测数据表明，右岸斜坡坡顶的 PGA 放大系数达到 6.9，其阿里亚斯强度放大数十倍，表现出了显著的地形效应。

2）理论分析

理论分析是解释边坡地形效应最接近数学解的方法，目前对边坡地形响应的理论分析主要集中在解析分析方面，也就是对实际情况做了一定的简化假设，但仍不失为揭示边坡地形效应机理的好方法。

国内外学者对边坡地形响应的理论分析做出了大量贡献，主要针对二维平面问题。Ashford 等（1997）提出了边坡的响应细分为地形放大效应、场地放大效应和表面放大效应，并推导了相应的计算方法。基于陡峭斜坡模型，Ashford 等计算了时域上 SH 波和 SV 波作用下，水平向和竖直向加速度的放大量。在水平方向上，地震波的斜入射地形放大效应和表面放大效应均比垂直方向的大，且随入射角的增大而增大；但斜入射时场地放大却呈现了相反的现象。由此表明，在 SH 波作用下，边坡地震响应受到入射角度的影响。Ashford 等还发现当斜坡高度和入射波长的比值为 0.2 时，坡顶放大达到最大。

袁晓铭等（1995，1996）率先利用波函数展开法和分区思想针对弹性半空间表面一任意圆弧形凸起边界对平面 SH 波的散射进行了研究。研究结果表明，当垂直入射波的波长等于或稍短于凸起地形特征宽度时，山顶处的平面位移幅值响应最大，且对入射波具有显著放大作用。凸起地形的地面位移随着高宽比的增大而增大，对于高宽比为 1 ∶ 2、1 ∶ 4 和 1 ∶ 8 的情形，当地震波垂直入射时，山顶位移比无凸起地形的自由场位移有不同程度增加，而山脚则有不同程度降低。

3）试验研究

边坡响应的试验研究是指在充分做好调研分析和准备工作之后利用室内或者室外条件，合理规避实际地震中的次要因素，通过采集试验数据和观察试验现象，分析主要因素对边坡响应的影响，主要形式有室内的振动台试验和室外的爆破试验。在对边坡的动力响应试验研究中国内外科研工作者做了大量工作（Wood et al.，2015；Liu et al.，2013）。

王思敬（1977）在国内最早通过振动台试验研究了具有单一滑动面的岩体的稳定性问题，取得了很多成果。2008 年汶川地震之后，国内各科研机构开展了大量关于地震的研究，其中不乏相关试验，比较有代表性的研究如下。

刘汉香等（2012，2015）在重庆市交通规划研究院大型振动台上开展了一系列试验，试验采用单面斜坡对称放置的方式，同时选用了不同的岩性组合，大大节约了试验成本。试验结果表明：①斜坡模型坡面各高程点的水平向和竖直向 PGA 随震动强度增加而增大，而 PGA 放大系数随着震动强度增加逐渐减小并趋于稳定，由此表明，天然波作用下加速度响应强度随着震动强度增加而减弱；②竖直向加速度响应随着震动强度增加的非线性特征较弱；③水平向加速度沿高程表现出放大效应，且随着震动强度增加而增大，简谐波作用下模型上段放大效应相对明显，与此相应的天然波作用下上段放大效应逐渐减弱；④在简谐波作用下比较同等强度下同一高程点的水平向和竖直向 PGA 值的相对大小，发现在模型响应强烈的上段，尤其是坡顶，水平向 PGA 值大于竖直向 PGA 值，且随着震动强度增加，比值（边坡高度为 h 的坡面 PGA 与坡脚 PGA 之比）有所减少；⑤在水平向地震力作用下，上硬下软岩性组合结构斜坡的加速度响应相对强于上软下硬岩性组合斜坡，而在竖直向地震力作用下，则呈现出相反的结果。

董金玉等（2011）对顺层岩质边坡进行了振动台试验研究，得到了如下结果。①地震波输入频率对坡体动力响应具有明显的影响，随着频率的增加，越接近边坡的自振频率，坡体加速度放大效应越显著。通过和均质边坡振动台试验加速度监测数据对比发现，坡体结构对坡体加速度放大系数也有一定的影响，结构面对地震波的反射和折射作用增强了边坡的动力响应。②根据对试验过程中坡体破坏特征的描述和分析发现，地震作用下坡肩首先出现拉张裂缝并在坡表一定深度内向下发展贯通，边坡的整体破坏过程为地震—坡肩拉裂张开—坡面中部出现裂缝—裂通—发生高位滑坡—转化为碎屑流—堆积坡脚。

4）数值模拟

数值模拟方法是利用计算机技术对物理现象进行数值求解的方法。随着计算机性能的提升以及计算理论的优化，数值模拟方法的简便性以及对物理过程良好的重现能力，使其得到广泛应用。

目前研究边坡地震响应问题采用的数值模拟方法主要有有限元法、有限差分法、快速拉格朗日元法、离散元法、非连续变形分析方法、流形元法等。以上数值模拟方法根据基本理论的不同可以分为两大类，其中有限元法、有限差分法、快速拉格朗日元法是基于连续介质的方法，可以用于看作连续介质的边坡计算；离散元法、非连续变形分析方法则主要适用于看作不连续介质的边坡；流行元法对于看作连续介质和不连续介质的边坡都适用。国内外学者大量采用的数值分析方法主要包括有限元法、离散元法以及快速拉格朗日元法。

刘春玲等（2004）利用 FLAC3D 对某边坡进行动力分析，认为地震会造成边坡产生永久位移。

徐光兴等（2008）利用有限差分软件对振动台试验进行了验证，并建立不同工况，分析了坡面位移场分布、加速度放大比以及沿坡面的频谱特征，认为边坡对地震波具有垂直放大作用和临空面放大作用，输入地震动的频谱特征会影响坡面加速度放大系数，边坡模型对地震波低频部分具有放大作用，对高频部分存在滤波作用。

李新平等（2005）基于强度折减原理，利用 FLAC3D 软件研究了岩土体边坡极限状态确定方法，利用最大节点位移增量是否稳定作为边坡极限状态判定准则，减少了已有方法的主观性，提高了计算精度。

8.1.2　边坡响应地质效应研究现状

边坡响应的地质效应是造成边坡地震响应差异性的另一个重要因素。边坡响应地质效应是指边坡所在位置岩土体类型、结构、地质构造等工程地质条件异同造成边坡地震响应不同。1906 年，美国加利福尼亚州旧金山（San Francisco）地区发生里氏 7.8 级强震，造成处于人工填土上的建筑物严重破坏，而处于同一区域内坚硬岩石上的建筑物却几乎没有破坏，可见地质条件会造成不同的地震响应。

边坡响应的地质效应包括了众多因素，边坡自身体现为坡体岩土体类型、结构及其水文地质情况等，地质效应中对边坡响应影响最大的是坡体的材料和结构问题。2008年汶川地震中出现了大量的顺层岩质滑坡，其中很多坡体结构中含有软弱层，如汶川地震中最大体量滑坡——大光包滑坡。本章在边坡的地质效应方面主要对含软弱层边坡的地震响应情况进行研究，故在此仅对含软弱层斜坡地震响应情况进行概述。汶川地震之前，国内对于含软弱层斜坡的动力稳定性研究还不多，2008 年汶川地震中出现了大量的斜坡破坏，其中不少斜坡都是含有软弱层的斜坡，科研人员开始关注软弱夹层对斜坡的动力响应影响。

黄润秋等（2016）对汶川地震中的大光包滑坡进行了工程地质分析，认为大光包滑坡中滑带发育的地质基础是滑前坡体内部发育的层间剪切错动，坡体沿相对软弱的层间错动带分离。

殷跃平等（2012）对大光包滑坡的地质结构进行了分析，明确指出滑坡母岩存在多组软弱带特征，同时用 FLAC3D 对大光包地形进行了数值模拟研究，指出大光包滑坡地震动力响应较为复杂，沿高度和坡度的趋向性和节律性不明显。

范刚（2016）借助大型振动台试验和理论分析对含软弱夹层斜坡的地震响应机理进行了分析，发现顺层边坡坡面加速度随相对高程的增加而增加，软弱夹层饱水前水平方向加速度放大系数大于饱水后，水平方向地震波在由坡脚向坡顶传播过程中高频部分（3~16Hz）被明显放大，并出现了双峰值现象，垂直方向地震波频谱特征基本没有受到边坡的影响。

李鹏等（2013）基于通用离散单元法程序（universal distinct element code，UDEC）技术研究了含软弱层边坡的厚度、倾角、埋深等对边坡地震响应的影响，并对不同软弱层参数对斜坡的动力响应影响权重进行了排序：倾角>埋深>弹性模量>剪切刚度>厚度和泊松比。

黄润秋等（2003）针对软弱层的弹塑性参数对地震波的放大效应进行研究。结果表明，软弱层波速不大于围岩波速的 30%时，会在特定的频率上产生相当显著的地震动放大作用。黄润秋等认为软弱层的放大作用主要与软弱层的波速有关，而与密度及品质因素关系不大。

综合以上关于斜坡软弱层的研究成果可以看出，虽然含软弱层斜坡响应影响因素众多，但其中软弱层的埋深和角度问题属于岩体结构的问题，对于不同的斜坡需要进行针对性的研究。含软弱层斜坡的共性是软弱层的强度问题，本章将在这方面进行一定研究工作。

8.1.3　本章主要研究内容

边坡的地震响应问题涉及多方面因素，有必要对不同的因素进行研究。边坡的几何形态是影响边坡地形响应的重要因素，坡面形状直接影响地震波在坡体内的折射和反射，直接决定地震能量在坡体内部的分布；软弱层的存在会影响地震波在坡体内的传播情况，从而影响边坡的地震响应；脉冲型地震动中出现了大量的具有集中性的边坡破坏，对脉冲型地震动与边坡响应之间的关系值得进行探究。基于以上需求，本章的研究内容主要包括以下两点。

1）边坡地震响应地形效应研究

边坡的几何形态不同会造成边坡动力响应的差异性分布，本章从坡高、坡角、坡面形状 3 方面构建具有不同几何形态的二维边坡模型，通过分析坡面加速度放大比、速度放大比和加速度傅里叶幅值谱，研究几何形态对边坡地震响应的影响。

2）边坡地震响应地质效应研究

软弱层存在会改变坡体内部结构分布并影响地震波在坡体内的传播，本章建立不同软弱层强度边坡模型，输入不同幅值、波形的地震波，分析含软弱层边坡在地震作用下的加速度、速度、位移分布情况。

8.1.4　本章技术路线

本章技术路线图如图 8-1 所示。

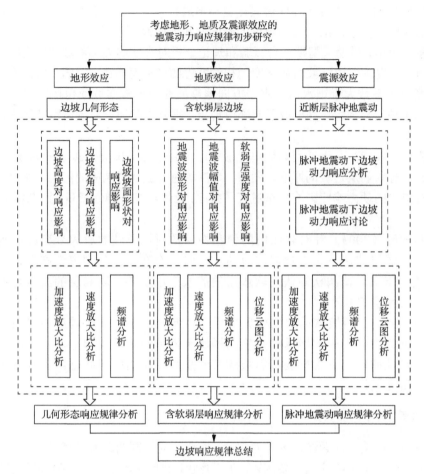

图 8-1　本章技术路线图

8.2　边坡地震响应地形效应研究

　　地形效应的分析是研究边坡地震响应的第一步问题。地震中边坡的稳定性研究、永久位移研究、灾难危害性分析都必须先了解坡体受到的地震激励情况。只有了解了边坡在地震中的响应情况，即边坡上各点加速度的方向和大小问题，才能准确分析边坡的地震稳定性。目前对于边坡地形效应的研究取得了丰富的成果，但针对边坡几何形态的研究还不够充分，不同几何形态对边坡动力响应的影响未进行总结性分析，因此本节将对边坡二维层面的地形效应做总结性分析。

　　地震中地震能量以地震波的形式传入坡体内部，坡体形态的不同造成地震波在坡体内部反射和折射，使坡体中加速度、速度、位移、应力、应变出现差异化分布，这是地震造成边坡破坏的主要原因。通过选取合适的表征量对边坡地震响应进行评价分析是研究边坡地形响应的重要手段，本节将选取加速度放大比对不同几何形态边坡的地震响应情况进行分析。

8.2.1　边坡模型

实际边坡中的材料构成较为复杂，为了便于研究几何形态对边坡地震响应的影响，本节研究中将实际的边坡几何形态进行了简化，选用均质模型，材料参数以实际人工边坡强度为工程背景，参照《工程地质手册》（第五版）进行参数选取。各参数取值见表 8-1。

表 8-1　坡体材料参数

弹性模量/Pa	泊松比	体积模量/Pa	剪切模量/Pa	内摩擦角/(°)	黏聚力/Pa	剪胀角/(°)	抗拉强度/Pa
$8.00×10^8$	0.22	$4.76×10^8$	$3.28×10^8$	35	$2.00×10^5$	35	$1.00×10^5$

为研究不同边坡几何形态对边坡地震响应的影响，需要对边坡几何形态进行数值再现。根据学者们对坡体形态的研究，坡体形态在二维层面主要包括坡角、坡高、坡面形状 3 类形态因素。本节拟对以上形态因素分别进行单因素变量分析，考虑坡角因素时选用平面坡，坡高取 40m，坡角分别取 26.57°（T_m_4）、45°（T_m_2）、56.31°（T_m_5）；考虑坡高因素时选用平面坡，坡角取 45°，坡高分别取 20m（T_m_1）、40m（T_m_2）、60m（T_m_3）；考虑坡面形状因素时，坡顶与坡脚的连线与水平面呈 45°夹角，坡高取 40m，坡面形态分别取平面坡（T_m_2）、凹型边坡（T_m_6）、凸型边坡（T_m_7）、台阶型边坡（T_m_8）。沿坡面从坡脚到坡顶布置 6 个测点，边坡形态见图 8-2～图 8-5。

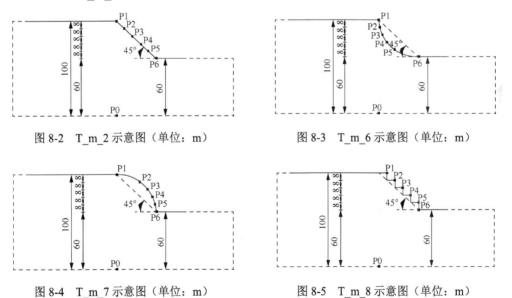

图 8-2　T_m_2 示意图（单位：m）　　　　图 8-3　T_m_6 示意图（单位：m）

图 8-4　T_m_7 示意图（单位：m）　　　　图 8-5　T_m_8 示意图（单位：m）

边坡模型会对输入地震波的不同频谱成分进行放大或者降低，了解模型的自振周期能够帮助我们更全面地分析边坡的地震响应问题，在此采用陈育明等推荐的方法，利用 FLAC3D 求解模型自振周期。基本原理是在动力计算模块下，通过设置正确的边界条件，不施加阻尼，仅在重力作用下求解。记录模型关键节点（坡顶）的速度和位移时程。在只有重力作用下模型会发生振荡，通过记录的速度时程和位移时程可以求得对应的振荡周期（即模型的自振周期）。模型基本信息见表 8-2。

表 8-2　地形效应模型汇总

编号	坡高/m	坡角/（°）	模型总高度/m	模型总宽度/m	坡面形状	自振周期/s
T_m_1	20	45	80	420	平	0.49
T_m_2	40	45	100	440	平	0.59
T_m_3	60	45	120	660	平	0.72
T_m_4	40	26.57	100	440	平	0.60
T_m_5	40	56.31	100	440	平	0.58
T_m_6	40	45	100	440	凹	0.59
T_m_7	40	45	100	440	凸	0.6
T_m_8	40	45	100	440	台阶	0.6

8.2.2　地震波输入及模型验证

现有的研究成果表明，坡体材料会对地震波中特定的频率进行放大，使在这些频率内边坡的加速度放大明显，因此在地震波选取上，考虑具有不同中心频率的地震波。这里选用了 3 条地震波分别是 Kumamoto（熊本）波、Northridge 波、El Centro 波。Kumamoto 波是 2016 年 4 月 16 日日本九州地区发生的 7.3 级地震中，位于熊本县的 KMMH16 台站监测到的 E-W 方向分量；Northridge 波是 1994 年 1 月 17 日发生在美国洛杉矶 Northridge 地区的 6.6 级地震中，Pacoima Dam（upper left abut）台站监测到的地震波中垂直于断层方向的水平分量；El Centro 波是 1940 年在埃尔森特罗地区记录到的第一条地震波。在地震波输入前对地震波进行滤波和基线矫正，滤波和基线矫正采用 SeismoSignal 软件进行低通滤波，最高频率取 10Hz。输入地震动幅值全部设定为 PGA=2m·s^{-2}，输入地震波加速度时程和傅里叶谱如图 8-6 所示。

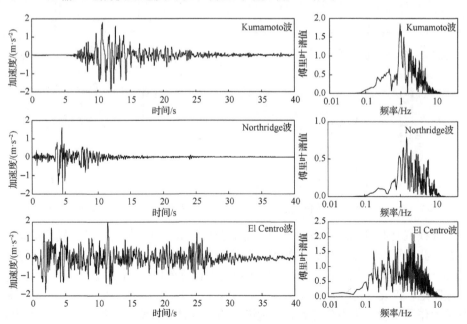

图 8-6　输入地震波加速度时程和相应的傅里叶谱

在进行边坡地形响应分析之前需要对模型进行验证，这里以模型 T_m_2 为例，输入 Kumamoto 波，记录 P0 点加速度时程，并与输入地震动进行比较，如图 8-7 所示。由此可见，模型底部加速度与输入加速度基本一致，数值模型正确，地震波输入正确。

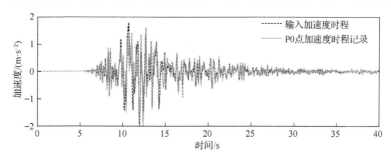

图 8-7　T_m_2 输入 Kumamoto 波

8.2.3　地形效应评价方法

地震响应评价需要选取合理的响应指标，本节将对使用的评价指标进行介绍。已有坡体响应的研究方法主要是研究分析加速度、速度沿坡面放大比；也有部分研究是对通过动荷载加载结束后的剪应变增量区以及残余位移云图进行分析；部分研究者还对通过坡面记录到的加速度频谱特征进行成分变化比较，分析坡体的频谱特征。通过分析坡体加速度、速度放大比以及剪应变增量能够对地震波的作用进行有效评价，该种方法也广泛应用于边坡动力响应研究当中。

边坡的破坏模式主要是剪切破坏和张拉破坏，本节研究目的是分析不同边坡几何形态对边坡动力响应的影响，因此本节重点关注坡面的动力响应情况。通过加速度放大比和速度放大比分析加速度、速度沿坡面的分布情况；通过沿坡面加速度时程的傅里叶谱分析坡体的频谱特征和坡体对于地震波频谱特性的影响；由于边坡都没有发生破坏，剪应变增量和最终位移都较小，在此不做比较。接下来将根据不同因素分析不同形态边坡的动力响应情况。

8.2.4　边坡动力响应规律

1）坡高对边坡动力响应的影响

坡高是影响边坡地震响应的重要因素，根据戴岚欣（2017）对九寨沟地震滑坡的统计分析，发现高程的权重系数达到了 11.4，因此坡高需要重点进行考虑。坡高分别取为 20m、40m、60m，分别输入 Kumamoto 波、El Centro 波、Northridge 波，监测坡面加速度和速度时程，下面对坡面加速度、速度分布情况进行分析。

图 8-8～图 8-10 列出了在 Kumamoto 波作用下不同坡高边坡坡顶、坡脚水平向加速度和速度时程。图 8-11～图 8-13 列举了不同坡高、相同坡角的边坡模型分别在 Kumamoto 波、Northridge 波和 El Centro 波作用下坡面峰值加速度和峰值速度放大情况。由图可见，不同坡高边坡模型坡面峰值加速度都在沿坡面向上得到放大，这与在实际地震中观测到的现象一致；沿坡面高度增大，坡面记录到的 PGV 值也在逐渐增大，这说明沿坡高方向坡面峰值加速度和峰值速度都有不同程度的增大。

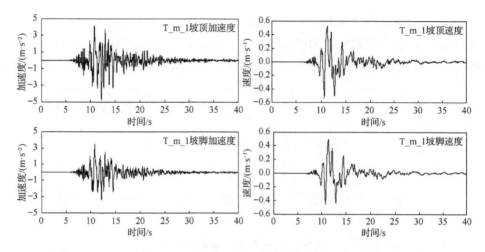

图 8-8　T_m_1 在 Kumamoto 波作用下坡顶、坡脚水平向加速度和速度时程

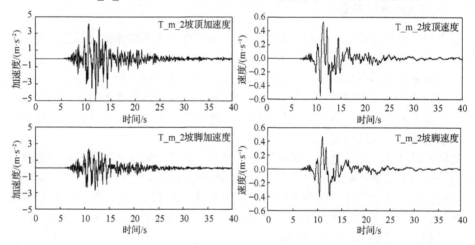

图 8-9　T_m_2 在 Kumamoto 波作用下坡顶、坡脚水平向加速度和速度时程

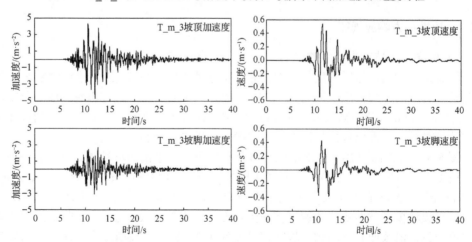

图 8-10　T_m_3 在 Kumamoto 波作用下坡顶、坡脚水平向加速度和速度时程

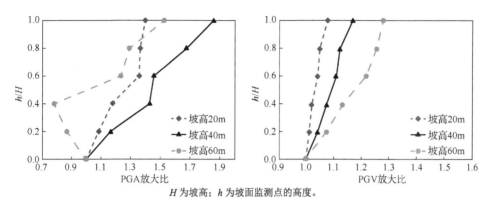

H 为坡高；*h* 为坡面监测点的高度。

图 8-11　在 Kumamoto 波作用下不同坡高坡面 PGA、PGV 放大比

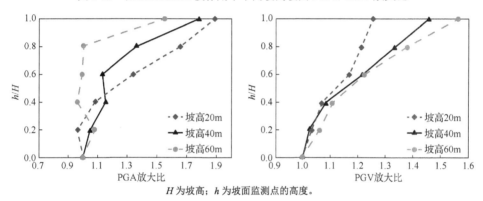

H 为坡高；*h* 为坡面监测点的高度。

图 8-12　在 Northridge 波作用下不同坡高坡面 PGA、PGV 放大比

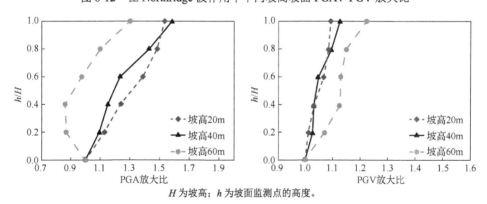

H 为坡高；*h* 为坡面监测点的高度。

图 8-13　在 El Centro 波作用下不同坡高坡面 PGA、PGV 放大比

对比不同地震波作用下坡面的加速度和速度放大比，可以看出在 Northridge 波作用下的速度放大比比在其他两条波作用下的速度放大比都要大，这与地震波的强度与频谱特性有关。比较不同坡高加速度放大比情况可以看出，虽然不同坡高坡面加速度沿坡面向上都得到了放大，但并不是坡高越高放大比越大，相反在 3 条不同地震波作用下，60m 高边坡放大系数整体小于 20m 和 40m 的边坡。这说明采用坡顶与坡脚的加速度进行放

大比对比时，坡高的增加并不能使放大比增加。对比不同坡高坡面速度放大情况可以看出，坡高越高的边坡速度放大越明显，整体趋势是 60m>40m>20m。这说明不同高度边坡在速度放大上呈现出坡高越高速度放大越明显的现象，应重视 PGV 的影响。

分析不同坡高边坡坡脚和坡顶水平向加速度傅里叶谱（图 8-14）可以看出，坡高为 20m 时，坡顶相比坡脚傅里叶谱值放大较少；坡高为 40m 和 60m 时，坡顶相比坡脚傅里叶谱值放大较多，且两者傅里叶谱差值相近。不同地震波作用在同一模型中，傅里叶谱值放大范围不尽相同，但都包括了模型的自振频率。由此可见，不同自振频率的模型会对地震波中相应频段进行放大，不同地震波作用下傅里叶谱值放大范围不同。

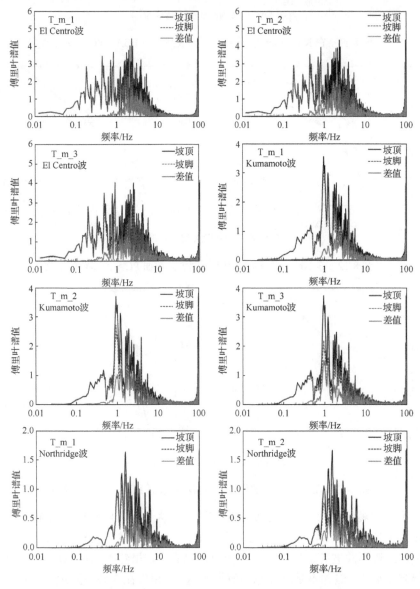

图 8-14　不同坡高边坡坡顶和坡脚水平向加速度傅里叶谱

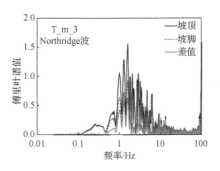

图 8-14（续）

不同坡高边坡速度放大比随高度增加而增大，对应的加速度放大比却并未呈现出类似的规律，究其原因可能是，3 种不同高度边坡模型坡脚到模型底面的距离都是 60m，地震波从模型底面往上传播，边坡越高，地震波向上传播的范围越大，地震能量在更高的高度上分散开来，使加速度放大比在满足随高度放大的基本规律前提下，不同坡高边坡之间加速度放大比没有体现出规律性；但速度是加速度作用的累积效应，随坡高度增加地震能量在内部的反射、折射路径更长，使地震作用的累积效应更明显，所以得到了图中速度放大比随边坡坡高增加而增大的情况。

2）坡角对边坡动力响应的影响

坡角是与坡高相对应的坡体基本形状参数，坡角的大小直接决定了地震波在坡面的反射和折射角度，直接影响地震能量在坡体内部的传播情况，因此有必要研究坡角对边坡地震响应的影响。

图 8-15、图 8-16 列举了不同坡角边坡在 Kumamoto 波作用下坡顶、坡脚水平向加速度和速度时程。图 8-17～图 8-19 列举了相同高度（40m）、不同坡角（26.57°、45°、56.31°）边坡分别在 Kumamoto 波、Northridge 波、El Centro 波作用下的峰值加速度和峰值速度放大比情况。由图可知，不同坡角模型在不同地震波作用下，随坡面高度的增加，峰值加速度和峰值速度放大比都在增大；在不同地震波放大作用比较上得到了与坡高因素分析相似的结论：Northridge 波比其他两条波放大作用都要明显，El Centro 波放大作用最弱。

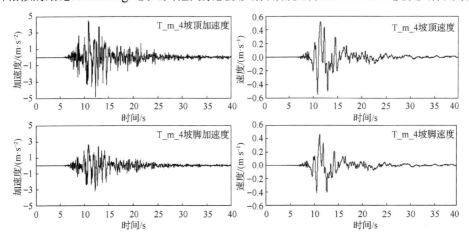

图 8-15　T_m_4 在 Kumamoto 波作用下坡顶、坡脚水平向加速度和速度时程

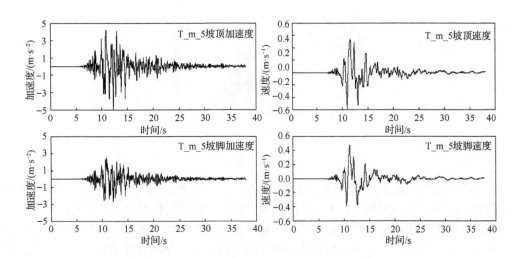

图 8-16　T_m_5 在 Kumamoto 波作用下坡顶、坡脚水平向加速度和速度时程

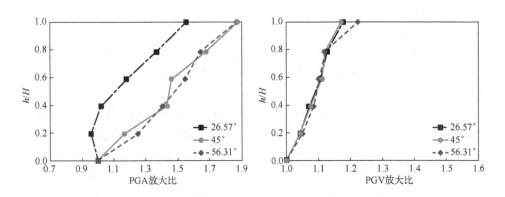

图 8-17　在 Kumamoto 波作用下不同坡角坡面 PGA、PGV 放大比

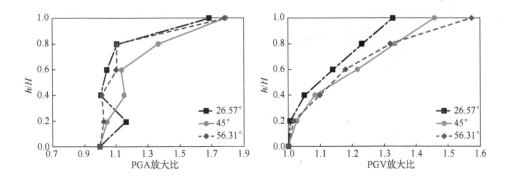

图 8-18　在 Northridge 波作用下不同坡角坡面 PGA、PGV 放大比

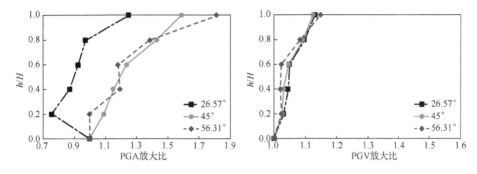

图 8-19　在 El Centro 波作用下不同坡角坡面 PGA、PGV 放大比

比较不同坡角边坡峰值加速度放大比分布情况可以看出，在 Kumamoto 波和 El Centro 波作用下，26.57°边坡峰值加速度放大比明显小于 45°和 56.31°边坡；在 Northridge 波作用下，26.57°边坡峰值加速度放大比也略小于其他两个坡角的边坡。对比分析 45°和 56.31°边坡峰值加速度放大比情况，发现两个坡角边坡的峰值加速度放大比相当，分析原因可能是，地震波在坡面的折射和反射是根据斯奈尔定律按角度的正弦值进行路径改变的，而在设计边坡角度时考虑的是坡角在材料强度上的相关性，采用的是正切值（图 8-20）。根据斯奈尔定律可以对以上现象进行解释，斯奈尔定律在 SV 波入射情况下可以表述为

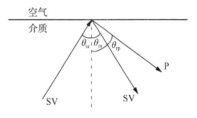

图 8-20　SV 波自由面反射

$$\frac{\sin \theta_{is}}{C_s} = \frac{\sin \theta_{rp}}{C_p} = \frac{\sin \theta_{rs}}{C_s} \tag{8-1}$$

式中，θ_{is} 为入射 S 波入射方向与界面法向夹角；θ_{rp} 为反射 P 波方向与界面法向夹角；θ_{rs} 为反射 S 波方向与界面法向夹角；C_s 和 C_p 为介质的 S 波和 P 波波速。

均质材料波速相同，反射角与入射角正弦值成正比，这里选用的三个角度正弦值分别为 sin26.57°=0.447、sin45°=0.707、sin56.31°=0.832。由此可见，45°和 56.31°正弦值差距非常小，地震波在两种坡角坡面的反射角度相近，地震波在坡体内部的传播情况相似，因此两种坡角边坡加速度放大比情况表现出相似的规律。比较不同坡角边坡峰值速度放大比情况，整体上不同坡角边坡峰值加速度放大比相近，对比坡顶峰值速度放大比可以看出，坡角越大，坡顶峰值加速度放大比越大，但差距较小。

图 8-21 对比了坡角为 26.57°、45°和 56.31°边坡坡顶和坡脚的傅里叶谱分布情况。由图 8-21 可以看出，不同边坡模型傅里叶谱值放大范围不同。比较不同坡角边坡傅里叶谱值放大情况，由坡顶与坡脚傅里叶谱差值可以看出坡角越大傅里叶谱差值越大；但不同坡角边坡坡顶傅里叶谱值整体相差并不明显；不同坡角边坡坡脚傅里叶谱值差异较大，其中 56.31°边坡坡脚傅里叶谱值在频率 2Hz 附近小于其他两个坡角边坡坡脚的情况。根据图 8-15 和图 8-16 可以看出，56.31°边坡坡脚幅值加速度比 26.57°边坡坡脚加速度幅值小。由此说明，坡角越大，边坡坡脚位置的响应受到坡体的限制越多，进一步造成坡体峰值加速度和峰值速度放大比增大。

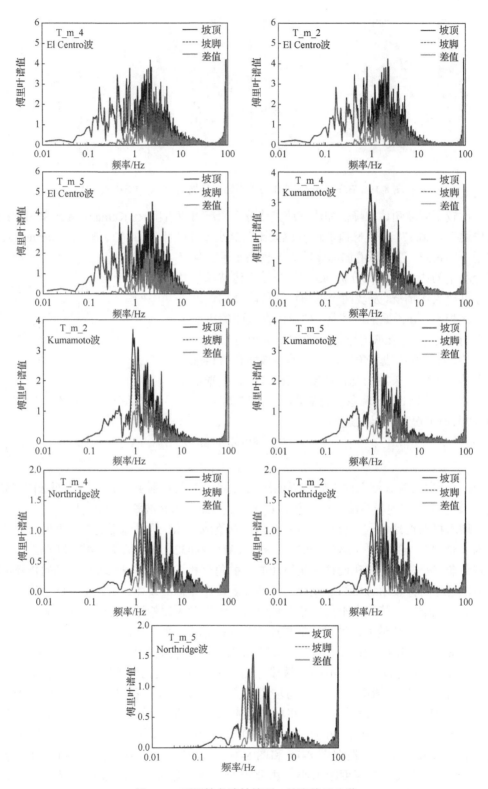

图 8-21　不同坡角边坡坡顶、坡脚傅里叶谱

3）坡面形状对边坡动力响应的影响

由实际地震观测可知，坡体表面凸出位置更容易受到地震破坏，不同的坡面形状使地震能量在坡体内部的差异化分布，造成坡面不同位置地震响应情况不同，有必要对不同坡面形状边坡响应情况进行分析。

图 8-22～图 8-24 列举了在 Kumamoto 波作用下不同坡面形状边坡坡顶、坡脚水平向加速度和速度时程，可见不同坡面形状边坡坡顶加速度和速度相对于坡脚都有不同程度放大。图 8-25～图 8-27 列举了相同高度（40m）、不同坡面形状（凹、凸、平、阶梯）边坡的峰值加速度和峰值速度放大比分布情况。整体对比可知，凹型边坡峰值加速度放大比小于其他坡面形状边坡。从图 8-25 不同坡面形状边坡坡脚加速度幅值可以看出，平面坡与台阶型边坡峰值加速度放大比相近；凸型边坡峰值加速度放大比略大于平面坡和台阶型边坡。对比不同坡面形状边坡峰值速度放大比可知，平面坡、凸型边坡、台阶型边坡峰值速度放大比曲线形状和大小都相近，凹型边坡坡顶峰值速度放大比大于其他3 种坡面形状边坡，但放大比分布规律与其他 3 种坡面形状边坡一致。

观察凹型边坡峰值加速度放大比沿坡高分布情况可知，在不同地震波作用下，凹型边坡坡顶峰值加速度放大比和峰值速度放大比增量较大，坡体中下部位置增量较小，甚至出现了坡体中间位置加速度幅值减小的情况。由此说明凹型边坡坡顶更容易破坏。观察凸型边坡峰值加速度和峰值速度放大比沿坡高分布情况可以看出，凸型边坡坡顶部峰值加速度和峰值速度放大比增量较小，坡体中下部位置峰值加速度和峰值速度放大比增量较大，坡脚位置峰值加速度放大比和峰值速度放大比增量最大。由此可见，凸型边坡中下部地震响应更强烈。

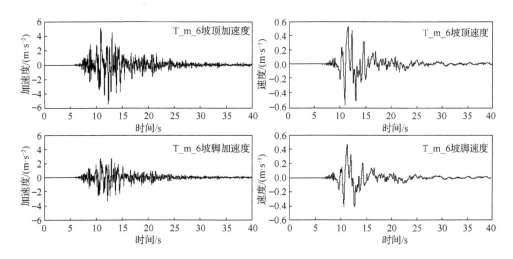

图 8-22　T_m_6 在 Kumamoto 波作用下坡顶、坡脚水平向加速度和速度时程

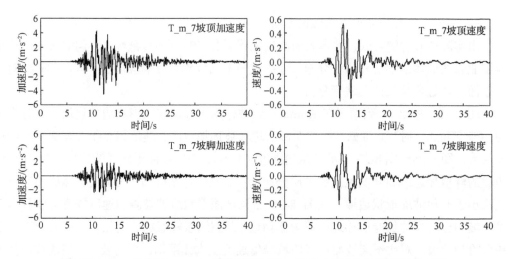

图 8-23　T_m_7 在 Kumamoto 波作用下坡顶、坡脚水平向加速度和速度时程

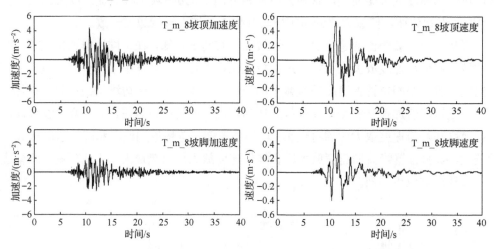

图 8-24　T_m_8 在 Kumamoto 波作用下坡顶、坡脚水平向加速度和速度时程

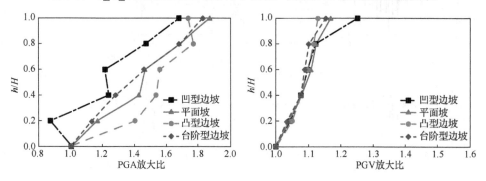

图 8-25　在 Kumamoto 波作用下不同坡面形状边坡 PGA、PGV 放大比

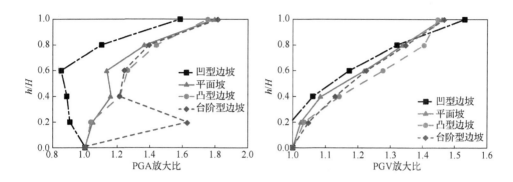

图 8-26　在 Northridge 波作用下不同坡面形状边坡 PGA、PGV 放大比

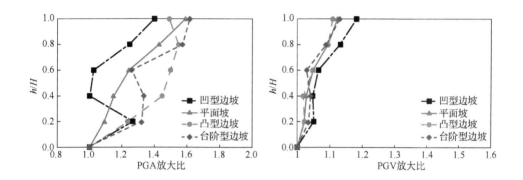

图 8-27　在 El Centro 波作用下不同坡面形状边坡 PGA、PGV 放大比

对比平面坡和台阶型边坡，平面坡峰值加速度放大比和峰值速度放大比沿坡面分布比较均匀，峰值加速度和峰值速度都沿坡面增大；台阶型边坡在阶梯凸出位置峰值加速度放大极不稳定，在 Northridge 波作用下台阶型边坡坡脚附近甚至出现了异常的峰值加速度极大值。这说明在地震作用下凸出的阶梯构造会造成更大的加速度响应，在工程设计中应进行相应考虑。总体来说，平面坡和台阶型边坡加速度和速度响应效果相当。

观察图 8-28 不同坡面形状边坡坡顶、坡脚傅里叶谱可以看出，坡顶相对于坡脚的频谱放大主要集中在 1～3Hz，模型自振频率 1.67Hz 也包含在这个范围内。在对相同的模型输入不同的地震波时，傅里叶谱值的放大范围也不完全一致，说明傅里叶谱的放大不仅与模型有关，还与输入的地震波频谱性质有关。整体上来说，凹型边坡的傅里叶谱差值较凸型边坡和台阶型边坡小，这与峰值加速度放大比分布情况一致。凸型边坡和台阶型边坡坡顶和坡脚傅里叶差值基本一致。

综上所述，不同的坡面形状会影响坡面加速度、速度、频谱特性的分布，虽然凹型边坡在坡顶速度放大增加剧烈，但从加速度放大比和频谱放大比来看，凹型边坡的响应相对更小，凸型边坡傅里叶谱放大明显，凸型边坡、台阶型边坡、平面坡在加速度和速度响应上水平相当。

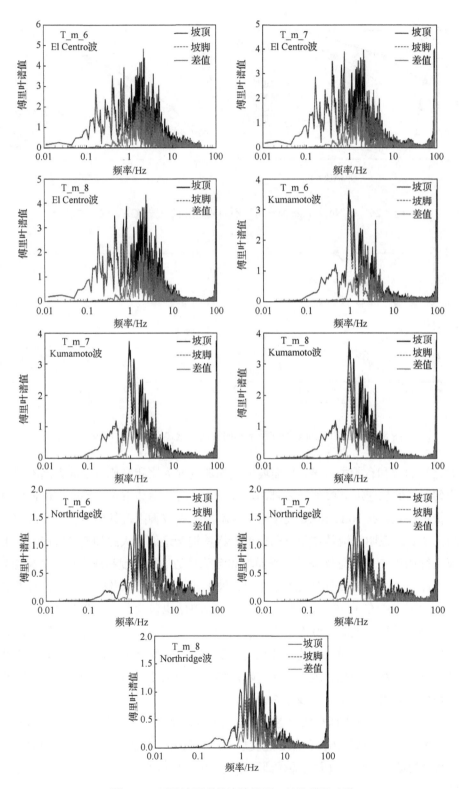

图 8-28　不同坡面形状边坡坡顶、坡脚傅里叶谱

8.3　边坡地震响应地质效应研究

我国是多地震国家,层状构造边坡特别是含软弱面的边坡分布广泛。汶川地震中地震滑坡以及相应次生灾害给人民人身财产造成巨大损失,地震记录中出现了大量顺层岩质边坡破坏。各国学者在边坡地震特性研究方面已经取得了很多成果。刘汉香等(2011)利用振动台技术研究了地震动强度对斜坡加速度动力响应规律的影响,言志信等(2011)利用数值模拟技术和工程地质分析方法对顺层岩质边坡地震变形机制进行了反演分析,范刚等(2015)结合振动台试验对含软弱夹层岩质边坡进行了传递函数理论分析并对其动力破坏模式进行了能量判识。现有研究成果中关于软弱夹层强度对边坡地震特性的影响研究较少,本节利用 FLAC3D 建立含软弱夹层的岩质边坡模型,选取不同工况对边坡动力模型进行加载,研究边坡沿坡面以及软弱夹层动力响应规律。

8.3.1　边坡模型与参数选取

1)计算模型

如图 8-29 所示,边坡模型总长为 429m,总高为 100m,坡高 $h = 50\text{m}$,坡脚距右侧边界距离为 $3h$(150m),坡顶到左侧边界的距离为 $5h$(250m),边坡坡角为 60°;软弱夹层厚度为 2m,与水平面夹角为 30°,顶端与坡顶水平距离为 50m。本章重点关注软弱夹层以及软弱夹层上部岩体的响应情况,因模型底部是基岩,基岩部分刚性远大于软弱夹层,在以上模型范围条件下已经能够满足计算精度要求。在坡面、软弱面、坡顶左侧 100m 坡体上分别布置 A、B、C 3 列监测点,具体位置如图 8-29 所示。模型总共有 4826 个节点、2280 个单元,网格最大尺寸为 4m。边坡模型采用莫尔-库仑本构模型模拟岩体的弹塑性特征。在模型底部设置静态边界,在模型侧面设置自由边界,地震加速度时程换算为应力时程加载到模型底部。

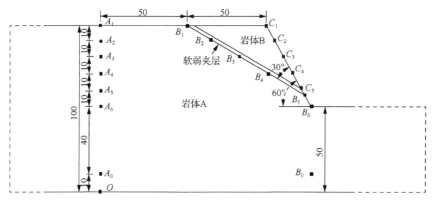

图 8-29　边坡模型与监测点分布

2)模型物理参数

根据大光包滑坡工程地质组成,参考《工程地质手册》(第五版)中"岩石力学性质指标的经验数据",并结合已有的研究成果,选取岩石物理力学参数。岩体与软弱夹层物理力学参数见表 8-3。

表 8-3　岩体与软弱夹层物理力学参数

类别	密度/（kg·m⁻³）	体积模量/Pa	剪切模量/Pa	内摩擦角/（°）	黏聚力/Pa	抗拉强度/Pa
风化白云岩	2500	$5.55×10^8$	$4.17×10^8$	40	$5.00×10^5$	$3.00×10^6$
泥岩	2450	$3.08×10^8$	$2.03×10^8$	35	$3.00×10^5$	$2.50×10^6$
黏土	1900	$6.67×10^7$	$4.00×10^7$	28	$6.00×10^5$	$1.00×10^5$
岩体 A（白云岩）	2700	$2.78×10^9$	$2.08×10^9$	45	$1.00×10^6$	$1.50×10^6$
岩体 B（白云岩）	2500	$1.11×10^9$	$8.33×10^8$	34	$5.00×10^5$	$3.00×10^6$

3）输入动荷载

为研究地震动对含软弱夹层岩质边坡的影响，选取了 4 种波形进行加载，分别是 Northridge 波、1995 年日本神户（Kobe）地震中的 Kobe 波 N-S（南北向）分量、汶川地震卧龙波 E-W（东西向）分量以及简谐波，地震波水平方向输入。其中 Northridge 波被 Baker（贝克）验证是具有脉冲型特性的地震动记录。地震波输入前使用 SeismoSignal 对地震波进行滤波和基线矫正，滤波采用低通滤波，上限频率取 10Hz，地震波幅值根据需要可进行调整，具体见表 8-4。输入的地震动波形和傅里叶谱见图 8-30～图 8-36。

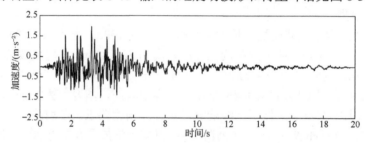

图 8-30　Kobe 波加速度时程

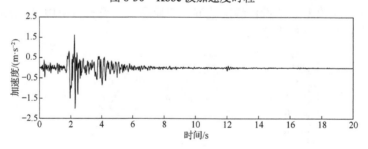

图 8-31　Northridge 波加速度时程

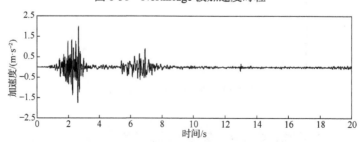

图 8-32　卧龙波加速度时程

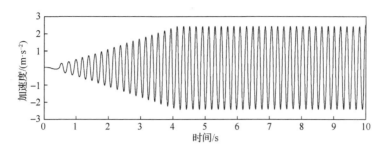

图 8-33　简谐波加速度时程

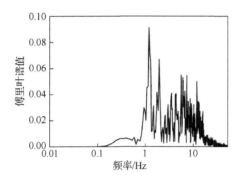

图 8-34　Kobe 波傅里叶谱

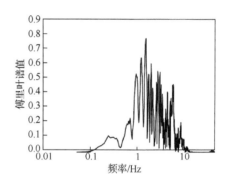

图 8-35　Northridge 波傅里叶谱

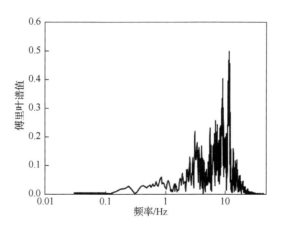

图 8-36　卧龙波傅里叶谱

4）工况设计

本节研究的重点是含软弱夹层边坡的地震响应情况，通过加载不同波形和不同加速度幅值的动荷载以及考虑不同软弱夹层强度来设计边坡模型，边坡模型动力加载工况见表 8-4。

表 8-4　边坡模型动力加载工况

工况编号	地震波类别	地震波幅值/(m·s^{-2})	软弱夹层	持时/s
G_m_1	Kobe 波	2	风化白云岩	20
G_m_2	Kobe 波	2	泥岩	20
G_m_3	Kobe 波	2	黏土	20
G_m_4	Northridge 波	2	泥岩	20
G_m_5	汶川卧龙波	2	泥岩	20
G_m_6	简谐波 5Hz	1	泥岩	10
G_m_7	简谐波 5Hz	2	泥岩	10
G_m_8	简谐波 5Hz	4	泥岩	10

5）模型验证

为了验证模型和输入地震波的正确性，以工况 G_m_2 为例，对输入的地震波和底部 O 点监测到的地震记录进行比较，如图 8-37 所示。由图可知，得到的结果基本一致，表明模型建立正确，地震波输入正确。

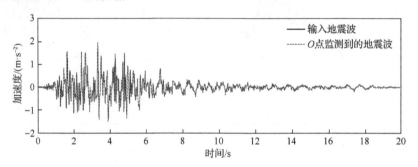

图 8-37　输入地震波与底部 O 点监测到的地震记录加速度时程

8.3.2　含软弱夹层边坡响应整体分析

1）坡面响应分析

进行坡面响应分析是研究边坡动力响应的重点内容。G_m_3 模型 A、B、C 3 列监测点的水平方向的峰值加速度、峰值速度、峰值位移（peak ground displacement，PGD）幅值沿坡高变化的对比分析如图 8-38 所示。由图可以看出，在地震波作用下，峰值加速度、峰值速度、峰值位移幅值随坡高增加都在增大；因为软弱夹层的存在，C 列各监测点三参量幅值都远大于 A、B 两列，说明软弱夹层的存在大幅增加了坡面的动力响应影响。坡脚位置加速度幅值 B 列大于 A 列，而在坡高大于 70m 以后两者基本一致，说明岩体 B 的存在减小了 B 列上部的加速度放大作用。由于岩体 A 是强度比较高的完整岩体，尽管 A、B 两列在加速度幅值和速度幅值上有一定差距，但都没有使岩体 A 发生塑性变形，故两者在最终位移上差别较小。

图 8-39 给出了 G_m_3 A_1、B_1、C_1 3 个监测点水平向加速度傅里叶谱，图 8-40 给出

了 G_m_3 A_5、B_5、C_5 3 个监测点水平向加速度傅里叶谱，图 8-41 给出了 G_m_3 A_1、B_1、C_1 3 个监测点水平向阿里亚斯强度，图 8-42 给出了 G_m_3 A_5、B_5、C_5 3 个监测点水平向阿里亚斯强度。比较 A_1 和 A_5、B_1 和 B_5、C_1 和 C_5 的傅里叶谱和阿里亚斯强度可以看出，沿高度方向这两个值都得到了不同程度放大，傅里叶谱放大位置集中在 2.88Hz 附近。A、B 两列相同高度水平向加速度傅里叶谱值和阿里亚斯强度相当，但 C 列相同高度水平向加速度傅里叶谱值和阿里亚斯强度都要明显大于 A、B 两列，C_1 监测点水平向阿里亚斯强度甚至达到了相同高度 B_1 监测点的 4 倍。

由弹性理论可知，因为边坡形状的影响和软弱夹层的存在，地震波在坡体内发生强烈的折射和反射，造成了坡体特别是软弱夹层以上岩体剧烈的能量聚集。以上对于软弱夹层的分析结果表明，软弱夹层的存在使软弱夹层以上坡体响应更加明显。

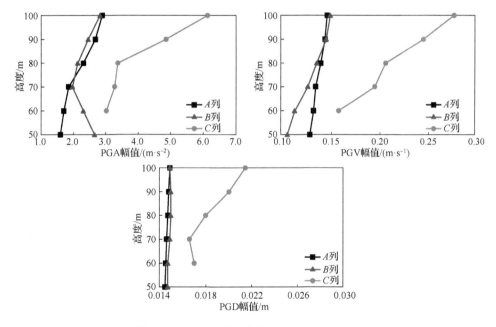

图 8-38 G_m_3 水平方向 PGA、PGV、PGD

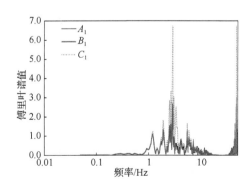

图 8-39 G_m_3 A_1、B_1、C_1 水平向
加速度傅里叶谱

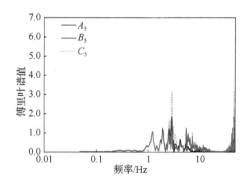

图 8-40 G_m_3 A_5、B_5、C_5 水平向
加速度傅里叶谱

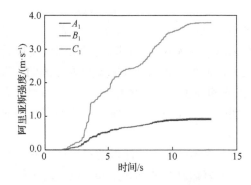

图 8-41　G_m_3 A_1、B_1、C_1 阿里亚斯强度

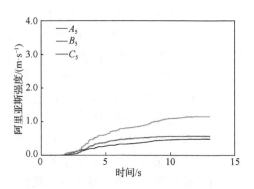

图 8-42　G_m_3 A_5、B_5、C_5 阿里亚斯强度

2）位移云图分析

由彩图 22 可见，由于软弱夹层的存在，上部坡体整体产生了水平方向的位移，说明软弱夹层的存在会加大层间位移，进一步增加边坡坡顶位移。在岩体 B 中，靠近坡顶部分位移云图出现了集中，位移较大，分析原因是，在动力荷载作用下，岩体 B 发生了沿软弱面向下的相对滑动，对坡体上部产生拉裂作用。从位移矢量图可以看出，岩体 B 上部还发生了明显的向上位移，说明在地震波作用下上部甚至还发生了"上部抛射"效应，这符合很多岩质边坡地震破坏的勘察结果，如东河口滑坡。岩体 B 下部靠近坡脚位置，位移矢量方向向外，产生了垂直于坡面的位移，在坡脚发生了"挤出"效应，在软弱面与水平面夹角大于坡角时也可能发生"抛射"。由此可知，"上部抛射"与"挤出"效应可以同时发生在含有软弱夹层的岩质边坡中，这会加剧地震对坡体的破坏作用，甚至出现高速远程滑坡。

8.3.3　波形对边坡响应的影响

根据控制变量原则，选取 G_m_2、G_m_4、G_m_5 3 种工况进行研究。3 种工况模型和材料属性相同，分别采用 Kobe 波、Northridge 波、汶川卧龙波进行加载，时长为20s，加速度幅值均为 2m·s^{-2}。由前面的分析可以看出地震响应主要体现在软弱夹层上部岩体，由现有研究成果可知坡顶一般是动力响应最大的区域，这里选取 C 列监测点的幅值进行分析，如图 8-43 所示。其中，PGV 差值指监测点的 PGV 值减去对应输入动荷载的 PGV 值，同理 PGD 差值指监测点的 PGD 值减去对应输入动荷载的 PGD 值。

据图 8-43 可知，坡面加速度幅值发生了变化，在坡顶峰值加速度差别最大，表现为 Northridge 波>Kobe 波>卧龙波。分析 PGV 差值可见，坡顶峰值速度表现为 Northridge 波>Kobe 波>卧龙波，在坡顶以下卧龙波峰值速度小于其他两个波形。由 PGD 差值可见，Northridge 波峰值位移差值最大值大于卧龙波和 Kobe 波；综合 PGV 差值，Northridge 波沿坡面速度放大最大，分析 Northridge 波的本身特性，考虑是由于 Northridge 波具有脉冲特性。宋健等（2013）的研究表明脉冲型地震波对边坡具有更强的破坏作用，这也解释了以上现象。由此可知，波形对边坡响应具有重要作用，具体的影响需要具体分析。

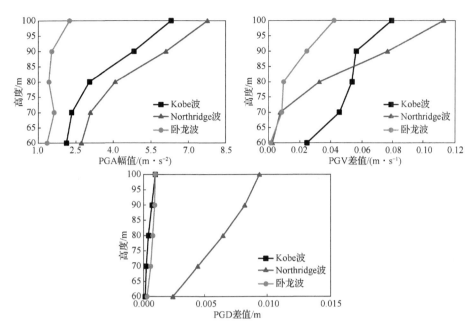

图 8-43　不同波形作用下 C 列监测点 PGA 幅值、PGV 差值、PGD 差值

8.3.4　幅值对边坡响应的影响

研究幅值与边坡响应的关系，选取 G_m_6、G_m_7、G_m_8 3 种工况，加载相同频率、不同幅值的简谐波，得到如图 8-44 所示 C 列监测结果。由图可知，对应工况 G_m_6、G_m_7、G_m_8，C_1 峰值加速度幅值分别放大了 4.55 倍、4.55 倍、4.305 倍。观察峰值位移幅值图发现，G_m_8 峰值位移整体远大于 G_m_6、G_m_7。由彩图 23 可见，软弱面产生了连续的剪应变区，同时位移量也表明岩体 B 发生了整体滑移，说明在 G_m_8 工况下软弱夹层已经发生破坏。从 G_m_8 峰值加速度幅值和峰值速度幅值图可以看出，在 70m 高度位置发生了转折，原因可能是岩体 B 下部挤出，软弱夹层对其约束不足造成岩体 B 最低点峰值加速度和峰值速度幅值增大；峰值位移幅值线没有转折，分析原因是，G_m_8 工况下边坡已经发生了破坏，岩体 B 发生整体下滑。分析 G_m_6、G_m_7 可以看出，在简谐波作用下，峰值加速度幅值、峰值速度幅值、峰值位移幅值都随着坡高增加而增大，但在破坏前随坡高变化加速度放大倍数基本不变。

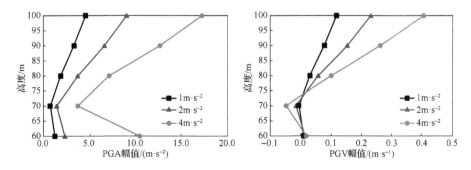

图 8-44　相同频率、不同幅值简谐波作用下 C 列监测点 PGA 幅值、PGV 幅值、PGD 幅值

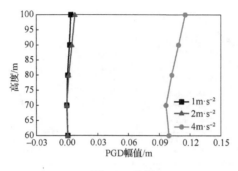

图 8-44（续）

8.3.5 软弱夹层强度对边坡响应的影响

在实际边坡中软弱夹层的构成差别较大，利用 FLAC3D 自带的莫尔-库仑本构模型选取不同的参数对不同强度软弱夹层进行模拟。根据工况 G_m_1、G_m_2、G_m_3 的模拟结果，绘制了 C 列监测点的峰值加速度幅值、峰值速度幅值、峰值位移幅值曲线（图 8-45）。从图 8-45 中可以看出，G_m_3 工况下各监测点的峰值加速度幅值、峰值速度幅值、峰值位移幅值都较大，而 G_m_1、G_m_2 工况下各监测点的峰值加速度幅值、峰值速度幅值、峰值位移幅值比较接近。由 G_m_3 位移云图（彩图 22）可以看出，岩体 B 上缘出现了较大位移，但最大值只有 0.0038m，工况 G_m_3 动力计算过程中 C1 监测点产生的最大位移是 0.0215m，相对于坡体 50m 的高度并没有破坏。G_m_3 与 G_m_1、G_m_2 出现差距的主要原因是，G_m_3 软弱夹层强度低，部分软弱夹层进入了塑性区，而 G_m_1、G_m_2 因为地震波强度未能使软弱夹层单元足够多地进入塑性区，故造成了三者之间的差别。

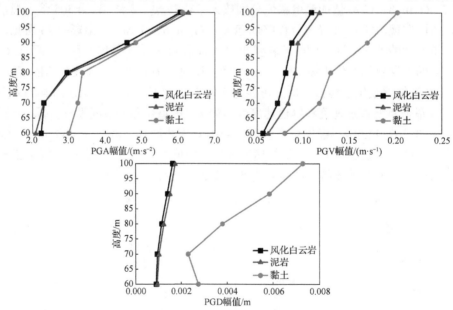

图 8-45　不同软弱夹层工况下 C 列各监测点 PGA 幅值、PGV 幅值、PGD 幅值

对比分析图 8-39～图 8-42、图 8-46～图 8-53 可以看出，当软弱夹层材料为强度参数相近的风化白云岩和泥岩时，C_1 点傅里叶谱相对于 B_1 点、A_1 点都有所放大，且两者

频谱放大最大位置都在 5.46Hz 附近；当软弱夹层材料为黏土时，频谱放大位置主要分布在 2.88Hz 附近，且比风化白云岩和泥岩放大效果更显著。对比分析 3 种材料条件下 A_5 点、B_5 点、C_5 点 Arias 强度发现，A_5 点、B_5 点 Arias 强度基本不变，3 种材料之间也非常相近，最大值集中在 0.55m/s 左右；只有当软弱夹层材料为黏土时 C_5 点 Arias 强度最大值达到了 1.157m/s。对比分析 3 种材料条件下 A_1 点、B_1 点、C_1 点 Arias 强度发现，3 种材料下 A_1 点、B_1 点 Arias 强度最大值基本集中在 0.93m/s 附近，可见软弱夹层强度并不影响软弱夹层以下岩体的地震响应情况；对应的 3 种材料条件下 C_1 点 Arias 强度都有所增加，当软弱夹层为风化白云岩时增加到了 2.32m/s，为泥岩时增加到了 2.45m/s，为黏土时增加到了 3.80m/s，材料为黏土时的 Arias 强度增加值远大于前两者。由此可见，软弱夹层的强度对边坡地震响应具有重要影响，软弱夹层强度越低，边坡在地震作用下响应越剧烈，边坡也越容易发生破坏。

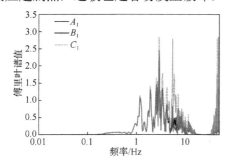

图 8-46　G_m_1 A_1、B_1、C_1 傅里叶谱

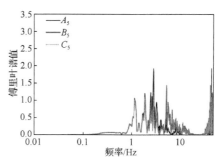

图 8-47　G_m_1 A_5、B_5、C_5 傅里叶谱

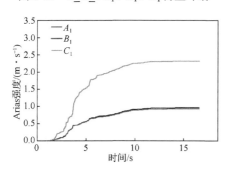

图 8-48　G_m_1 A_1、B_1、C_1 Arias 强度

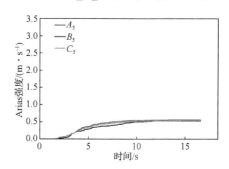

图 8-49　G_m_1 A_5、B_5、C_5 Arias 强度

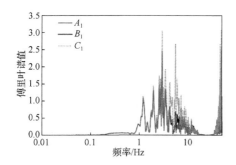

图 8-50　G_m_2 A_1、B_1、C_1 傅里叶谱

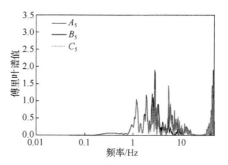

图 8-51　G_m_2 A_5、B_5、C_5 傅里叶谱

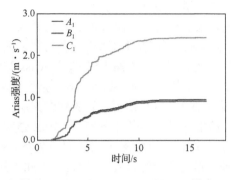

图 8-52 G_m_2 A_1、B_1、C_1 Arias 强度

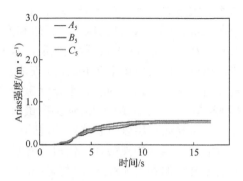

图 8-53 G_m_2 A_5、B_5、C_5 Arias 强度

8.4 小 结

边坡地形效应是边坡地震响应研究中的重要内容，本章对不同几何形态作用下边坡的动力响应情况进行了分类研究，得到了坡面加速度沿坡高放大的普遍规律。研究结果也表明，坡高对坡面速度放大影响明显，应重视 PGV 对边坡响应的表征作用。坡角对坡面加速度放大影响明显。不同坡面形状会引起不同的加速度分布规律，其中凹型边坡的加速度放大效应较小，但坡顶速度放大效应最大，且坡体上部放大增长率大于下部；与凹型边坡相反，凸型边坡坡体中下部加速度放大效应明显；台阶型边坡比平面坡在加速度分布上更不均匀，凸出的阶梯构造造成更大的加速度放大效应。不同坡角和坡面形状对模型自振周期影响较小，不同坡高边坡自振周期差异明显，引起的坡面频谱放大作用也较为明显。由此可见，不同的坡面形状会造成不同的加速度响应规律，在进行边坡地震稳定性评价和边坡设计时应加以考虑。

边坡对地震具有垂直放大效应和临空面放大作用，在有软弱夹层存在的顺层岩质边坡中响应更剧烈。地震波作用主要体现在软弱夹层上部岩体中，软弱夹层的存在加剧了能量的集中。含有软弱夹层的顺层岩质边坡在地震中还会发生"上部抛射"和"挤出"效应，具有发生高速远程滑坡的可能性。含软弱夹层顺层岩质边坡地震响应与地震波幅值呈正相关关系，与软弱夹层强度呈负相关关系；软弱夹层对地震波频谱的放大作用与软弱夹层强度密切相关，软弱夹层强度越低，以 Arias 强度表征的坡顶地震波强度放大作用越明显；波形对于含软弱夹层岩质边坡的影响还只是初步探究，如果需要探求两者的量化关系，还需要进行更深入的研究。

本章通过对在不同脉冲型地震动作用下的模型坡面峰值加速度和峰值速度放大比分布情况进行分析可以看出，输入地震动的幅值会影响坡面加速度的分布，但对速度的分布影响较小；在衡量脉冲记录作用效果上，脉冲记录产生了较大的加速度放大作用，同时也产生了较大的残余位移，但在速度放大上却相对较小，原因可能是脉冲部分持时较短，而速度是加速度效果的累积，所以放大作用不明显，但放大趋势与原记录一致；输入动力荷载的频谱特征是影响边坡响应的重要因素。在实际中，边坡存在结构面、软弱夹层，自振周期比均质模型大，更容易符合大周期的特征，也更容易受到脉冲型地震动的破坏。

第9章 边坡落石运动特性分析

9.1 研究背景及意义

9.1.1 研究背景

我国位于世界两大地震带——环太平洋地震带与欧亚地震带之间，受太平洋板块和欧亚板块的影响，晚第四纪活动断裂十分发育（胡聿贤，2006）。破碎的断裂带是地震发生的温床，中国在占世界 7%的陆地上发生了全球 33%的大陆强震，且所有 8 级和80%~90%的 7 级以上的强震都发生在这些断裂带上（张培震 等，2003）。

与此同时，我国还是一个多山国家，山地面积占国土面积 2/3 以上，独特的地理环境和复杂的地质条件使我国地质灾害频发。广袤的山地与活跃的地震带相耦合，我国深受地震诱发的地质灾害之苦。

1）地震诱发地质灾害历史记录

我国自古以来就是地震灾害较为严重的国家，地震诱发的地质灾害拥有强大的破坏力，经常造成人员伤亡和经济损失。表 9-1 是我国史料中关于地震诱发崩塌落石的历史记录。我国关于地震诱发崩塌落石的记录可追溯到公元前 780 年，此后 1000 多年中关于地震诱发崩塌落石灾害的记录不断。

表 9-1 地震诱发崩塌落石灾害历史记录

（国家地震局兰州地震研究所，1985；秋仁东 等，2009；马军，2014）

发震日期	地点	资料原文	资料来源
公元前780年	陕西	烨烨震电，不宁不令。百川沸腾，山冢崒崩。高岸为谷，深谷为陵	《诗经·小雅》
公元前186年2月25日	羌道、武都	春正月乙卯地震，羌道、武都道山崩	《汉书》卷3《高后纪》96页
839年	岷县一带	自是国中地震裂，水泉涌，岷山崩……	《新唐书·吐蕃传》册二十九卷210页
1542 年 12 月	天水	明嘉靖二十一年十一月，秦州属县地震，山崖崩坠，尘飞蔽野	乾隆《直隶秦州新志》卷 7
1581年7月	文县	明万历九年地震，山岩多崩	康熙《文县志》卷7杂述志灾变7页
1879年7月1日	武都	阶州城中突起土阜周二里许，各处山石飞走，……	《宣统新通志》
1879年7月1日	武都	地震，南山崩裂，冲倒南门楼一座……	《史念祖随录》甘南地震
1879年7月1日	广元一带	地动情形甚重，被沟上山岩坠塌，将河身壅塞……	《故宫档案》；光绪五年十一月初三日《申报》

续表

发震日期	地点	资料原文	资料来源
1880年6月22日	文县	关家山崩，压毙男三丁，女一口……	《史念祖随录》
1881年7月20日	武都文县一带	查阶文自前年地震以后，至今两年有余，迄未大定，其中或数日一震，十数日一震，或一日数震，震时其生如雷，山石乱滚……	《故宫档案》
1920年12月16日	兰州（青石关）	房子动，山上有土石下掉	《兰青线地震调查》
1920年12月16日	兰州（达家川）	山上有桌子般大石块滚下，河水左右摇摆，泼上岸1尺左右	《兰青线地震调查》
1920年12月16日	兰州（新庄子）	声如雷鸣，山上掉石块，最大者约一间房子大，堵塞了人行道	《兰青线地震调查》
1932年12月25日	嘉峪关（二道沟）	山上巨石滚下，尘土飞扬，一头牛被砸伤。行人乔老四，肩上背的一个馍包被滚石打掉	1965年西北地震考察队《嘉峪关工作资料》之一
1932年12月25日	嘉峪关（小青羊）	一约2立方米的巨石由山上滚下，碰成数块	1965年西北地震考察队《嘉峪关工作资料》之一
1932年12月25日	嘉峪关（格里木）	两岸石头下落，最大5～8立方米，并打死牦牛一头，打伤一头	1965年西北地震考察队《嘉峪关工作资料》之一
1932年12月25日	嘉峪关（黑窖门）	山上乱石下滚，二个柜子大的石头滚到羊厩，直径约30厘米的石头滚到羊厩很多……	1965年西北地震考察队《嘉峪关工作资料》之一
1960年2月2日	舟曲	宕昌山上石头乱滚，房屋发响，人惊逃户外……	《1960年2月2日甘肃龙叠（舟曲）地震调查报告》

2）地震诱发地质灾害近况

20世纪后期以来，中国共发生6级以上地震数百次，遍布全国多个省区。如图9-1所示，地震诱发的崩塌落石等地质灾害往往导致整个灾区的交通系统瘫痪，给房屋建筑等造成毁灭性破坏，使人民的人身财产蒙受重大损失。

图9-1　汶川地震中房屋建筑和交通道路严重破坏

　　表 9-2 是汶川地震诱发地质灾害统计表。从地震诱发灾害类型的数量比例来看，由大到小依次为崩塌落石（43%）、滑坡（27%）、不稳定斜坡（17%）和泥石流（13%），崩塌落石所占份额最大，是地震诱发数量最多的地质灾害。这表明相较于其他类型的地质灾害，地震更容易诱发崩塌落石灾害的发生。图 9-2 所示为汶川地震主要地质灾害份额对比图。

表 9-2　汶川地震诱发地质灾害统计表（殷跃平 等，2013）

项目	比例/%		
	地震前	地震中	地震后
崩塌落石	15	43	37
滑坡	64	27	34
泥石流	12	13	7
不稳定斜坡	9	17	22

 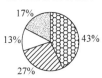 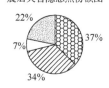

图 9-2　汶川地震主要地质灾害份额对比图（殷跃平 等，2013）

　　表 9-3 和图 9-3 是汶川地震诱发地质灾害数量统计图表。地震发生前崩塌落石、滑坡、泥石流、不稳定斜坡灾害次数分别为 669、2864、514、420，地震发生过程中诱发崩塌落石、滑坡、泥石流、不稳定斜坡灾害次数分别为 3908、2465、1151、1592，分别是地震发生前的 5.84 倍、0.86 倍、2.24 倍、3.79 倍。由此看来，地震诱发的崩塌落石不但数量最多，而且增幅最大。以上数据有力地说明崩塌落石是地震最易引发的地质灾害类型，地震崩塌落石研究无论是在学术上还是在民生上都具有非常重要的意义。

表 9-3　汶川地震主要地质灾害数量对比表（殷跃平 等，2013）

项目	数量/次		地震中/地震前/%
	地震前	地震中	
崩塌落石	669	3908	584
滑坡	2864	2465	86
泥石流	514	1151	224
不稳定斜坡	420	1592	379
合计	4467	9116	204

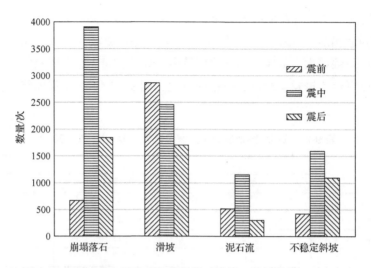

图 9-3　汶川地震主要地质灾害数量对比图（殷跃平 等，2013）

9.1.2　地震与非地震崩塌落石运动特性对比

崩塌落石的诱发因素众多，大致分为内在因素和外在因素。内在因素包括地质构造、地形地貌、地层岩性以及斜坡结构，外在因素包括生物作用（人类作用、动物踩踏作用、植物根系劈裂作用）、气候作用（降水入渗、冻融循环）和地震作用。

地震是崩塌落石灾害的主要诱发因素之一。与非地震崩塌落石相比，地震诱发的崩塌落石灾害不仅数量众多、规模庞大，而且运动能力强、破坏力巨大。崩滑比是表征崩塌落石运动能力强弱的指标，崩滑比越大，崩塌落石影响范围越广；崩滑比越小，崩塌落石影响范围越小。另外，运动能力的强弱直接影响着崩塌落石灾害破坏力的大小，运动能力越强，破坏力越大；反之，运动能力越弱，破坏力就越小。据统计，非地震条件下崩塌落石的崩滑比介于 0.38～0.73，地震条件下崩塌落石的崩滑比介于 0.74～3.37，且大部分地震崩塌落石的崩滑比都介于 1.0～2.0。地震崩塌落石的崩滑比明显高于非地震崩塌落石的崩滑比，这表明地震崩塌落石比非地震崩塌落石有更大的影响范围、更强的运动能力以及更大的破坏能力。若想更加有效地防治地震崩塌落石灾害，应改变长期以来人们等同看待非地震崩塌落石运动特性和地震崩塌落石运动特性的传统思维，对地震崩塌落石运动特性进行更加深入的研究，这样，地震崩塌落石灾害防治时才能制订更加合理的防治方案。

9.1.3　地震崩塌落石运动特性的研究意义

崩塌落石是我国西南山区常见的地质灾害，经常给影响区内的基础设施或建筑物带来极大破坏，危及影响区域内人民人身安全。地震诱发的崩塌落石灾害规模庞大、数量众多、破坏力巨大、致灾能力强，往往具有毁灭性。

较强的运动能力是崩塌落石具备强大破坏力的重要原因。众多案例表明地震崩塌落石的运动能力往往比非地震崩塌落石的运动能力强。目前研究主要集中在地震崩塌落石触发机制和稳定性评价方面，而对地震条件下崩塌落石运动特性研究较少，其规律亟须深入研究。

因此，本章运用振动台试验和 DDA 数值模拟相结合的方法研究了地震条件下崩塌落石的运动特性。所得成果丰富、完善了崩塌落石运动特性研究，不仅可以为非地震条件下崩塌落石的防治提供参考，而且对地震崩塌落石灾害防治工程有现实指导意义。

9.1.4　地震崩塌落石运动特性国内外研究现状

地震崩塌落石运动特性主要包括地震条件下崩塌落石的水平运动特征和横向偏移特征。运动特性指标主要包括水平运动距离、横向偏移距离、弹跳高度、动能、碰撞恢复系数、冲击力等。目前关于地震崩塌落石的研究方法主要包括现场调查、理论分析、现场试验、模型试验以及数值模拟 5 种方法。

1）现场调查

现场调查（经验法），通过对已发生崩塌落石灾害点进行大量野外工程地质调查和详细历史地质数据采集，利用数学方法统计总结得出地震崩塌落石运动特性指标和变量因素之间的规律关系，在以后解决崩塌落石运动特性相关问题时，利用已有经验和历史数据统计规律关系分析解决实际问题。这种方法建立在丰富的工程经验和庞大的样本数据基础之上，简单实用，但是缺乏可靠的理论依据。

苏联罗依尼什维里（1962）根据现场调查经验，按照坡度、坡形的组合情况将边坡分为单一坡度直线坡、折线Ⅰ型坡、折线Ⅱ型坡，统计野外调查数据，归纳总结出了落石运动速度、运动距离和弹跳高度的经验公式。

Hungr（1988）根据大量不同落石现场调查结果，提出崩积边坡上落石水平运动距离经验公式。

曾廉（1990）进行了大量现场调查，根据边坡角度分别将 0°～27°、27°～40°、40°～60°、60°～90° 的边坡划分为缓坡、较陡坡、陡坡、陡峻坡，崩塌落石在缓坡上减速运动，在较陡坡上加速或者减速运动，在陡坡上加速运动，在陡峻坡上自由落体运动。

Marzorati 等（2002）根据 1997 年意大利翁布里亚和马尔凯地区中强度地震诱发的崩塌落石现场调查结果，采用数理统计得到了落石发生频率与环境因素、地震参数的数学关系，多元统计表明坡角和峰值加速度与落石发生频率相关性强。Marzorati 等在研究结果的基础上绘制了地震落石灾害地图。

裴向军等（2011）对四川青川县汶川地震 2 处典型强震崩塌落石灾害进行了调查研究，发现落石运动速度与地震烈度、坡面覆盖层条件有关；反演分析得出地震崩塌落石的碰撞恢复系数；统计总结发现落石最大运动距离为边坡高差的 2 倍。

裴向军等（2013）选取汶川地震 106 处典型地震崩塌落石灾害点为研究对象，运用统计方法对参数进行数学分析，发现落石运动特征值的频率分布基本符合正态分布，地震崩塌落石运动距离约为坡高的 1.14 倍，危险范围为坡高的 70%～130%。

程强等（2014）统计调查了汶川地震 399 处典型地震崩塌落石灾害点，发现地震落石运动距离与地震烈度、边坡岩石强度正相关，并运用统计学原理得出了计算公式。

2）理论分析

理论分析，根据实际问题简化得出数学物理模型，运用运动学和动力学原理进行理论公式推导，其主要包括质点模式、刚体模式两大类。

质点模式由 Piteau（1976）首次提出，即不考虑块体的体积效应和形状效应，忽略落石的块体质量或者把块体质量简化集中到一点，可用于碰撞、滑动、滚动和坠落等运动类型的计算（Ritchie，1963；叶四桥，2008；Volkwein et al.，2011）。质点模式在随后的发展中逐步完善（Bozzolo et al.，1988），并考虑落石的形状、大小，将落石在三维空间的滚滑和旋转加入质点模式，使此模式的计算更加逼近实际，在实际研究中得到广泛运用。例如，唐红梅等（2003）将崩塌落石运动过程分解为初始运动、碰撞过程、滚动过程和滑动过程，利用质点法进行理论推导，得出了每个运动过程的运动轨迹计算方法，并通过工程实际运用验证了其正确性；Woltjer 等（2008）以质点模式为基础，将落石三维运动路径嵌入森林模拟器中，研究森林对落石的防治效应，找出防治落石的最佳森林密度水平。

刚体模式于 1971 年由 Cundall（1971）率先提出，其考虑块体体积和质量效应，把块体假定为刚体，不考虑块体的变形和破裂，不考虑块体在运动过程中的姿态变化和质量变化，通常把落石形状简化为球体或椭球体。相较于质点模式，刚体模式能够考虑落石的自身特性，能更加合理地模拟落石的运动过程，在其后的研究中不断发展、完善（Christen et al.，2007；叶四桥 等，2010）。例如，吕庆等（2014）考虑落石主要影响因素，假定坡面条件已知，将落石形状假设为球体，推导得出了滑动、滚动、碰撞和坠落4 种运动形式的运动轨迹计算公式；何思明等（2009）将落石假定为球体，基于 Cattaneo-Mindlin（卡塔内奥-明德林）切向接触理论和 Hertz（赫兹）碰撞理论，考虑落石的质量、冲击力速度、坡面条件，推导出了落石碰撞恢复系数计算公式；Wang 等（2008）研究落石对地下管线的冲击效应，将立方体落石以不同形式下落，使落石与地面分别以棱面接触和面面接触的方式碰撞，发现棱面接触产生的冲击深度比面面接触产生的冲击深度要大，而面面接触产生的最大冲击力比棱面接触产生的最大冲击力要大；杨海清等（2009）将落石形状假定为椭圆形，把落石运动形式分为自由坠落、斜抛、滚动、滑动和碰撞 5 种形式，通过物理学原理推导得出了每一种运动形式的速度计算方法，并将理论运动运用到实际落石运动轨迹计算，验证了其有效性；Wyllie（2014）将刚体冲击理论和牛顿动力学引入落石运动过程，以速度恢复系数和冲击力为考察指标，计算落石弹、跳、碰过程中落石的能量损失和冲击力变化规律。

不论是质点模式还是刚体模式，碰撞回弹都是计算中需要重点考虑的环节。目前，大多数落石模型都引入单个或者多个系数来衡量碰撞过程中落石的能量变化：单系数回弹模型运用速度损失系数（Kamijo et al.，2000；Guzzetti et al.，2002）或者能量损失系数（Bourrier et al.，2009；韩俊艳 等，2010）量化分析落石碰撞过程中能量的变化，此模型假定回弹方向完全由碰撞后速度方向决定；多系数回弹模型一般引入法向速度恢复系数和切向速度恢复系数度量落石碰撞过程中的能量变化，落石回弹方向由法向速度和切向速度共同决定。

3）现场试验

现场试验是在完全真实的边坡上用完全真实的石块进行的物理试验。它具有条件真实可靠、针对性强、数据可信度高的特点，是研究崩塌落石运动特性的重要方法。国内外专家学者围绕现场试验做了大量工作，研究了崩塌落石的块体形状、质量大小、坡角、坡形、坡面覆盖层条件等因素对运动特性的影响，得出了一些关于运动距离、运动速度、运动加速度、法向碰撞系数、切向碰撞系数、滚动摩擦系数、能量恢复系数、偏移比等运动特性指标的研究成果。其中具有代表性的成果如下：

1963 年 Ritchie（1963）在美国华盛顿州进行了第一次落石现场试验，提出了落石运动状态和坡角变化关系图。

1987 年 Paronuzzi（1989）以意大利北部的一处落石灾害点为研究对象，采用数值模拟加以辅助分析，发现以弹跳为主要运动形式的落石运动碰撞恢复系数大于或等于 0.8，落石与坡面发生碰撞回弹时，其运动规律并不完全遵守发射定理，反射角与入射角的比值平均为 1.05。

Azzoni 等（1995）通过现场试验，发现当坡面平坦或坡面起伏较小时，坡面越长，落石运动距离越远；在不考虑坡面长度的情况下，落石的偏移比为 0.1~0.2。

Pierson（2001）通过进行 11250 组现场试验，研究不同条件下落石的运动距离等特性，并据此编制《落石防护设计指南》，为落石防护设计提供依据。

Giani 等（2004）选取不同岩性和不同地貌的 2 个斜坡进行现场试验，发现对于相同形状和体积的落石，边坡坡面形状和粗糙度的局部变化可以导致落石运动路径的巨大差异，光滑的球形落石比不规则形状的落石具有更高的运动能力。

刘永平等（2005）根据长白山天池观光长廊段的崩塌落石灾害，分析崩塌落石运动速度、运动距离以及边坡高差特征，反演得出崩塌石块运动轨迹计算方法。

吴顺川等（2006）研究白云鄂博矿山落石问题，基于正交试验原理设计试验方案，发现落石碰撞恢复系数是落石运动距离的主要影响因素；采用蒙纳卡洛法对落石运动轨迹进行了预测研究。

Copons 等（2008）以比利牛斯山为研究地点，采用 1999~2004 年发生的 13 次崩塌落石事件数据，统计分析崩塌落石的运动距离，证明两经典经验模型（"到达角模型"和"影锥角模型"）的正确性，创造性地提出用"到达概率"和"到达界限曲线"概念进行崩塌落石的预测研究，并给出了到达角 0.5、0.25、0.01 时的影锥角，分别为 33°、30°、27.5°，为崩塌落石运动距离预测提供了新思路。

黄润秋等（2007，2009d，2009e，2010）基于正交试验原理设计现场试验，以落石坡面加速度为考察指标，发现斜坡坡度是影响落石运动加速度的主要因素，落石质量、坡面长度、落石形状、落石启动方式和坡面长度是次要因素；考虑平台的减速阻拦效果，考虑落石质量、落石形状和平台粗糙程度，统计得出停留位置的回归公式；考虑树木对落石的阻拦效应进行现场试验，发现落石与树木碰撞后与不碰撞相比，运动距离减少80%，落石与树木碰撞后的速度比碰撞前减少45%，动能减少70%，为提出树木防治落石提供了新的理论依据。

向欣（2010）利用湖北省恩施州野三关将军山一废弃矿山和野三关的石马岭进行边坡落石现场试验，采用高速摄像仪拍摄落石的运动过程，通过对落石运动录像的解析，研究落石质量、形状和落石起始运动状态等因素对落石运动距离及碰撞恢复系数的影响，并用人工神经网络法进行落石运动距离预测研究。

章广成等（2011）为研究落石碰撞恢复系数的特征及影响因素，开展野外落石碰撞试验，利用 FASTCAM SA1.1 高速摄像系统及配套软件 MotionPlus 解析获得落石碰撞前、后的速度，并求得法向和切向碰撞恢复系数。

叶四桥等（2011）为找出落石形状和质量与运动特征的关系，选取 112 块不同形状的落石在天然高陡边坡上进行了现场试验。试验结果表明，落石运动能力从强到弱依次为近球状、圆柱状、长方体、片状；落石质量与落石水平运动距离负相关；落石偏移比与落石大小负相关，随落石质量增大而减小。

4）模型试验

模型试验，根据一定的物理和几何关系，把现场实际体缩放为试验体，探求运动特性指标变化规律，并将由模型试验获得的物理规律运用到实际现场，从而得到对现场实际体的规律性认识（柴敬 等，2014）。模型试验可以根据实际工程需要，突出主要因素和主要水平，忽略次要因素和次要水平，具有经济性好、针对性强、数据准确的优点（袁文忠，1998）。相对于经验法和理论分析法，模型试验运用缩小的原型进行真实物理过程的重现和预测，具有较高的可信性和适用性。另外，对于受现场条件限制不能实施现场试验的崩塌落石，也可进行针对性研究。模型试验优点突出、针对性强，国内外学者们采用模型试验方法围绕崩塌落石做了大量研究工作。

Wu（1985）针对落石反弹特性，完善了试验架构，提出了室内试验建议图。他将落石弹跳轨迹分为两种，一种为碰撞后向上运动模式，另一种为碰撞后直接向下运动模式。纪宗吉（1997）根据此架构进行了落石行为分析。

亚南等（1996）以猴子岭崖崩塌落石为原型，借鉴意大利结构模型试验研究的经验，考虑危岩体几何相似、崩塌落石块体相似以及材料力学强度相似，运用模型试验进行地质力学模拟，发现崩塌落石与边坡的第一接触面对崩塌落石的运动距离有显著影响。

Okura 等（2000）为探求崩塌体体积和崩塌落石块体运动距离的关系，选择花岗岩石制作边坡模型，选取 0.1m×0.1m×0.1m 和 0.2m×0.2m×0.2m 立方体花岗岩块作为块体模型，通过块体个数改变崩塌体体积，发现崩塌落石运动距离与崩塌体体积正相关，崩塌落石堆积体中心距离与崩塌体体积负相关。

林景雾根据吴建红所提出的落石弹跳原理进行模型试验，落石材料选用玻璃、大理石、蛇纹石、钢珠，落石大小为 0.8~2.5cm，坡面材料选用大理石、蛇纹石、花岗岩，研究了不同落距和入射角对回弹系数的影响，并与已有研究成果对比分析，发现落距和入射角分别与回弹系数有较强的相关性。

Mangwandi 等（2007）基于弹塑性力学和接触力学原理进行模型试验，研究了不同材料在不同初速度条件下的碰撞恢复系数。

Manzella 等（2008）通过危岩崩塌室内模型试验，发现崩塌体的运动距离和崩塌体初始体积密切相关。

Labiouse 等（2009）为深入了解落石碰撞过程，在洛桑联邦理工学院岩石力学试验室进行了半微型物理模型试验，试验结果揭示碰撞恢复系数与坡体材料、边坡角度和入射速度有关；另外试验结果还表明切向碰撞恢复系数、法向碰撞恢复系数和能量恢复系数与质量大小负相关，法向碰撞恢复系数和能量恢复系数与坡角正相关，切向碰撞恢复系数与坡角无明显规律关系。

罗田（2013）以贵广高速铁路路堑边坡为原型，结合原型现场的实际地质条件，选取 1∶50 的几何相似比，考虑光滑坚硬和植被覆盖两种坡面条件，考虑不同的落石形状、落石质量等情况，建立边坡物理模型进行落石试验。试验结果表明落石形状比落石质量对落石的运动距离影响更显著；植被的存在增加了落石横向偏移运动的随机性，建议落石防护时偏移比取 0.4。

袁进科等（2014）设计落石冲击力模型试验装置，考虑落石质量、落石入射速度和入射角度等因素进行物理模型试验，发现最大冲击力与落石质量、落石入射速度和入射角度均为负相关，并根据最大冲击力模型试验结果建立了最大冲击力计算公式。

偏移比是落石横向偏移量与等效斜坡水平运动距离的比值。刘丹等（2013，2014）考虑落石初速度和坡形进行边坡落石模型试验，发现落石水平运动距离随初速度增大而增大；落石在上缓下陡边坡运动最远，在上陡下缓边坡运动最近；落石偏移比随初速度增大而增大，落石偏移比在台阶型边坡上最大。

5）数值模拟

由于岩土工程中的岩土体的独特性与复杂性，一些传统的解析类方法在解决实际问题时无能为力。随着计算机技术的迅猛发展，数值模拟越来越多地应用于岩土工程中，为崩塌落石的研究提供了新方法。由于岩土体与结构面形成的危岩体多呈现为不连续特征，此时以有限元为代表的连续介质力学分析方法在分析其运动特性方面受到很大的限制，在此情况下促生一大批以非连续介质力学为基础的程序和软件，它们在研究崩塌落石运动特性方面有着独特的优势，经常用于崩塌落石运动特性的研究。按照空间维度，数值方法分为二维（2-D）、准三维（2.5-D）和三维（3-D）。

2-D 程序是在用户自定义的边坡剖面内对落石模拟计算，其主要包括 CADMA、RockFall、2-D DDA 等。科研人员运用 2-D 程序对崩塌落石进行了研究：Azzoni 等（1995）基于 ISMES 和 ENELCRIS 建立的 CADMA 数学模型和落石现场试验获得的物理参数，编写了可用于落石运动轨迹预测的 CADMA 程序；通过对回弹系数、能量损失、弹跳高度和运动距离等运动参数的试验值和 CADMA 程序计算值进行对比，证明了 CADMA 程序的可行性和有效性。唐红梅（2011）在落石现场试验的基础上，利用 RockFall 软件对所选取的 48 块球形落石的运动路径进行数值模拟，通过数值模拟结果与现场试验的对比，发现落石的水平运动距离试验值和模拟值相近；但对于最大水平运动距离，模拟值小于试验值。Chen（2003）针对 DDA 落石弹跳高度和运动距离计算值大于现场试验值这一问题，引入阻尼系数和能量恢复系数概念，有效克服了原始 DDA 程序不能考虑空气阻力、植物阻力以及能量损失的缺点，使 DDA 真实有效地模拟落石的整个运动过程。Zhang 等（2011，2013，2014，2015）运用非连续变形法，研究了大光包滑坡，发现地震对滑坡的发展、滑移距离和破坏后的形态有显著影响；以东河口滑坡为例，证明了地震是导致高速远程滑坡的重要原因；考虑竖向地震动的蹦床效应，提出了新的地震崩塌滑坡运动机制；以危岩崩塌为对象，研究了地震条件下岩石崩塌块体的高速启动机制；在 DDA 的基础上利用地理信息系统提出了落石 DDA 边坡建模新方法。

2.5-D 程序主要包括两种。第一种为 GIS（Dorren et al.，2003），它将落石假定为滑动,在格栅地图中采用地形-水文法（Meissl，1998）计算落石运动轨迹。这种方法虽然可以计算落石的速度、运动距离,但是不能计算落石的弹跳高度。第二种为 2-D 程序与 GIS 耦合法。此方法的主要特点是水平运动不受竖向运动影响,计算每一步时,边坡坡面横向范围固定,沿坡面纵向计算落石运动。此种方法的典型代表是 Rocky3（Dorren，2003）。

3-D 程序是在三维边坡条件下对落石模拟计算,其主要包括 EBOUL-LMR、STONE、STAR3-D，Rockyfor3-D、3-D DDA、3DEC。3-D 程序可以考虑边坡地形的发散和汇聚效应以及落石块体的三维效应,研究人员根据落石 3-D 程序开展了大量研究。例如,Guzzetti 等（2002）基于 GIS 研发三维 STONE 落石计算程序,把输入的数字地形图作为模型基础,以动摩擦系数模拟滚石速度损失,以碰撞恢复系数表征碰撞点能量损失,用随机理论考虑输入数据的波动变化,通过输出和评估崩塌落石的速度、运动距离、弹跳高度等特性指标,生成崩塌落石区域灾害地图,为崩塌落石灾害大区域研究提供新手段;Dorren 等（2009）考虑落石运动过程的树木阻挡效应,编写了落石计算程序 RockyFor,并在法国阿尔卑斯山脉进行了 218 次落石现场试验,从落石平均最大平动速度、落石最大平动速度、落石被树木阻挡率、落石超越最底层树木的概率等几个角度对试验值和模拟值进行对比,证明了 RockyFor 的适用性和有效性;Thoeni 等（2014）采用离散元方法对落石运动过程进行模拟,并对落石运动轨迹和落石速度进行分析,在此基础上建立了落石防护网防护建模方法,取得了较好的防护效果;Chen 等（2013）针对 2-D DDA 不能考虑落石横向偏移特性和落石、边坡三维效应的确定,研发接触面单位,提出了可适用于落石的 3-D DDA 程序,考虑边坡的微观地貌效应、宏观地貌效应以及树木的障碍物效应进行数值模拟,验证了 3-D DDA 的正确性和优越性。

截至目前,国内外学者围绕崩塌落石运动特性做了大量研究,这些研究主要集中在以下两个方面:①自重条件下崩塌落石运动特性研究;②地震对崩塌落石失稳破坏机理研究。

众多案例表明地震崩塌落石的运动能力往往比非地震崩塌落石的运动能力强。现有研究要么不考虑地震作用,要么通过研究地震对启动过程的作用来探究地震作用对落石运动特性的影响。然而,事实表明,很多情况下落石受地震作用失稳破坏、脱离母岩沿坡向下运动的过程中,地震仍在发生,边坡仍在持续剧烈震动,落石运动过程中地震对落石的作用也很可能是导致落石具有较强运动能力的重要原因,但此方面的研究较少,对其认识不够深刻。

9.2　落石振动台模型试验及结果分析

本节内容研究过程:简化落石启动过程,设计振动台模型试验;制作不同形状落石模型,研制落石自动投放装置使落石自动投放;把简谐波作为动荷载输入波,以落石水平运动距离和横向偏移距离为考察指标,通过改变简谐波的振幅和频率,探讨简单水平荷载条件下规则形状落石的运动规律。

前文已详细介绍落石振动台模型试验的试验方案和试验方法,根据试验方案进行试验，共进行试验 3885 组，其中有效试验 3800 组、无效试验 85 组，试验结果见表 9-4～表 9-6。下面从落石运动过程、水平运动距离以及横向偏移距离等几个方面对试验结果进行分析。

表 9-4 试验数据结果一（坡型：直线坡，初始速度：5cm·s⁻¹）

形状	振幅 $A/$ ($cm \cdot s^{-2}$)	频率 F/Hz	水平运动距离 S/cm			横向偏移距离 L/cm	
			最大值 S_{max}	最小值 S_{min}	平均值 S_{mean}	最大值 L_{max}	平均值 L_{mean}
三棱柱	0	—	172	118	138.7	31	7.3
	300	4	167	131	144.9	44	10.1
		6	127	205	150.1	43	9.5
		8	188	128	152.3	30	9.5
		10	238	126	155.2	50	10.5
	600	4	208	125	153.3	34	10.8
		6	218	135	161.0	50	11.7
		8	205	136	163.9	51	11.7
		10	240	134	169.0	52	12.0
	900	4	241	142	190.0	43	15.2
		6	248	138	195.9	40	15.6
		8	283	142	194.2	46	14.5
		10	243	166	195.5	44	15.6
四棱柱	0	—	275	114	151.6	43	11.6
	300	4	230	130	169.4	58	15.7
		6	257	134	177.9	79	17.0
		8	240	128	175.8	54	16.0
		10	264	136	178.0	83	15.8
	600	4	280	125	186.6	80	19.1
		6	332	142	190.9	67	21.2
		8	258	137	189.9	63	21.4
		10	295	135	185.3	70	19.2
	900	4	255	132	192.0	92	21.5
		6	305	148	206.1	70	23.4
		8	282	148	203.0	79	23.8
		10	142	265	199.6	70	21.6
五棱柱	0	—	268	137	175.8	55	16.4
	300	4	327	139	187.7	80	20.5
		6	263	135	193.3	79	20.5
		8	261	135	195.9	58	22.0
		10	274	135	200.7	65	22.0
	600	4	300	143	197.2	80	23.6
		6	340	146	209.9	74	24.4
		8	303	155	209.3	89	23.7
		10	278	153	206.5	100	25.8

形状	振幅 $A/$ (cm·s^{-2})	频率 F/Hz	水平运动距离 S/cm			横向偏移距离 L/cm	
			最大值 S_{max}	最小值 S_{min}	平均值 S_{mean}	最大值 L_{max}	平均值 L_{mean}
五棱柱	900	4	330	147	206.7	100	25.1
		6	334	140	214.1	92	26.7
		8	274	155	218.5	72	25.7
		10	306	155	219.5	60	27.4
六棱柱		0	—	382	150	225.5	77	29.1
	300	4	343	164	225.5	86	32.1
		6	388	146	228.2	93	33.4
		8	373	159	226.5	95	31.7
		10	380	160	229.1	83	32.9
	600	4	342	158	235.0	90	33.0
		6	335	175	231.9	89	33.9
		8	340	147	230.4	85	32.4
		10	390	163	238.2	83	33.0
	900	4	373	160	241.5	90	36.7
		6	368	150	235.0	96	36.7
		8	395	143	241.9	85	38.0
		10	330	160	238.9	93	35.0

表 9-5 试验数据结果二（坡型：直线坡，振幅：900cm·s^{-2}，频率：4Hz）

形状	初始速度/ (cm·s^{-1})	水平运动距离 S/cm			横向偏移距离 L/cm	
		最大值 S_{max}	最小值 S_{min}	平均值 S_{mean}	最大值 L_{max}	平均值 L_{mean}
三棱柱	5	241	142	190.0	43	15.2
	15	285	126	199.1	80	20.6
	25	308	128	204.8	60	21.2
	35	290	159	215.8	68	22.7
六棱柱	5	373	160	241.5	90	36.7
	15	400	175	246.7	90	37.4
	25	375	165	246.1	100	40.2
	35	400	168	253.6	100	40.8

表 9-6 试验数据结果三（初始速度：5cm·s^{-1}，振幅：900cm·s^{-2}，频率：4Hz）

形状	坡型	水平运动距离 S/cm			横向偏移距离 L/cm	
		最大值 S_{max}	最小值 S_{min}	平均值 S_{mean}	最大值 L_{max}	平均值 L_{mean}
三棱柱	直线坡	241	142	190.0	43	15.2
	凸坡	332	145	225.1	83	30.4
六棱柱	直线坡	373	160	241.5	90	36.7
	凸坡	353	155	246.1	100	40.9

9.2.1　落石运动过程分析

1）落石运动随机特性

落石运动过程中受多种因素作用，表现出很强的随机性，动荷载的施加使这种随机特性尤为突出。为直观反映和分析落石的随机特性，分别选取不同形状、不同振幅、不同频率条件下落石的水平运动距离、横向偏移距离以及最终停积位置进行研究。

不同形状落石在不同条件下的 60 次平行试验的水平运动距离和横向偏移距离结果如图 9-4 所示。由图 9-4 可知，对于不同形状、相同动荷载条件下的落石而言，无论水平运动距离还是横向偏移距离，跨度都很大，最大值和最小值相差很大，60 次重复试验几乎找不到完全相同的试验样本。

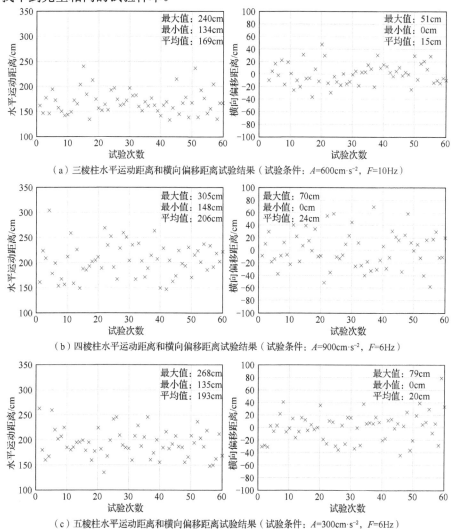

（a）三棱柱水平运动距离和横向偏移距离试验结果（试验条件：$A=600\text{cm}\cdot\text{s}^{-2}$，$F=10\text{Hz}$）

（b）四棱柱水平运动距离和横向偏移距离试验结果（试验条件：$A=900\text{cm}\cdot\text{s}^{-2}$，$F=6\text{Hz}$）

（c）五棱柱水平运动距离和横向偏移距离试验结果（试验条件：$A=300\text{cm}\cdot\text{s}^{-2}$，$F=6\text{Hz}$）

图 9-4　不同形状落石在不同条件下的 60 次平行试验的水平运动距离和横向偏移距离结果

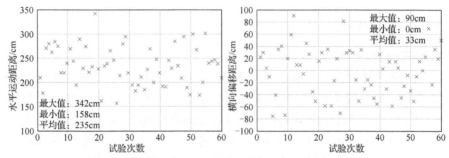

（d）六棱柱水平运动距离和横向偏移距离试验结果（试验条件：A=600cm·s^{-2}，F=4Hz）

图 9-4（续）

随机性是落石运动客观存在的特征，进行运动特性研究与灾害防治时应重点考虑落石的随机特性。反观当前落石灾害防治设计思想，其简单地把落石假定为球体或椭球体，将落石运动过程简化为二维运动，根据运动过程中落石的运动距离、弹跳高度等运动特性参数进行防护方案的制订，当前落石防治设计思路将随机性很强的不确定事件假定为确定的事件进行分析研究，其计算的准确性和可靠性值得商榷。另外，从图 9-4 中可知，落石横向偏移波动范围很大，忽略横向偏移特征，将落石运动简化为二维运动是不太合理的。为更加有效地进行落石灾害的研究与防治，应考虑随机特征，通过引入概率分析，根据运动范围的概率分布特性，结合灾害防治工程的防护等级，划定灾害威胁区域，进行灾害防治。

图 9-5～图 9-8 是不同形状落石运动的最终停积位置。由图可知，随棱柱侧棱数目的增加，落石停积位置分散程度越来越大；无论是水平运动范围还是横向偏移范围，其波动范围均越来越大。停积位置范围的波动是停积位置显著差异性的体现，是落石运动过程中随机性的反映。

2）落石运动过程特征

如上所述，地震落石运动过程随机性强，不同条件下落石运动过程不同，相同条件下其运动特征也有差异。虽然落石运动差异性客观存在，但不同形状落石拥有其独特的运动特点。图 9-9 是落石运动过程示意图。图中弹跳、滚滑无确定含义，只是对不同形状落石运动现象简单描述以及对不同形状落石弹跳能力和滚滑能力差异的定性反映。

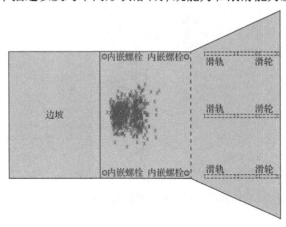

图 9-5　三棱柱落石运动的最终停积位置

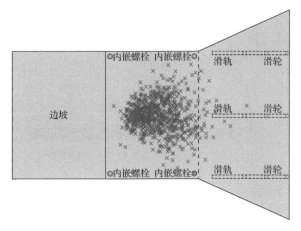

图 9-6　四棱柱落石运动的最终停积位置

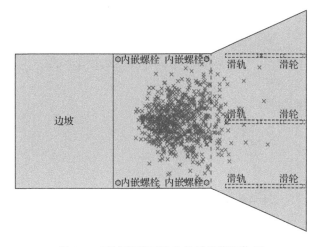

图 9-7　五棱柱落石运动的最终停积位置

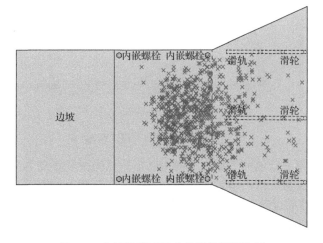

图 9-8　六棱柱落石运动的最终停积位置

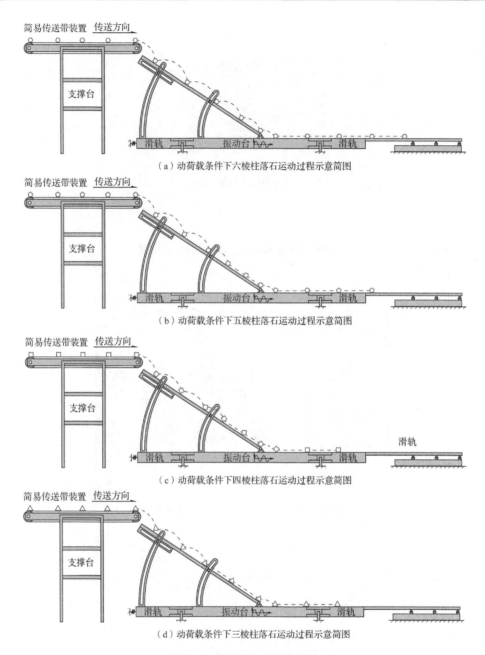

（a）动荷载条件下六棱柱落石运动过程示意简图

（b）动荷载条件下五棱柱落石运动过程示意简图

（c）动荷载条件下四棱柱落石运动过程示意简图

（d）动荷载条件下三棱柱落石运动过程示意简图

图 9-9　落石运动过程示意图

　　不管何种形状落石，坡面运动阶段的运动形式以弹跳和滚动为主，除三棱柱形状落石外很少出现滑动现象。落石与坡面接触时，如果落石侧面或底面与坡面先接触，则落石能量耗散较大，随后运动形式基本转变为滚动或滑动；如果落石棱或角与坡面先接触，则落石能量耗散较小，随后运动形式多以弹跳为主。滚滑时尽管有翻滚现象的出现，但大部分都能自动调整自身方位，最终大都以绕模型长轴进行滚动；另外，滚动并非沿边坡断面滚动，基本都带有偏移现象。

　　不同运动阶段落石运动形式有很多共性，但不同的形状之间也存在差异。坡面运动阶段中，弹跳段与滚滑段的比例随六棱柱、五棱柱、四棱柱、三棱柱依次减小，落石与坡面的碰撞次数随六棱柱、五棱柱、四棱柱、三棱柱逐渐减少；平台运动阶段，落石滚动段与滑动段的比例随三棱柱、四棱柱、五棱柱、六棱柱依次增大。

9.2.2 落石水平运动距离分析

彩图 24 是落石水平运动距离与动荷载振幅、动荷载频率、落石形状的综合关系图，其具体关系如下。

1）水平运动距离与振幅的关系

落石水平运动距离与振幅 A 的关系如图 9-10 所示。

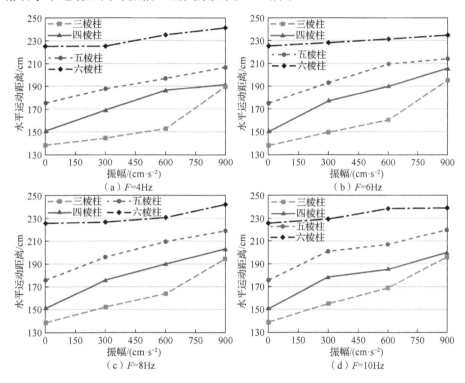

图 9-10　落石水平运动距离与振幅 A 的关系

由图 9-10 可知，不同形状落石在所有频率范围内，水平运动距离均随振幅增大而增大，这表明动荷载振幅越大，落石的水平威胁范围就越大。进行地震落石灾害防护设计时，可根据不同地区发生不同震级地震的概率进行差异防护设计。

落石在不同动荷载振幅下的水平运动距离差异如表 9-7 所示。由表 9-7 可知，施加动荷载时不同形状落石的水平运动距离均比不施加动荷载时明显增大，三棱柱、四棱柱、五棱柱、六棱柱落石的水平运动距离最大增幅分别为 48%、36%、25% 和 7%，且最大增幅按照棱柱顺序依次减小。动荷载是影响水平运动距离大小的重要因素，其对水平运动距离增大作用显著。在地震频发区，尤其是地震近断层区域，进行落石水平运动距离研究应充分考虑水平运动距离的地震效应。

表 9-7　落石在不同动荷载振幅下的水平运动距离差异

形状	频率 F/Hz	$\dfrac{H_{A300} - H_{A0}}{H_{A0}}$ /%	$\dfrac{H_{A600} - H_{A0}}{H_{A0}}$ /%	$\dfrac{H_{A900} - H_{A0}}{H_{A0}}$ /%
三棱柱	4	6	12	39
	6	10	18	48
	8	12	20	42
	10	14	24	42
四棱柱	4	12	23	27
	6	17	26	36
	8	16	25	34
	10	17	22	32
五棱柱	4	7	12	18
	6	10	19	22
	8	11	19	24
	10	14	17	25
六棱柱	4	0	4	7
	6	2	3	4
	8	0	2	7
	10	2	6	6

注：H_{A0}、H_{A300}、H_{A600}、H_{A900} 分别指动荷载振幅为 0cm·s^{-2}（无地震）、300cm·s^{-2}、600cm·s^{-2} 和 900cm·s^{-2} 条件下的平均水平运动距离。

　　无动荷载作用时，落石运动形式主要为滚动和滑动；有动荷载施加时，落石运动形式逐渐转变为以弹跳为主，并且随着振幅的增大，弹跳段与滚滑段的比例增大，落石碰撞弹跳运动形式越来越显著，落石在与边坡碰撞过程中获得的动能不断增加，水平运动距离不断增大。综上所述，动荷载可改变落石运动形式，落石运动形式影响落石水平运动距离的大小，相较于滚动和滑动，弹跳更易促进落石水平运动的发展。

　　2）水平运动距离与频率的关系

　　落石水平运动距离与频率 F 的关系如图 9-11 所示。落石在不同动荷载频率下的水平运动距离差异如表 9-8 所示。

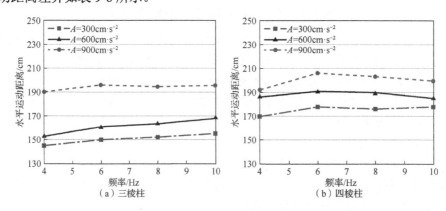

图 9-11　落石水平运动距离与频率 F 的关系

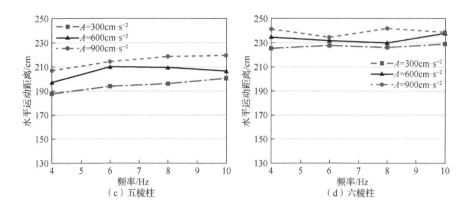

图 9-11（续）

表 9-8　落石在不同动荷载频率下的水平运动距离差异

振幅 A/（cm·s^{-2}）	$\dfrac{H_{F\max} - H_{F\min}}{H_{F\min}}$/%			
	三棱柱	四棱柱	五棱柱	六棱柱
300	7	5	7	2
600	10	2	6	3
900	3	7	6	3

注：$H_{F\max}$、$H_{F\min}$ 分别代表相同形状落石在相同振幅、不同频率条件下水平运动距离的最大值和最小值。

　　由图 9-11 和表 9-8 可知，动荷载频率改变，落石水平运动距离波动不大，最大仅为 10%，且大多增幅都在 7%及以下，由此看来，动荷载频率的改变对水平运动距离影响不显著。

　　动荷载频率改变，落石水平运动距离变化较小，可能是碰撞次数和碰撞冲击力综合作用的结果。动荷载频率增大，落石与坡面碰撞概率增大，弹跳段比例增大，但对于相同振幅的动荷载而言，在频率增大的同时，落石与边坡碰撞时的碰撞冲击力要减小，落石每次碰撞后获得的能量将相对减小，碰撞次数与碰撞冲击力的耦合作用导致频率对落石水平运动距离的影响不显著。

　　3）水平运动距离与形状的关系

　　不同动荷载频率下落石水平运动距离与落石形状的关系如图 9-12 所示。由图 9-12 可知，不同形状的落石水平运动距离有相同的发展趋势，且水平运动距离按照三棱柱、四棱柱、五棱柱、六棱柱依次增大。表 9-9 展示的是不同形状落石水平运动距离的差异，相同试验条件下不同形状落石水平运动距离差异明显。由此可见，落石形状影响水平运动远近，水平运动距离数值大小随棱柱侧棱数目增多而增大，在实际中表现为落石棱角越多，其水平影响范围越大，威胁能力越强。

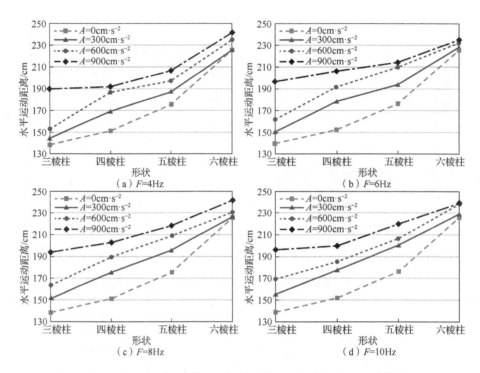

图 9-12　不同动荷载频率下落石水平运动距离与落石形状的关系

表 9-9　不同形状落石水平运动距离的差异

振幅 A/（cm·s⁻²）	频率 F/Hz	$\dfrac{H_{X4}-H_{X3}}{H_{X3}}$/%	$\dfrac{H_{X5}-H_{X3}}{H_{X3}}$/%	$\dfrac{H_{X6}-H_{X3}}{H_{X3}}$/%
0（无地震）	4	9	27	63
	6	9	27	63
	8	9	27	63
	10	9	27	63
300	4	17	30	56
	6	19	29	52
	8	15	29	49
	10	15	29	48
600	4	22	29	53
	6	19	30	44
	8	16	28	41
	10	10	22	41
900	4	1	9	27
	6	5	9	20
	8	5	13	25
	10	2	12	22

注：H_{X3}、H_{X4}、H_{X5}、H_{X6} 分别指三棱柱、四棱柱、五棱柱、六棱柱落石的平均水平运动距离。

落石水平运动距离因落石形状而异的变化关系与其运动形式密切相关。如前所述，落石与坡面接触时，角棱与坡面先接触比面与坡面先接触更易导致弹跳运动的发生，落石角棱数目的增加使落石与坡面接触后发生弹跳的概率变大。另外，对于相同的试验条件，相较于滑动运动，棱角多的落石更易发生滚动，这也是落石水平运动距离随落石形状发生变化的重要原因。

4）水平运动距离与长细比的关系

落石水平运动距离与长细比的关系如图 9-13 所示。不同长细比落石水平运动距离的差异如表 9-10 所示。由图 9-13 和表 9-10 可知，落石长细比越大，其水平运动距离越小，说明条件相同时，长细比越大，落石纵向威胁范围越小。在进行落石影响范围评价时，对于细长落石，应考虑较小的纵向威胁范围；对于短粗落石，应考虑较大的纵向威胁范围。

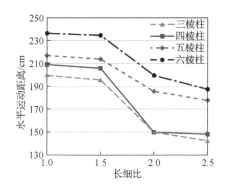

图 9-13　落石水平运动距离与长细比的关系

表 9-10　不同长细比落石水平运动距离的差异

形状	$\dfrac{H_{C1.0}-H_{C2.5}}{H_{C2.5}}$ /%	$\dfrac{H_{C1.5}-H_{C2.5}}{H_{C2.5}}$ /%	$\dfrac{H_{C2.0}-H_{C2.5}}{H_{C2.5}}$ /%
三棱柱	41	37	5
四棱柱	41	39	1
五棱柱	22	20	5
六棱柱	26	25	6

注：$H_{C1.0}$、$H_{C1.5}$、$H_{C2.0}$、$H_{C2.5}$ 分别指长细比为 1.0、1.5、2.0、2.5 落石的平均水平运动距离。

从落石运动形式来看，落石长细比越大，其越来越趋向于绕长轴滚动或沿侧棱面滑动，碰撞弹跳显著减少，滚滑能力明显增强，弹跳能力显著下降。

5）水平运动距离与初始速度的关系

为研究落石初始速度对水平运动距离的影响，选取运动能力最强的六棱柱落石和运动能力最弱的三棱柱落石进行试验，试验结果如表 9-5 所示。落石水平运动距离与初始速度的关系如图 9-14 所示。由图 9-14 可知，落石水平运动距离与初始速度正相关。

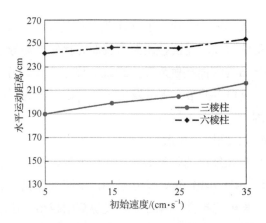

图 9-14　落石水平运动距离与初始速度的关系（试验条件：A=900cm·s^{-2}，F=4Hz）

6）水平运动距离与坡型的关系

为研究坡型对水平运动距离的影响，选取六棱柱落石和三棱柱落石在直线坡和凸坡（图 9-15）上进行试验，试验结果见表 9-6。落石水平运动距离与坡型的关系如图 9-16 所示。由图 9-16 可知，落石在凸坡上更易运动至较远距离。

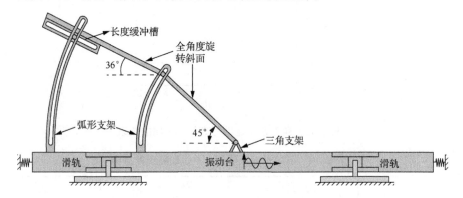

图 9-15　凸坡

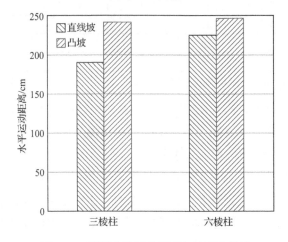

图 9-16　落石水平运动距离与坡型的关系

7）水平运动距离影响因素对比分析

（1）极差分析。极差是指同一个影响因素下落石水平运动距离最大值与最小值之差，即 $R=\max(Ⅰ_j,Ⅱ_j,Ⅲ_j,Ⅳ_j)-\min(Ⅰ_j,Ⅱ_j,Ⅲ_j,Ⅳ_j)$。极差表征水平运动距离的波动程度，极差越大，影响因素对落石水平运动距离影响越大，则该因素是影响水平运动距离的主要因子；反之，极差越小，影响因素对水平运动距离影响越小，则该因素是影响水平运动距离的次要因子。落石水平运动距离极差分析如表 9-11 所示。由表 9-11 可知，形状、振幅、频率的极差分别为 231.5、212.0、194.2，因此影响因素对水平运动距离影响程度的主次关系依次是落石形状、振幅、频率。

表 9-11 落石水平运动距离极差分析

试验组号	A（形状）	B（振幅）	C（频率）	平均水平运动距离 H_i/cm
1	A1（三棱柱）	B1（0cm·s^{-2}）	C1（4Hz）	138.7
2	A1（三棱柱）	B1（0cm·s^{-2}）	C2（6Hz）	138.7
3	A1（三棱柱）	B1（0cm·s^{-2}）	C3（8Hz）	138.7
4	A1（三棱柱）	B1（0cm·s^{-2}）	C4（10Hz）	138.7
5	A1（三棱柱）	B2（300cm·s^{-2}）	C1（4Hz）	144.9
6	A1（三棱柱）	B2（300cm·s^{-2}）	C2（6Hz）	150.1
7	A1（三棱柱）	B2（300cm·s^{-2}）	C3（8Hz）	152.3
8	A1（三棱柱）	B2（300cm·s^{-2}）	C4（10Hz）	155.2
9	A1（三棱柱）	B3（600cm·s^{-2}）	C1（4Hz）	153.3
10	A1（三棱柱）	B3（600cm·s^{-2}）	C2（6Hz）	161.0
11	A1（三棱柱）	B3（600cm·s^{-2}）	C3（8Hz）	163.9
12	A1（三棱柱）	B3（600cm·s^{-2}）	C4（10Hz）	169.0
13	A1（三棱柱）	B4（900cm·s^{-2}）	C1（4Hz）	190.0
14	A1（三棱柱）	B4（900cm·s^{-2}）	C2（6Hz）	195.9
15	A1（三棱柱）	B4（900cm·s^{-2}）	C3（8Hz）	194.2
16	A1（三棱柱）	B4（900cm·s^{-2}）	C4（10Hz）	195.5
17	A2（四棱柱）	B1（0cm·s^{-2}）	C1（4Hz）	151.6
18	A2（四棱柱）	B1（0cm·s^{-2}）	C2（6Hz）	151.6
19	A2（四棱柱）	B1（0cm·s^{-2}）	C3（8Hz）	151.6
20	A2（四棱柱）	B1（0cm·s^{-2}）	C4（10Hz）	151.6
21	A2（四棱柱）	B2（300cm·s^{-2}）	C1（4Hz）	169.4
22	A2（四棱柱）	B2（300cm·s^{-2}）	C2（6Hz）	177.9
23	A2（四棱柱）	B2（300cm·s^{-2}）	C3（8Hz）	175.8
24	A2（四棱柱）	B2（300cm·s^{-2}）	C4（10Hz）	178.0
25	A2（四棱柱）	B3（600cm·s^{-2}）	C1（4Hz）	186.6
26	A2（四棱柱）	B3（600cm·s^{-2}）	C2（6Hz）	190.9
27	A2（四棱柱）	B3（600cm·s^{-2}）	C3（8Hz）	189.9
28	A2（四棱柱）	B3（600cm·s^{-2}）	C4（10Hz）	185.3
29	A2（四棱柱）	B4（900cm·s^{-2}）	C1（4Hz）	192.0
30	A2（四棱柱）	B4（900cm·s^{-2}）	C2（6Hz）	206.1
31	A2（四棱柱）	B4（900cm·s^{-2}）	C3（8Hz）	203.0

续表

试验组号	A（形状）	B（振幅）	C（频率）	平均水平运动距离 H_i/cm
32	A2（四棱柱）	B4（900cm·s^{-2}）	C4（10Hz）	199.6
33	A3（五棱柱）	B1（0cm·s^{-2}）	C1（4Hz）	175.8
34	A3（五棱柱）	B1（0cm·s^{-2}）	C2（6Hz）	175.8
35	A3（五棱柱）	B1（0cm·s^{-2}）	C3（8Hz）	175.8
36	A3（五棱柱）	B1（0cm·s^{-2}）	C4（10Hz）	175.8
37	A3（五棱柱）	B2（300cm·s^{-2}）	C1（4Hz）	187.7
38	A3（五棱柱）	B2（300cm·s^{-2}）	C2（6Hz）	193.3
39	A3（五棱柱）	B2（300cm·s^{-2}）	C3（8Hz）	195.9
40	A3（五棱柱）	B2（300cm·s^{-2}）	C4（10Hz）	200.7
41	A3（五棱柱）	B3（600cm·s^{-2}）	C1（4Hz）	197.2
42	A3（五棱柱）	B3（600cm·s^{-2}）	C2（6Hz）	209.9
43	A3（五棱柱）	B3（600cm·s^{-2}）	C3（8Hz）	209.3
44	A3（五棱柱）	B3（600cm·s^{-2}）	C4（10Hz）	206.5
45	A3（五棱柱）	B4（900cm·s^{-2}）	C1（4Hz）	206.7
46	A3（五棱柱）	B4（900cm·s^{-2}）	C2（6Hz）	214.1
47	A3（五棱柱）	B4（900cm·s^{-2}）	C3（8Hz）	218.5
48	A3（五棱柱）	B4（900cm·s^{-2}）	C4（10Hz）	219.5
49	A4（六棱柱）	B1（0cm·s^{-2}）	C1（4Hz）	225.5
50	A4（六棱柱）	B1（0cm·s^{-2}）	C2（6Hz）	225.5
51	A4（六棱柱）	B1（0cm·s^{-2}）	C3（8Hz）	225.5
52	A4（六棱柱）	B1（0cm·s^{-2}）	C4（10Hz）	225.5
53	A4（六棱柱）	B2（300cm·s^{-2}）	C1（4Hz）	225.5
54	A4（六棱柱）	B2（300cm·s^{-2}）	C2（6Hz）	228.2
55	A4（六棱柱）	B2（300cm·s^{-2}）	C3（8Hz）	226.5
56	A4（六棱柱）	B2（300cm·s^{-2}）	C4（10Hz）	229.1
57	A4（六棱柱）	B3（600cm·s^{-2}）	C1（4Hz）	235.0
58	A4（六棱柱）	B3（600cm·s^{-2}）	C2（6Hz）	231.9
59	A4（六棱柱）	B3（600cm·s^{-2}）	C3（8Hz）	230.4
60	A4（六棱柱）	B3（600cm·s^{-2}）	C4（10Hz）	238.2
61	A4（六棱柱）	B4（900cm·s^{-2}）	C1（4Hz）	241.5
62	A4（六棱柱）	B4（900cm·s^{-2}）	C2（6Hz）	235.0
63	A4（六棱柱）	B4（900cm·s^{-2}）	C3（8Hz）	241.9
64	A4（六棱柱）	B4（900cm·s^{-2}）	C4（10Hz）	238.9
均值1（I_j）	161.3	172.9	188.8	$\overline{H} = \dfrac{1}{64}\sum\limits_{i=1}^{H} H_i$
均值2（II_j）	178.8	186.9	192.9	
均值3（III_j）	197.6	197.4	193.3	$= 192.3$
均值4（IV_j）	231.5	212.0	194.2	
R	70.2	39.1	5.4	—

注：$R=\max(I_j,\ II_j,\ III_j,\ IV_j) - \min(I_j,\ II_j,\ III_j,\ IV_j)$。

（2）方差分析。为准确估计试验的组间误差和组内误差，正确评估水平运动距离与影响因素变量水平之间的关系，同时考察因素的显著性，对落石水平运动距离进行方差分析。

表 9-12 为落石水平运动距离方差分析结果。由表 9-12 可知，形状、振幅的 P 值均为 0.001，远小于置信度 0.01 和 0.05，频率的 P 值为 0.213，大于置信度 0.01 和 0.05；形状、振幅的 F 值分别为 247.7 和 74.9，均大于 $F_{0.05}$ 和 $F_{0.01}$，频率的 F 值为 1.5，小于 $F_{0.05}$ 和 $F_{0.01}$。因此，形状、振幅对落石水平运动距离影响显著，是决定性因素；频率对水平运动距离影响不显著，是次要因素。另外，由表 9-12 可知，形状、振幅、频率的 F 值分别为 247.7、74.9、1.5，依次减小，这也说明影响因素对水平运动距离影响程度的主次关系依次是落石形状、振幅、频率，方差分析结果与极差分析结果相互验证。

表 9-12　落石水平运动距离方差分析结果

因素	自由度	$F_{0.05}$	$F_{0.01}$	F 值	P 值	显著性
A（形状）	3	8.6	26.3	247.7	0.001	**
B（振幅）	3	8.6	26.3	74.9	0.001	*
C（频率）	3	8.6	26.3	1.5	0.213	—
误差	54	—	—	—	—	—

注：**与*表示影响显著，**的显著性大于*的显著性。

9.2.3　横向偏移距离分析

1）横向偏移距离与振幅的关系

落石在不同动荷载振幅下的横向偏移距离差异如表 9-13 所示。由表 9-13 可知，无论是三棱柱、四棱柱、五棱柱，还是六棱柱，其施加动荷载时的横向偏移距离均比不施加动荷载时显著增大；振幅为 900cm·s^{-2} 时横向偏移距离达到最大，相较于无动荷载施加时，它们的最大增幅分别为 152%、105%、67% 和 31%，并且最大增幅按照三棱柱、四棱柱、五棱柱、六棱柱顺序依次减小。由此可见，动荷载对横向偏移距离的影响显著，动荷载是影响落石横向运动范围的重要因素。在进行地震落石横向威胁范围计算时，应考虑地震对落石横向运动距离的影响。

表 9-13　落石在不同动荷载振幅下的横向偏移距离差异

形状	频率/Hz	$\dfrac{L_{300}-L_0}{L_0}$ /%	$\dfrac{L_{600}-L_0}{L_0}$ /%	$\dfrac{L_{900}-L_0}{L_0}$ /%
三棱柱	4	63	74	145
	6	53	89	152
	8	53	89	134
	10	69	94	152
四棱柱	4	35	65	85
	6	47	83	102
	8	38	84	105
	10	36	66	86
五棱柱	4	25	44	53
	6	25	49	63
	8	34	45	57
	10	34	57	67

续表

形状	频率/Hz	$\dfrac{L_{300}-L_0}{L_0}$ /%	$\dfrac{L_{600}-L_0}{L_0}$ /%	$\dfrac{L_{900}-L_0}{L_0}$ /%
六棱柱	4	10	13	26
	6	15	16	26
	8	9	11	31
	10	13	13	20

注：L_0、L_{300}、L_{600}、L_{900} 分别指振幅为 0cm·s^{-2}（无地震）、300cm·s^{-2}、600cm·s^{-2} 和 900cm·s^{-2} 条件下落石的平均横向偏移距离。

　　落石横向偏移距离与振幅的关系如图 9-17 所示。由图 9-17 可知，横向偏移距离与振幅正相关，随振幅增大而增大，随振幅减小而减小。振幅不同，落石横向威胁范围和能力不同，振幅越小，落石的横向影响范围越小，横向威胁能力越弱；振幅越大，落石的横向影响范围越大，横向威胁能力越强。在实际工程中，震级较高的强震区域应考虑较大的横向危害范围，震级较弱的非强震区域应考虑较小的横向危害范围。

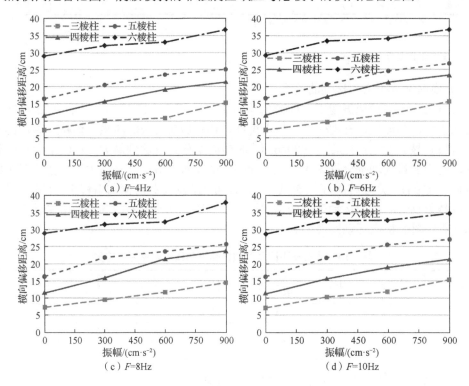

图 9-17　落石横向偏移距离与振幅的关系

　　受落石、边坡以及地震动荷载等的影响，落石并非沿边坡试验断面方向运动，而是以边坡坡面线为基准向左或向右或多或少发生偏移。从无动荷载到动荷载振幅值分别为 300cm·s^{-2}、600cm·s^{-2}、900cm·s^{-2}，落石主要运动形式由滚动和滑动逐渐转变为弹跳，其滚滑段减少，弹跳段增加，滚滑能力减弱，弹跳能力增强，落石横向偏移距离逐渐增大。

2）横向偏移距离与频率的关系

落石横向偏移距离与频率的关系如图 9-18 所示。落石在不同动荷载频率下的横向偏移距离差异如表 9-14 所示。由图 9-18 和表 9-14 可知，相同振幅、不同频率条件下，三棱柱、四棱柱、五棱柱、六棱柱落石横向偏移距离最大相差 11%，这说明频率对落石的横向偏移影响不大。相同振幅情况下，频率增大，虽然落石与坡面碰撞次数增多，但是碰撞冲击力减小，导致频率变化时落石横向偏移距离在一定数值范围内波动，但大小相差不大。

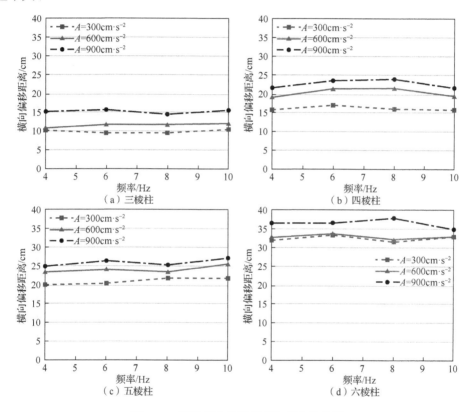

图 9-18　落石横向偏移距离与频率的关系

表 9-14　落石在不同动荷载频率下的横向偏移距离差异

振幅/ (cm·s⁻²)	$\dfrac{L_{F\max}-L_{F\max}}{L_{F\min}}$ / %			
	三棱柱	四棱柱	五棱柱	六棱柱
300	11	8	7	5
600	11	11	9	5
900	8	10	9	9

注：$L_{F\max}$、$L_{F\min}$ 分别代表相同形状落石在相同振幅、不同频率条件下落石横向偏移距离的最大值和最小值。

3）横向偏移距离与落石形状的关系

落石横向偏移距离与落石形状的关系如图 9-19 所示。由图 9-19 可知，六棱柱落石横向偏移距离最大，其次是五棱柱，然后是四棱柱，三棱柱横向偏移距离最小。表 9-15 为不同形状落石横向偏移距离的差异。由表 9-15 可知，不同形状落石在相同的试验条件下差异明显，四棱柱横向偏移距离最小是三棱柱横向偏移距离的 1.38 倍，最大是三棱柱横向偏移距离的 1.83 倍；五棱柱横向偏移距离最小是三棱柱横向偏移距离的 1.66 倍，最大是三棱柱横向偏移距离的 2.37 倍；六棱柱横向偏移距离最小是三棱柱横向偏移距离的 2.24 倍，最大是三棱柱横向偏移距离的 3.99 倍。综上所述，落石形状与横向偏移距离密切相关，棱柱落石侧棱越少，其横向偏移距离就越小，横向威胁范围就越小；反之，棱柱落石侧棱越多，其横向偏移距离就越大，横向威胁范围就越大。在实际工程中，侧棱较多的棱柱落石需要考虑较大的横向威胁范围，侧棱较少的落石要考虑较小的横向威胁范围。

受多种因素综合作用下落石沿边坡运动时将会沿边坡剖面线发生偏移。从三棱柱到四棱柱、五棱柱、六棱柱，随着落石棱角增多，其与坡面接触发生弹跳的概率增加，弹跳能力增强，其横向偏移距离由小变大。

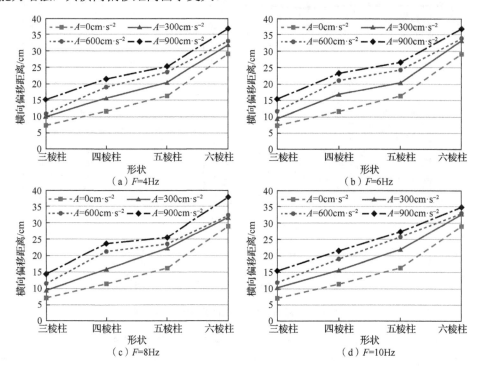

图 9-19　落石横向偏移距离与落石形状的关系

表 9-15　不同形状落石横向偏移距离的差异

$A/(\text{cm}\cdot\text{s}^{-2})$	频率/Hz	$\dfrac{L_{X4}-L_{X3}}{L_{X3}}$ /%	$\dfrac{L_{X5}-L_{X3}}{L_{X3}}$ /%	$\dfrac{L_{X6}-L_{X3}}{L_{X3}}$ /%
0（无地震）	4	59	125	299
	6	59	125	299
	8	59	125	299
	10	59	125	299

续表

$A/(\mathrm{cm\cdot s^{-2}})$	频率/Hz	$\dfrac{L_{X4}-L_{X3}}{L_{X3}}/\%$	$\dfrac{L_{X5}-L_{X3}}{L_{X3}}/\%$	$\dfrac{L_{X6}-L_{X3}}{L_{X3}}/\%$
300	4	55	103	218
	6	79	116	252
	8	68	137	234
	10	50	110	213
600	4	77	119	206
	6	81	109	190
	8	83	103	177
	10	60	115	175
900	4	41	66	141
	6	50	71	135
	8	64	77	162
	10	38	76	124

注：L_{X3}、L_{X4}、L_{X5}、L_{X6} 分别指三棱柱、四棱柱、五棱柱、六棱柱落石的平均横向偏移距离。

4）横向偏移距离与长细比的关系

图 9-20 所示为落石横向偏移距离与长细比的关系。表 9-16 为不同长细比落石横向偏移距离的差异。由图 9-20 和表 9-16 可知，落石横向偏移距离随长细比增大而减小，说明条件相同时，长细比越大，落石横向威胁越小。在进行防护结构设计时，对于细长落石，应考虑较小的横向威胁范围；对于短粗落石，应考虑较大的横向威胁范围。

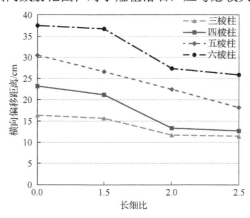

图 9-20　落石横向偏移距离与长细比的关系

表 9-16　不同长细比落石横向偏移距离的差异

形状	$\dfrac{L_{C1.0}-L_{C2.5}}{L_{C2.5}}/\%$	$\dfrac{L_{C1.5}-L_{C2.5}}{L_{C2.5}}/\%$	$\dfrac{L_{C2.0}-L_{C2.5}}{L_{C2.5}}/\%$
三棱柱	43	36	2
四棱柱	83	67	5
五棱柱	68	47	23
六棱柱	45	42	6

注：$L_{C1.0}$、$L_{C1.5}$、$L_{C2.0}$、$L_{C2.5}$ 分别指长细比为 1.0、1.5、2.0、2.5 落石的平均横向偏移距离。

随着长细比增大，落石运动主要形式由弹跳转变为滚滑，滚滑能力增强，弹跳能力下降，则弹跳段比例下降，滚滑段比例增大，落石受外界干扰而偏离边坡断面中心的能力减弱。

5）横向偏移距离与初始速度的关系

图 9-21 所示为落石横向偏移距离与初始速度的关系。由图 9-21 可知，相同条件下，初始速度越大，横向偏移距离越大。

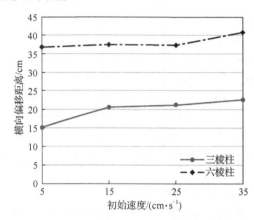

图 9-21　落石横向偏移距离与初始速度的关系（试验条件：A=900cm·s^{-2}，F=4Hz）

9.3　落石运动 DDA 模拟与振动台试验对比验证

9.3.1　DDA 崩塌落石基本运动验证

崩塌落石运动由自由落体、滑动、滚动、碰撞四种基本运动组成。为判定 DDA 能否用于崩塌落石研究，运用 DDA 对自由落体、滑动、滚动、碰撞进行数值模拟，将 DDA 数值模拟结果和理论值结果对比，检验 DDA 用于崩塌落石研究的正确性和适用性。

1）自由落体验证

自由落体是崩塌落石四种基本运动之一，为验证 DDA 模拟自由落体的正确性，将一物块从原点（0，0）处自由落下［图 9-22（a）］，块体竖向位移 d_1 的理论值为

$$d_1 = \frac{1}{2}gt^2 \tag{9-1}$$

式中，g 为自由落体加速度；t 为时间。

将理论值和 DDA 值进行对比［图 9-22（b）］可知，自由落体竖向位移 y 的理论值和 DDA 值完全吻合，说明 DDA 能够很好地模拟自由落体运动。

2）滑动运动验证

为验证 DDA 能否正确模拟滑动运动，将四棱柱落石放置在坡角 36°的边坡坡面顶端，四棱柱落石将沿坡面向下滑动；同时，依据物理试验原型，建立 DDA 滑动运动验证模型［图 9-23（a）］。四棱柱落石沿斜坡面的滑动位移 d_2 理论值为

$$d_2 = \frac{1}{2}g(\sin\theta - \cos\theta\tan\varphi)t^2 \tag{9-2}$$

式中，θ 为边坡坡角；φ 为四棱柱落石的摩擦角。

理论值和 DDA 数值模拟结果如图 9-23（b）所示。由图可知两值完全吻合，说明 DDA 可以精确地模拟滑动运动。

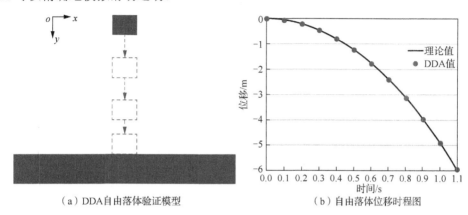

（a）DDA自由落体验证模型　　　　　（b）自由落体位移时程图

图 9-22　自由落体 DDA 模拟验证

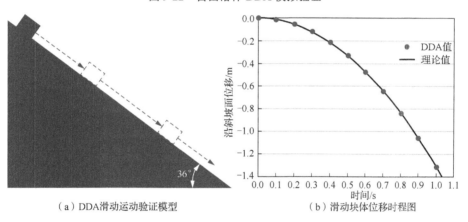

（a）DDA滑动运动验证模型　　　　　（b）滑动块体位移时程图

图 9-23　滑动运动 DDA 模拟验证

3）滚动运动验证

滚动运动是崩塌落石一种常见的运动形式，能够精确模拟块体的滚动运动是崩塌落石运动模拟程序的必备条件。为检验 DDA 能否精确模拟滚动运动，引入滚动临界摩擦角 ω，从滚动临界摩擦角方面予以检验。对于边坡上的正 n 多边形块体而言，滚动临界摩擦角 ω 计算式如式（9-3）所示。当块体的摩擦角 φ 大于斜坡坡角 θ 且滚动临界摩擦角 ω 大于斜坡坡角 θ 时，块体既不滑动，也不滚动；当块体的摩擦角 φ 大于斜坡坡角 θ 且滚动临界摩擦角 ω 小于斜坡坡角 θ 时，块体将发生滚动运动；当块体的摩擦角 φ 小于斜坡坡角 θ 时，块体将发生滑动运动。正三棱柱、正四棱柱、正五棱柱、正六棱柱的滚动临界摩擦角理论值分别为 60°、45°、36°、30°。

$$\omega = \frac{360}{2n} \tag{9-3}$$

如图 9-24 所示，建立 DDA 滚动临界摩擦角验证模型，材料摩擦角为 89°，以 0.1°的增幅增加坡角。当坡角为 35.9° 时，正五棱柱块体静止；当坡角为 36.1° 时，正五棱柱块体滚动，则正五棱柱块体的滚动临界摩擦角为 36°。依照上述思路，分别可求得正三棱柱、正四棱柱、正六棱柱的滚动临界摩擦角 DDA 值分别为 60°、45°、30°（图 9-25）。滚动临界摩擦角的 DDA 值和理论值完全吻合，这说明 DDA 可以精确地模拟滚动运动。

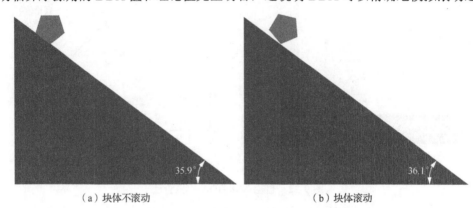

（a）块体不滚动　　　　　　　　　　（b）块体滚动

图 9-24　五棱柱块体 DDA 滚动临界摩擦角验证模型

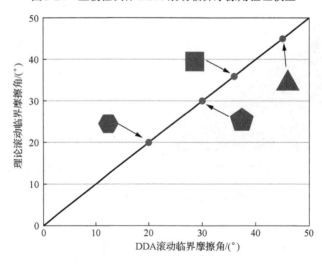

图 9-25　滚动运动 DDA 模拟验证

4）碰撞验证

碰撞是崩塌落石运动过程中主要的能量损失方式之一，能否正确模拟落石的碰撞过程决定着崩塌落石运动模拟的正确性和精确性。为检验 DDA 能否正确模拟碰撞过程，建立 DDA 碰撞验证模型，如图 9-26（a）所示。图 9-26（b）是块体从起始运动到最终静止的速度时程图。为表征块体碰撞前后的能量变化，引入速度恢复系数 λ。速度恢复系数为块体碰撞后速度与碰撞前速度的比值［式（9-4）］。速度恢复系数越大，则碰撞过程能量损失越小；反之，速度恢复系数越小，则碰撞过程能量损失越大。

$$\lambda = \frac{v^{\text{post}}}{v^{\text{pre}}} \tag{9-4}$$

式中，v^{post} 为块体碰撞后速度；v^{pre} 为块体碰撞前速度。

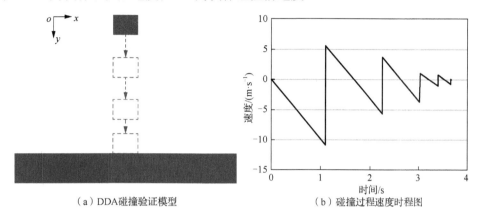

（a）DDA碰撞验证模型　　　　　（b）碰撞过程速度时程图

图 9-26　碰撞 DDA 模拟验证

图 9-27 是速度恢复系数与弹性模量关系图，其中 p 代表弹簧刚度，它是 DDA 处理块体接触的参数指标。由图 9-27 可知，当弹性模量小于 $1×10^{11}$Pa 时，速度恢复系数随弹性模量的增大而增加；当弹性模量大于 $1×10^{11}$Pa 时，速度恢复系数趋于稳定。由此可见，弹性变形影响块体碰撞过程能量变化。对比图 9-27 中不同弹簧刚度时的速度恢复系数曲线可知，速度恢复系数随弹簧刚度的增大而增大；当弹性模量大于 $1×10^{11}$Pa 且弹簧刚度大于 $1×10^{13}$N/m² 时，速度恢复系数趋近于 1，碰撞过程为完全弹性碰撞。

图 9-28 所示为速度恢复系数与泊松比的关系图。由图可知，当弹性模量和弹簧刚度一定时，泊松比增大时，速度恢复系数基本不变。由此可见，泊松比对速度恢复系数影响较小。综上，DDA 考虑碰撞块体的弹性变形和刚体运动，可以模拟碰撞过程。

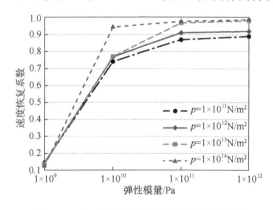

图 9-27　速度恢复系数与弹性模量关系图

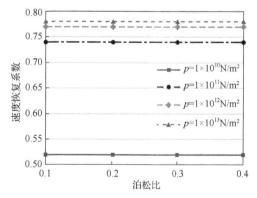

图 9-28　速度恢复系数与泊松比关系图

9.3.2　振动台试验与 DDA 对比验证

1）自重条件下对比验证

图 9-29 所示为自重条件下三棱柱落石运动过程 PDA 数值模拟与振动台试验对比。

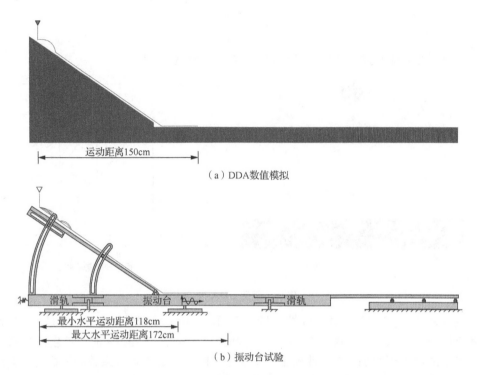

（a）DDA数值模拟

（b）振动台试验

图 9-29　自重条件下三棱柱落石运动过程 DDA 数值模拟与振动台试验对比

自重条件下三棱柱落石运动过程 DDA 数值模拟与振动台试验弹跳段和滚滑段基本吻合，振动台试验落石水平运动距离与 DDA 数值模拟水平运动距离一致。由此可见，DDA 能够较好地模拟自重条件下落石运动。

2）振动条件下对比验证

对于随机性事件而言，统计规律对其才有较大研究意义，单一确定事件的确定规律对其参考价值不大。落石随机性强，因此，其规律研究采用统计方法更为合理。为客观、正确地对比振动台试验和 DDA 数值模拟现象，也采用统计方法对两者进行对比验证。

受试验条件所限，落石与坡面第一次接触时振动台相位不同，DDA 模拟时通过改变波的初相位，实现落石与坡面接触时相位的差异。对振幅 900cm·s^{-2}、频率 4Hz 动荷载条件下的落石进行 DDA 数值模拟和振动台试验，并从运动过程和运动结果两方面对比分析。输入波的初相位分别为 $0T_0$、$0.1T_0$、$0.2T_0$、$0.3T_0$、$0.4T_0$、$0.5T_0$、$0.6T_0$、$0.7T_0$、$0.8T_0$、$0.9T_0$（T_0 为周期）。

图 9-30～图 9-33 分别是三棱柱、四棱柱、五棱柱、六棱柱落石运动过程 DDA 数值模拟和振动台试验对比图。由图可知，各形状落石 DDA 数值模拟与振动台试验弹跳段和滚滑段基本一致，振动台试验条件下落石停积范围和 DDA 数值模拟条件下落石停积范围吻合性较好。由此可见，落石运动过程 DDA 数值模拟和振动台试验有较好的一致性，DDA 能够较好地模拟动荷载作用时落石的运动过程。

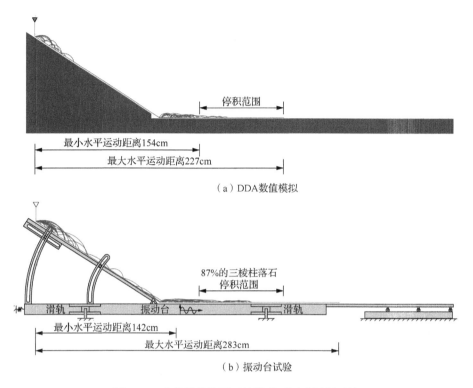

（a）DDA数值模拟

（b）振动台试验

图 9-30 动荷载条件下三棱柱落石运动过程对比

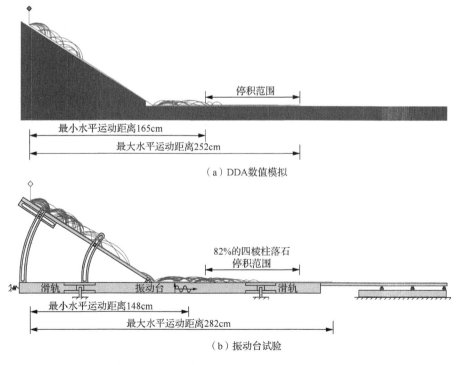

（a）DDA数值模拟

（b）振动台试验

图 9-31 动荷载条件下四棱柱落石运动过程对比

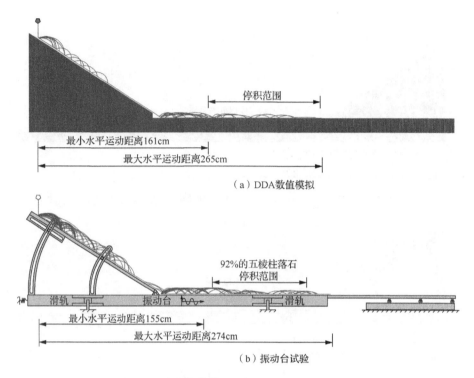

（a）DDA数值模拟

（b）振动台试验

图9-32 动荷载条件下五棱柱落石运动过程对比

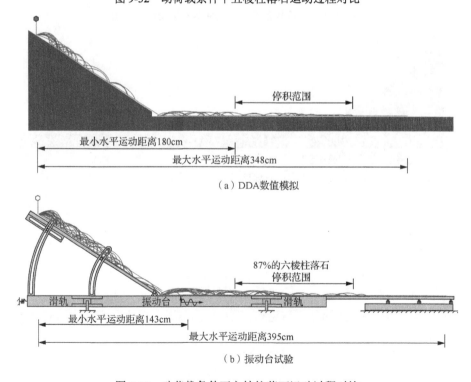

（a）DDA数值模拟

（b）振动台试验

图9-33 动荷载条件下六棱柱落石运动过程对比

表 9-17 是振动条件下三棱柱、四棱柱、五棱柱、六棱柱落石水平运动距离对比结

果。由表可知，无论是均值还是方差，DDA 数值模拟结果与振动台试验结果均有较好的一致性，说明 DDA 数值模拟结果能够较好地反映落石水平影响范围。

表 9-17　振动条件下各形状落石水平运动距离对比结果

条件	项目	三棱柱	四棱柱	五棱柱	六棱柱
振动台试验	均值/cm	194.2	203.0	218.5	241.9
	方差/cm^2	25.5	31.7	32.5	51.5
DDA 数值模拟	均值/cm^2	190.6	207.9	221.1	249.9
	方差/cm^2	26.5	30.7	30.9	48.8

综上所述，无论是落石运动过程还是落石水平运动距离，DDA 数值模拟结果与振动台试验结果都有较好的吻合性，说明 DDA 能够较准确地模拟动荷载条件下落石运动。

9.4　地震条件下落石运动特性

受试验条件所限，振动台试验只能研究单向水平荷载作用时落石运动特性，横竖向地震耦合等其他复杂条件下落石运动研究较难实现。DDA 是研究动荷载条件下落石运动较理想的方法。本节通过建立落石模型，输入真实地震波，采用 DDA 进行模拟，分析真实地震作用下落石运动现象，探讨真实地震作用下落石运动特性。

9.4.1　落石边坡模型建立

1）落石边坡模型

由振动台试验可知，动荷载条件下六棱柱落石运动能力较强，因此本节选用六棱柱落石建立模型（图 9-34）。

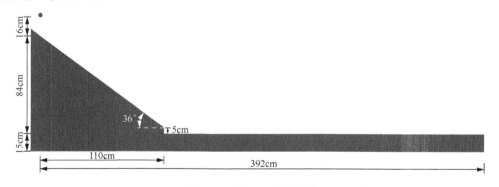

图 9-34　落石、边坡模型

2）地震波

为研究地震诱发落石的运动特性，选取 1940 年 5 月 18 日美国加州埃尔森特罗台站记录的 El Centro 波和 2016 年 4 月 16 日日本熊本县 KMMH16 台站所记录的 Kumamoto 波作为地震作用于边坡。

非近断层地震发生后，若不考虑地壳断裂的影响，地震结束后，地面应回归到地面加速度、速度、位移均为零的初始状态。然而，由于受到地震波采集仪器噪声、仪器周围背景信号、加速度初值和人为操作误差等众多因素影响，通过地震波加速度时程积分得到的地震波速度和位移往往出现不归零的异常现象，即零线漂移。地震波零线漂移使地震波明显偏离实际，因此，在地震波时域分析时，需要通过基线校正技术对加速度时程进行处理，将其调整到归零状态。基线校正是地震波时域分析中消除积分误差的一种技术，经过基线校正的地震波永久位移为 0，更加符合实际情况。图 9-35 为 El Centro波校正后加速度时程曲线和位移时程曲线。图 9-36 为 Kumamoto 波校正后加速度时程曲线和位移时程曲线。

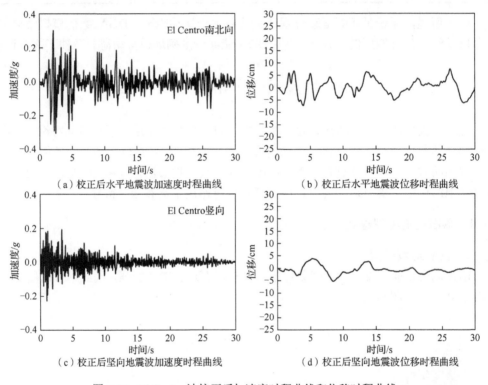

图 9-35　El Centro 波校正后加速度时程曲线和位移时程曲线

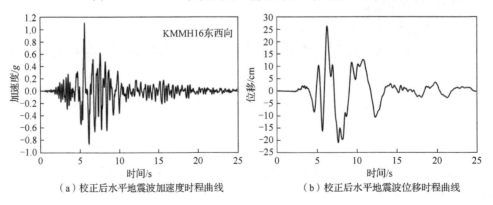

图 9-36　Kumamoto 波校正后加速度时程曲线和位移时程曲线

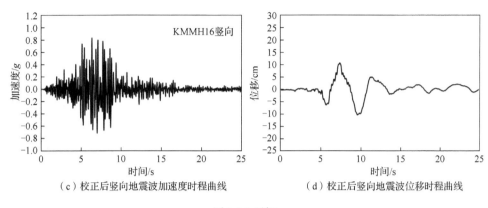

（c）校正后竖向地震波加速度时程曲线　　　　　（d）校正后竖向地震波位移时程曲线

图 9-36（续）

3）参数选取

本模型控制参数取值见表 9-18，物理参数取值见表 9-19。

表 9-18　模型控制参数

项目	数值
动力系数	1.0
单步允许最大位移率	0.001
时间步/s	0.00125
弹簧刚度/（N·m^{-2}）	2.3×10^{10}
超松弛系数	1.3
时步数	2×10^{4}
动力系数	1.0

表 9-19　模型物理参数

项目	落石	边坡
密度ρ/（kg·m^{-3}）	1.9×10^{3}	1.0×10^{10}
重度w_y/（N·m^{-3}）	1.862×10^{4}	0
弹性模量 E/Pa	3.25×10^{10}	2.0×10^{11}
泊松比 μ	0.20	0.25
黏聚力/Pa	0	0
内摩擦角/（°）	22	22
抗拉强度/N	0	0

4）工况介绍

为研究不同地震作用对落石运动特性的影响，本节选取 3 种工况对落石运动进行数值模拟：自重工况模拟落石在没有地震作用下的运动情况，地震波以水平向和横竖向 2 种情况输入边坡，分别模拟落石在水平地震波和横竖向地震波耦合作用下的运动情况。具体工况如下：

工况 1（GK1）：自重工况（无地震波）。

工况 2（GK2）：水平地震波。

工况 3（GK3）：水平地震波、竖向地震波耦合作用。

9.4.2　地震波峰时长对落石水平运动距离的影响分析

为研究地震动对水平运动距离的影响，调整地震波输入时间，改变落石与坡面的第一次接触碰撞时间，使落石的坡面运动经历全波峰段、部分波峰段、非波峰段和无波作用（GK1）。

如图 9-37 所示，3 种工况下，无论是坡面阶段还是平台阶段，落石运动形式均由弹跳和滚滑组成。相较于 GK1，GK2、GK3 坡面阶段落石弹跳连贯性较好，弹跳段比例较高；GK2、GK3 平台阶段弹跳能力也比 GK1 强，落石最终水平运动距离较远。

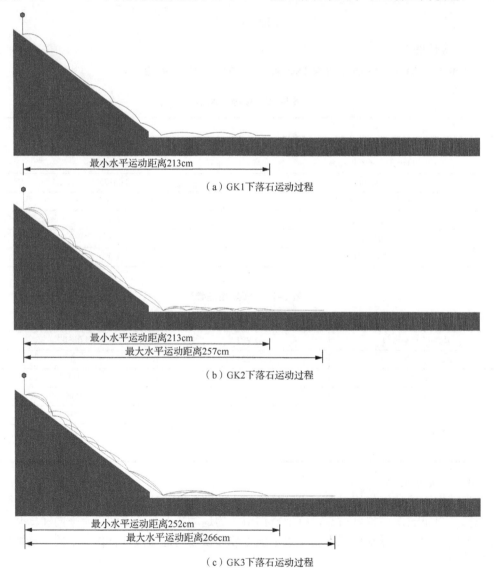

（a）GK1下落石运动过程

（b）GK2下落石运动过程

（c）GK3下落石运动过程

图 9-37　落石运动过程

图 9-38 横坐标显示落石坡面运动经历波峰时间由长变短，直至无波作用（图中 t_1、t_2、t_3、t_4），水平运动距离依次减小，即使波峰过后的非波峰段也对水平运动距离有促进作用，地震过程中落石脱离母岩后经历波峰段时间越长，其水平运动距离越远。

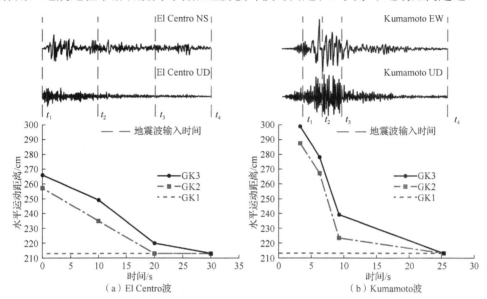

图 9-38　落石与坡面起始碰撞时刻与水平运动距离关系

9.4.3　工况条件对落石水平运动距离的影响分析

前文研究表明，落石坡面运动阶段经历地震波波峰段时长对其水平运动距离有显著影响，为充分考虑波峰段的影响，使落石坡面阶段全程经历波峰段，即落石与坡面起始碰撞时刻为 t_1。为考虑地震波相位对落石运动特性的影响，以水平波为准，初相位分别选取 $0T_0$、$0.25T_0$、$0.5T_0$、$0.75T_0$（T_0 为周期）输入 Kumamoto 波。

不同工况下落石水平运动距离计算结果如表 9-20 所示。由表 9-20 可知，无论是平均水平运动距离还是最大水平运动距离、最小水平运动距离，GK2、GK3 均大于 GK1，这说明地震对落石运动能力有促进作用。对比 GK2 较 GK1 的增幅，真实地震时的数值与试验结果有差异，这可能是由动荷载波动特性差异造成的：试验所用简谐波频率、振幅固定单一，振动特性简单，而真实地震波振幅、频率动态变化，振动特性复杂。

表 9-20　不同工况下落石水平运动距离计算结果

项目	距离/cm			$\dfrac{GK2-GK1}{GK1}$ /%	$\dfrac{GK3-GK1}{GK1}$ /%
	GK1	GK2	GK3		
落石平均水平运动距离	213	287	299	35	40
落石最大水平运动距离	213	299	318	40	49
落石最小水平运动距离	213	276	285	30	34

对比 GK2、GK3，GK3 总是大于 GK2，这表明水平、竖向地震波耦合作用下落石水平运动距离最远，影响范围最大。地震落石灾害治理时需要考虑水平、竖向地震波耦

合作用。

9.4.4　坡角对落石水平运动距离的影响分析

　　为研究坡角不同时地震对落石水平运动距离的影响，在图 9-34 的基础上分别再建立坡角为 26°、46°、60° 落石、边坡模型，模型控制参数取值见表 9-18，物理参数取值见表 9-19。对不同坡角的落石、边坡模型分别以横向和横竖向 2 种方式输入校正后的 Kumamoto 波，运用 DDA 对其进行数值模拟，计算结果如图 9-39 和表 9-21 所示。

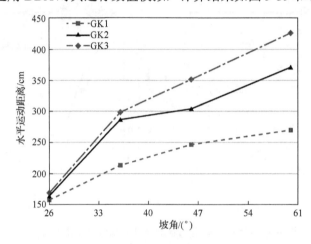

图 9-39　落石水平运动距离与坡角的关系

　　由图 9-39 可知，3 种工况下落石水平运动距离均与坡角正相关，其值均随坡角增大而增大。边坡越陡，落石纵向威胁范围越大，因此，对于坡角较大的边坡，可采取削坡减角的方式进行落石灾害防治。

表 9-21　坡角不同时落石水平运动距离计算结果

坡角/（°）	距离/cm			$\dfrac{GK2-GK1}{GK1}$ /%	$\dfrac{GK3-GK1}{GK1}$ /%
	GK1	GK2	GK3		
26	159	166	170	4	7
36	213	287	299	35	40
46	247	304	351	23	42
60	270	371	426	38	58

　　由表 9-21 可知，坡角改变时，地震落石的水平运动距离均比非地震落石的水平运动距离大，这表明坡角是地震作用效果的敏感因素，坡角越大，落石水平运动距离越易受到地震的影响。

9.5　小　　结

　　落石运动随机性强，动荷载的施加使这种特性更加突出；无动荷载时落石的主要运动形式为滚动和滑动,动荷载条件下落石的运动形式以弹跳为主。从无动荷载到动荷载,落石运动形式由滑动和滚动逐渐转变为以弹跳为主,并且随着振幅的增大,弹跳段与滚滑段的比例不断增大,落石碰撞弹跳运动形式越来越显著,动荷载对落石运动促进作用越来越明显;动荷载条件下三棱柱、四棱柱、五棱柱、六棱柱落石水平运动距离比无动荷载时分别最大增加 48%、36%、25%和 7%,横向偏移距离比无动荷载时分别最大增加 152%、105%、67%和 31%。棱角较多的棱柱比角边较少的棱柱更易发生弹跳运动,落石水平运动距离和横向偏移距离按三棱柱、四棱柱、五棱柱、六棱柱依次增大。落石不同形状之间水平运动距离、横向偏移距离差异显著,四棱柱落石水平运动距离是三棱柱落石水平运动距离的 1.01~1.22 倍,五棱柱落石水平运动距离是三棱柱落石水平运动距离的 1.09~1.3 倍,六棱柱落石水平运动距离是三棱柱落石水平运动距离的 1.22~1.63 倍;四棱柱落石横向偏移距离是三棱柱落石横向偏移距离的 1.38~1.83 倍,五棱柱落石横向偏移距离是三棱柱落石横向偏移距离的 1.66~2.37 倍,六棱柱落石横向偏移距离是三棱柱落石横向偏移距离的 2.24~3.99 倍。频率对落石水平运动距离和横向偏移距离影响不显著,这可能是碰撞次数与碰撞冲击力耦合作用的结果。从运动形式来看,落石长细比越大,其更易趋向于绕长轴滚动或沿侧棱面滑动,弹跳能力减弱,滚滑能力增强,从而造成落石水平运动距离和横向偏移距离随长细比增大而减小。统计分析结果显示落石水平运动距离和横向偏移距离的主要因子为落石形状,其次为振幅,再次为频率。

DDA 地震输入包括加速度时程输入、速度时程输入和位移时程输入,其中,把加速度荷载当作体积力施加到基岩是较为合理的地震输入方式。DDA 能够正确模拟自由落体、滑动、滚动、碰撞四种基本运动;无论是落石运动过程,还是落石水平运动距离,DDA 数值模拟结果与振动台试验结果都有较好的吻合性,DDA 能够较准确地模拟动荷载条件下落石的运动。

不同地震条件下的崩塌块体运动特性不同。其中,水平向和竖向地震波耦合作用时,崩塌块体运动距离最远,影响范围最大。进行地震崩塌防护设计时不但要重视水平向地震的作用,更应综合考虑横竖向地震耦合作用。

第 10 章　地震滑坡全过程运动特性研究及灾害评估

地震往往诱发大量滑坡，给人类的生命财产安全带来巨大的损失。"5·12"汶川大地震震级达里氏 8.0 级，震源深度小于 20km，断层破裂带长近 300km，最大错动量达 9m，地震持时长，地面振动响应强烈，在地震过程中触发了数以万计的地质灾害点，其中绝大多数为滑坡灾害。在这些滑坡中，出现了大量规模巨大的滑坡，并且它们呈现出一系列与重力作用下普通滑坡较迥异的特征，如独特的震动破裂和变形失稳机制、大规模的高速抛射与超强的远程运动动力特性、大量的滑体与铲刮坡麓物质的堆积、众多的堰塞堵江等。这些现象和问题有的已远远超出人们对滑坡原有的认识和已有的知识范畴。因而，对地震是如何诱发滑坡以及滑坡过程的动力学机理这类问题的研究，也越来越受到国内外学者的广泛关注。

10.1　考虑滑床摩擦弱化的滑坡运动机制研究

已有的高速远程滑坡运动研究中很少考虑到摩擦力的变化，即摩擦力为常数。然而大量的试验证明，岩石在滑动过程中摩擦系数并非常数（邢爱国 等，2002）。由此可推知，在大型滑坡中特别是高速远程滑坡中摩擦系数并非常数，而摩擦系数的弱化是导致滑坡高速远程运动的主要原因。因此，在高速远程滑坡的运动机制研究中，有必要考虑滑床摩擦系数的弱化。虽然已有少量学者在研究中考虑了滑床摩擦系数的变化对滑坡运动特征的影响，并获得了一些有益的成果，但鲜有文献将摩擦弱化的具体原因应用于滑坡的高速远程机制研究，尤其是在大型地震滑坡的数值模拟研究中更为少见。本章通过 Hu 等（2019）所提供的热分解及动态结晶的现场证据，根据地震中断层间摩擦弱化机制（闪速加热导致热分解及粉末润滑），对大光包滑坡可能的摩擦弱化机理进行详细的论述；基于上述摩擦弱化机制及在岩石高速摩擦试验基础上所提出的经验公式，在 DDA 中引入摩擦系数随速度变化的摩擦经验公式，用于模拟汶川地震诱发的大光包滑坡在运动过程中摩擦的弱化。

10.1.1　大光包滑坡概况

2008 年 5 月 12 日，汶川 M_S 8.0 级地震触发大量大型高速滑坡，其中大光包滑坡是汶川地震触发规模最大的滑坡，面积约为 7.12km^2，估算体积高达 11.59×10^{8}m^3（黄润秋 等，2008；黄润秋 等，2014；殷跃平 等，2011；崔圣华 等，2019）。彩图 25 展示了震前大光包的三维地形图，从图中可以看出其陡坡和两翼。结合滑坡处震前的三维地形图及文献可得知大光包从西部到东部的海拔，即最高点为大光包的峰顶，海拔达到 3047m；最低点为黄洞子山谷，海拔约为 1450m（Huang et al.，2012）。大光包山体之上的滑体自高程 3047m 溃滑而下后，高速的滑体掠过坡底黄洞子沟，扑向对面的平梁子（顶部高程约为 2050m），滑动距离长达 4.5km，堆积体宽度达 2.2km，堆积体最大厚度达到 600m（Huang et al.，2012）。彩图 26 展示了大光包滑坡的轮廓及汶川地震发生前后大光包滑坡沿主滑方向（N60°E）的剖面图（即 N60°E 滑前和滑后的地形）。在 3km 的水平方向上高度差约为 1600m（彩图 25 和彩图 26），沿主滑方向上，滑坡地的地形分为 3 部分：第一部分为大光包峰顶，其海拔变化范围为 2700～3047m，斜坡的倾角为 50°～60°；第二部分为斜坡中部，其斜坡倾角为 30°，海拔高度差为 2000～2700m；第三部分海拔高度变化范围为 1500～2000m，斜坡倾角为 40°～50°（黄润秋 等，2008；Huang et al.，2012）。

大光包地区的地质图见彩图 27。滑坡地区的地层主要包括碳酸盐岩，但该滑坡地区因受龙门山断裂带逆冲推覆和长期剥蚀的影响，可将地层分为下面五类：①飞仙关组（T_f^2，T_f^1），紫红色粉砂岩、粉砂质泥岩夹少量介壳灰岩、泥晶灰岩；②梁山组（P_l）、阳新组（P_y^1，P_y^2）和吴家坪组（P_w），其中主要由灰—深灰色中—厚层含燧石、泥晶灰岩和生物碎屑岩等组成；③石炭系总长沟组（C_z），生物碎屑灰岩、细砂岩、泥岩泥晶灰岩夹少量粉砂岩；④泥盆系沙窝子组（D_s），白云岩夹灰岩；⑤震旦系灯影组（Z_d^1，Z_d^2 和 Z_d^3），红色泥岩、灰岩等（黄润秋 等，2008；Huang et al.，2012）。

10.1.2　摩擦弱化机制

如前所述，在高速远程滑坡中，导致摩擦系数减少的机制有很多，但是其不一定能解释在某种条件下的单一滑坡，通过 Hu 等（2019）所提供的热分解及动态结晶的现场证据，本节根据地震学中断层间摩擦弱化机制，应用闪速加热导致热分解形成粉末润滑这一机理来解释大光包滑坡运动过程，并将其引入 DDA 中进行运动过程的模拟计算。岩石上的高速滑动试验证实了地震中摩擦随着滑动速度增加而减弱的特征，导致急剧的速度弱化特征的微观机理是闪速加热。通常两个粗糙块体表面实际的接触只有名义接触的一小部分，这微小的接触将产生高应力，滑动将在微接触上摩擦生热。如果滑动足够快，在该条件下能防止传导散热，即接触面在极短的时间内因摩擦生热温度急剧升高，从而导致热效应，如熔融、水蒸发和其他的物理相的转换等，这会降低微接触的局部抗剪强度，在宏观上则表现出摩擦系数随滑动速度降低而增大。由于微观尺度和效应的存在，闪速加热适用于粗糙、不规则或不均匀的表面，因此 Lucas 等（2014）认为其适用于滑坡。De Paola 等（2011）认为在微接触处达到闪速温度，会激活化学反应，导致颗粒尺寸减小，产生临界流体等，最终导致摩擦系数减小。根据碳酸盐岩的物理化学性质可知，其在高温环境下容易分解，因此在碳酸盐岩的高速摩擦中，微接触接触面的闪速加热是碳酸盐岩摩擦弱化的关键，是激活热分解的起因（Han et al.，2007；De Paola et al.，2011）；热分解之后由于脱碳，白云岩再结晶形成 MgO 和 CaO 细小颗粒，造成摩擦系数降低（Han et al.，2010；Hu et al.，2019）。滑动过程摩擦系数达到稳定时，稳态摩擦系数与速度的经验公式（以下称为速度弱化摩擦经验公式）如下（Han et al.，2010）：

$$\mu_{ss} = \mu_{ss,min} + (\mu_{ss,max} - \mu_{ss,min})\exp\left[\ln 0.05\left(\frac{v}{v_c}\right)\right] \tag{10-1}$$

式中，μ_{ss} 为速度为 v 时的稳态摩擦系数（可近似为有效 $\tan\varphi'$；φ' 为有效内摩擦角，基于速度变化的强度参数）；$\mu_{ss,max}$ 为小滑移速率下的稳态摩擦系数；$\mu_{ss,min}$ 为速度趋于无限大时的稳态摩擦系数；v_c 为临界速度。当速度为 0 时，μ_{ss} 即为 $\mu_{ss,max}$；当速度趋于无限大时，μ_{ss} 即为 $\mu_{ss,min}$。

　　DDA 方法中的摩擦力是不发生变化的值，这对一般的工程问题，其精度已足够，但是对于其他问题，如高速远程滑坡，摩擦系数并非常数，此时采用基于库仑定律的 DDA 方法进行计算就得不到比较准确的结果。为此，本节基于 Han 等（2010）所提理论及经验公式，将其嵌入子程序以解决滑面摩擦系数为常数的问题。

　　DDA 开始运算接触程序时，通过 DDA 的接触算法找到滑块滑动时滑块与基座的接触，当 DDA 程序添加摩擦力矩阵时，加入速度弱化摩擦经验公式，其算法流程如图 10-1 所示（图中 $n2$ 为滑块与基底的接触数）。根据流程图可知，修改后的 DDA 主要包括三步：首先根据 DDA 程序查找出所有接触，判断该接触状态是否为滑动，如果不是则继续运行原 DDA 程序，如果是则进入第二步；根据已找到的滑块滑动时滑块与基座的接触，计算块体间的相对滑动速度后运用速度弱化摩擦经验公式进行运算，更新滑块与基座之间的摩擦系数；最后再运行 DDA 的其他模块。

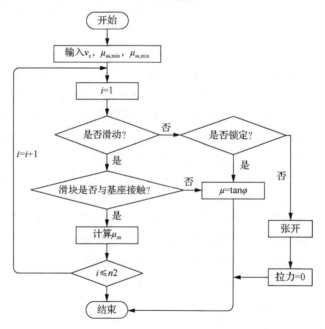

图 10-1　基于速度的摩擦弱化在 DDA 程序中的实现流程

10.1.3　考虑摩擦弱化的模拟计算

　　为了验证摩擦系数修改后的 DDA 程序的有效性、准确性，本节拟采用以下模型进行模拟计算。验证模型为简单的滑块模型，即由两个块体组成，其几何尺寸如图 10-2 所示（坡角为 30°）。该验证模型可以抽象地模拟简单的滑坡。本节对 DDA 程序的修改主要为了模拟计算滑坡过程中滑面上由于闪速加热导致热分解形成粉末润滑造成的摩擦系数降低，为此计算设计验证模型以初步验证修改后 DDA 的有效性和准确性。选取

Han 等（2010）所提及的卡拉拉大理岩作为本次验证模拟的材料，其物理参数如表 10-1 所示。摩擦弱化参数选择为 Han 等（2010）所述。最终模拟结果如图 10-3 所示。从图 10-3 中可以看出，DDA 所计算的摩擦系数基本符合理论计算值，因此修改后的 DDA 是有效的、准确的。

表 10-1　验证模型材料的物理参数

物理参数	密度ρ/（g·cm^{-3}）	岩石容重γ/（kN·m^{-3}）	弹性模量E/GPa	泊松比ν	摩擦角φ/（°）
材料 1	2.5	25	30	0.20	30
材料 2	2.5	25	30	0.25	30

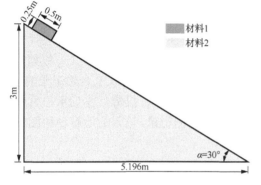

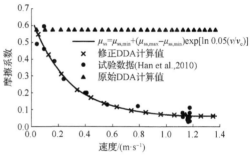

图 10-2　滑块 DDA 模型　　　　图 10-3　卡拉拉大理岩摩擦系数与速度的关系

根据彩图 26 可知，大光包滑坡的主要滑动方向为 N60° E，A—A′方向的剖面即为此方向。据此 DDA 模型选取该方向进行研究，如图 10-4 所示。本节参照殷跃平等（2012）及《工程地质手册》（第五版）选取 DDA 模型材料的物理参数，见表 10-2。

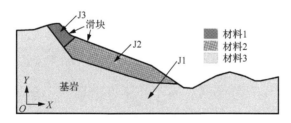

图 10-4　大光包滑坡 DDA 模型

表 10-2　大光包滑坡 DDA 模型材料的物理参数

物理参数	材料 1	材料 2	材料 3
密度ρ/（g·cm^{-3}）	2.3	2.3	260000[*]
岩石容重γ/（kN·m^{-3}）	23	23	0
弹性模量E/GPa	1.5	2.5	15.0
泊松比ν	0.15	0.24	0.24

物理参数	材料 1	材料 2	材料 3
摩擦角 φ /（°）	21.0（23.0）#	18.0（22.0）	25.0（30.0）
黏聚力 c /kPa	100	100（300）	1000（2000）

* 采用多向地震输入时，采用虚拟密度实现基座大质量，以克服上部滑体对基座的不合理影响（Zhang et al.，2013）。

\# 括号中的数据为殷跃平等（2012）建议的另一组强度参数值，用于讨论强度参数对滑坡运动特征的影响。

大光包滑坡是汶川地震诱发的最大规模的滑坡之一。由于大光包滑坡靠近断层，地震动记录的选取必须考虑近断层的特性。Zhang 等（2015b）在地震动记录的选取上提出如下标准：①记录地震动的台站必须尽可能地靠近大光包；②所选取的地震动记录应尽可能地反映地震动的特性，如由加速度积分产生的残余位移应接近实际地震的残余位移；③台站应尽可能地靠近断层。根据上述标准选取中国地震局提供的 MZQP 台站（在靠近大光包滑坡与断层的同时，能更好地反映地震动特性）所记录的地震动进行校正后作为输入模型的地震动；将水平地震动（EW，NS）沿主滑方向（N60°E）根据等式 $a = a_{EW} \times \sin 60° + a_{NS} \times \cos 60°$（$a$ 为水平方向合成地震动，a_{EW} 为 MZQP 台站记录的 EW 方向地震动，a_{NS} 为 MZQP 台站记录的 NS 方向地震动）进行投影后作为水平方向的输入，垂直方向上的输入则运用 MZQP 台站的 UD 方向的记录，输入的地震动如图 10-5 所示。

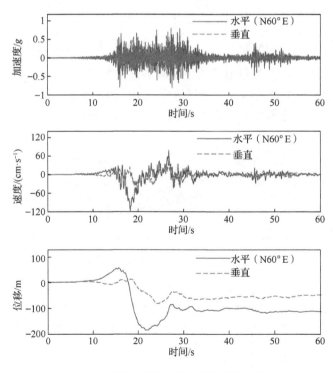

图 10-5　DDA 模拟中输入的地震动时程

大光包滑坡主要为白云岩，其岩体间的摩擦也主要为白云岩与白云岩之间的摩擦。虽然目前大多数碳酸盐岩的摩擦都集中在断层上，但断层的摩擦与滑坡的摩擦类似（Lucas et al.，2014）。Hu 等（2019）根据现场证据估计在滑坡高速摩擦时，其温度至少达到了 850℃；相关试验中也记录到温度达到了 900℃。由此可以得知，大光包滑坡在滑动过程中，由于闪速加热会迅速达到很高的温度。Hu 等（2019）通过电子显微镜观察到白云岩的热分解，以及 CO_2 热液流体穿透细裂缝及矿物的动态再结晶过程，并且通过高速旋转剪切试验证实了摩擦系数随碳酸盐热分解减小，因此上文所提的弱化机理能用于模拟大光包滑坡的运动过程。为此本节运用文献提供的基于白云岩（来自大光包滑坡）的一系列高速旋转摩擦试验数据进行模拟，试验数据散点图及运用经验公式得到的拟合图如图 10-6 所示（Dong et al.，2016）。其中 $\mu_{ss,max}$ 为小滑移速率下的稳态摩擦系数，取 0.570；$\mu_{ss,min}$ 即速度趋于无限大时的稳态摩擦系数，取 0.155；v_c 取为 0.2（R^2=0.97）。将拟合后的 $\mu_{ss,max}$、$\mu_{ss,min}$ 及 v_c 输入修改后的 DDA 中，对大光包滑坡运动过程进行模拟，并选取滑体前、中、后的块体进行监测（图 10-4 中 J1、J2、J3）。

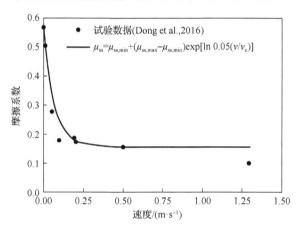

图 10-6　白云岩试验数据散点图及拟合图

10.1.4　结果分析与讨论

本节运用修改前、后的 DDA 对大光包滑坡运动过程进行模拟，滑坡从稳定到停止全过程的模拟结果对比如图 10-7 所示。

由图 10-7 可知，DDA 模拟的大光包滑坡在 75s 时基本趋于稳定。图 10-7（a）展示了修改前 DDA 模拟大光包滑坡的全过程。由图中 0s 到 75s 的结果可以看出，大光包滑坡发生后，滑体并没有扑向平梁子，只是堆积在黄洞子沟，这与大光包滑坡野外调查的堆积特征不符［见图 10-7（a）滑坡最终的堆积轮廓（图中实线）及图中区域 1 与区域 2（图中矩形虚线）］。修改后 DDA 的模拟结果［图 10-7（b）］显示，滑体掠过黄洞子沟后，大约在 50s，爬上对面的平梁子，经紧急制动后（黄润秋 等，2014），最终形成的堆积形态与野外调查结果基本相符［见图 10-7（b）滑坡最终的堆积轮廓（图中实线）］；并且修改后 DDA 模拟结果前缘滑动距离较修改前大，约 2km。这也说明大光包滑坡在滑动过程中滑床摩擦系数可能不是常数。

图 10-8 显示了监测块体的速度时程。从图中可以看出，在地震发生 10s 左右坡体失稳，速度迅速增加，摩擦弱化。这是因为前 10s 由于地震动的振荡作用导致坡体内应变能增加，在 10s 左右应变能累积到一定程度，坡体开始失稳，累积的应变能迅速转换为动能，表现出剧动启程。图 10-8 直观地显示出修改后 DDA 速度整体大于修改前 DDA；

修改前 DDA 模拟中滑坡前缘的速度在 10m/s 左右,修改后 DDA 模拟中最大速度达到了约 50m/s,与文献中所估计的约 45m/s 比较接近(黄润秋 等,2014)。在修改后 DDA 模拟中监测块体与平梁子碰撞前(大约 35s),前缘速度就达到了 40m/s,这表明速度弱化摩擦减少了滑动过程中能量的耗散;从全过程堆积形态图[图 10-7(a)与图 10-7(b)中滑坡最终的堆积轮廓]更能说明由于滑动过程中摩擦系数的降低减少了能量的耗散。从修改后 DDA 的速度时程图可以看出,在与对面的相反的斜坡相撞后,由于后部滑体提供了大量的动能及未耗散的能量给滑体前缘,滑体前缘有明显的二次加速。中部监测块体则未出现明显的速度波动,究其原因,是中部监测块体在滑动过程中未出现明显与滑体前缘类似的碰撞。从中部监测块体的速度时程图中可以看出,修改后 DDA 的速度达到近 40m/s,较修改前高。从后部监测块体的速度时程图中可以看出,修改后 DDA 的整体速度大于修改前,最大速度也达到了约 40m/s。

　　图 10-9 显示了监测块体的相对位移的时程,修改后 DDA 模拟中,监测块体在运动到 75s 左右时位移基本不变,修改前 DDA 在 60s 左右就稳定了,从中可以看出在时间上修改后 DDA 较修改前 DDA 滞后;与修改前 DDA 相比,修改后 DDA 位移最终值更大,这也是符合野外测量值的。这也进一步说明大光包滑坡在滑动过程中滑床摩擦系数可能不是恒定的。

　　当强度参数选取文献(殷跃平 等,2012)里建议范围的另一组值时(表 10-2 括号中的数值),模拟对比结果如图 10-10 所示。从图中可以看出,修改前 DDA 滑动很小,而修改后 DDA 模拟结果与实际基本相符合。对比修改后 DDA 对两组强度参数的模拟结果[图 10-7(b)与图 10-10(b)]可知,滑坡的最终堆积形态均与野外地质调查的实际形态非常接近,表明初始强度参数(滑体内的摩擦角及黏聚力)对滑坡的运动特征影响不大,而滑坡运动过程中滑床摩擦系数的弱化可能才是导致大光包滑坡高速远程运动的主要原因。

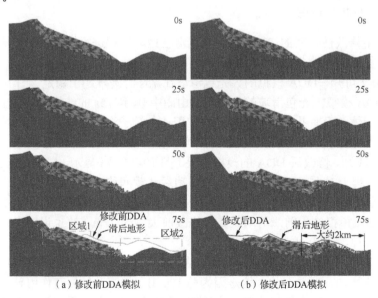

(a)修改前DDA模拟　　　　　　　　　　　(b)修改后DDA模拟

图 10-7　大光包滑坡运动全过程模拟(参数见表 10-2)

(注:实线表示滑坡最终的堆积轮廓)

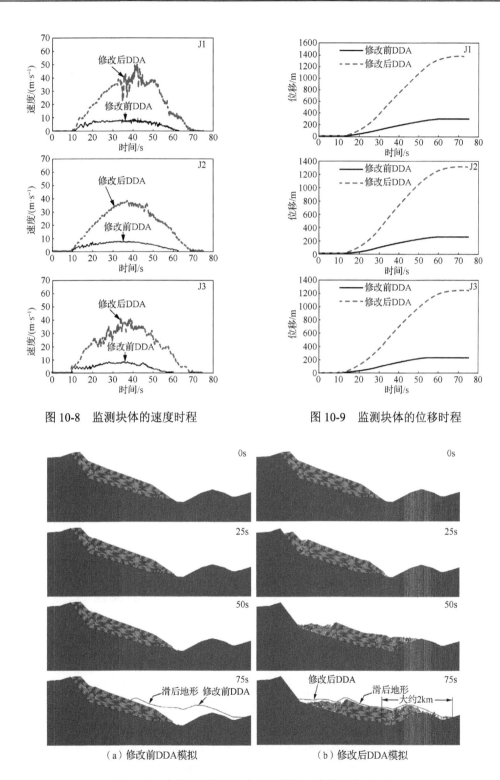

图 10-8　监测块体的速度时程　　　　　图 10-9　监测块体的位移时程

（a）修改前DDA模拟　　　　　（b）修改后DDA模拟

图 10-10　大光包滑坡运动全过程模拟（参数见表 10-2）

（注：实线表示滑坡最终的堆积轮廓）

10.2　地震滑坡全过程模拟

前面部分章节对地震滑坡动力机理的研究主要集中在动力响应、失稳机制、运动过程几个主要方面,对这几个方面的研究通常是分开进行的,对地震滑坡动力响应和失稳机制的研究一般采用连续的数值方法,对地震滑坡运动过程的研究一般采用离散的数值方法,对地震滑坡全过程的动力机理的统一研究较少。然而地震滑坡的发生从地震动开始作用、山体震裂松动、滑体形成并快速下滑、减速运动到堆积稳定是一个统一的过程,因此,对地震滑坡全过程进行统一的研究对分析其发生、发展过程中的动力学机理显得尤为重要。

本节以汶川地震诱发的大型高速远程滑坡中的东河口滑坡为例,以 DDA 方法为研究工具,将前述章节中对 DDA 方法的改进进行整合,用整合后的 DDA 程序对东河口滑坡从震裂松动到失稳启动、高速运动,最后到稳定停积的整个滑坡动力过程进行了模拟,以获得东河口滑坡的整个动力过程,并对东河口滑坡的动力响应特性、失稳机制及运动过程进行分析。

10.2.1　模型建立及地震动输入

本节以东河口滑坡为例,滑坡概况同 10.1 节。以下将从滑坡模型建立和地震动输入等方面进行叙述。

1)模型建立

根据滑坡各段的主滑方向,建立东河口滑坡分析的纵剖面图(Zhang et al.,2015a),如图 10-11 所示。

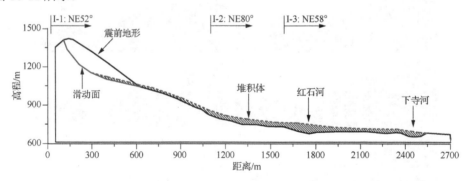

图 10-11　东河口滑坡纵剖面图

DDA 是一种研究地震滑坡的强大的数值模拟方法。传统的 DDA 方法将基岩视作一整个基座块体,并将地震动输入直接施加到基座块体的重心上,为避免滑体对基座的影响,对基座块体赋予较大的质量(Sasaki et al.,2004)。这种地震动输入方法简单明了,但不能考虑地震波在基岩内的传播,以及分析边界上反射波的处理等,因而忽略了地形对滑坡响应的影响。采用改进的 DDA 程序模拟时,地震动的输入施加到基岩底面,侧边界考虑自由场的输入,对模型截取边界采用黏性边界吸收反射波,因而能够考虑滑坡地形的影响,克服原 DDA 分析的局限。

由图 10-11 所给的滑坡纵剖面图建立了单一基座模型、基座网格化模型两种 DDA 分析模型，如图 10-12 所示，分别用于原 DDA 和改进 DDA 方法对东河口滑坡的模拟。在两种模型中，滑体采用随机网格块体划分，避免了块体间节理方向一致性对滑坡动力过程的影响。两种模型中滑体均由 347 个块体组成，基座网格化模型中基岩外边界块体边长为 50m。

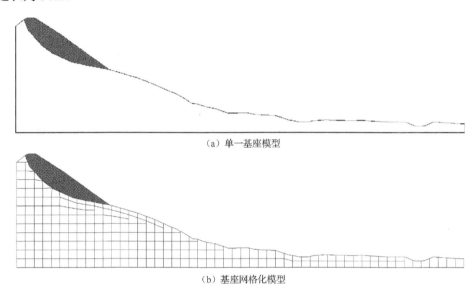

（a）单一基座模型

（b）基座网格化模型

图 10-12　东河口滑坡 DDA 分析模型

2）地震荷载输入与边界条件

由于靠近滑坡所在地并不一定刚好设置地震记录台站，导致滑坡所在地地震记录的缺乏。因此，选择适合的高质量地震荷载记录对于滑坡的动力分析至关重要。

本节选择 51MZQ 地震台站（N31.5°，E104.1°）记录的地震动数据作为分析时的地震输入。该台站位于上覆土层为砂土层的碳酸盐地区，并且满足选取作为滑坡动力分析地震输入的主要条件：距离东河口滑坡和发震断层均较近，经基线校正后的加速度的累积积分位移与真实的同震位移接近。

输入的水平向地震加速度时程是将东西方向和南北方向校正后的加速度记录沿滑坡主滑动方向（近似为 N60°E）的合成投影值，其计算式为

$$a_H = a_{EW} \cdot \sin 60° + a_{NS} \cdot \cos 60° \tag{10-2}$$

式中，a_H 为输入的水平向地震加速度时程；a_{EW} 为东西方向校正后的加速度记录；a_{NS} 为南北方向校正后的加速度记录。

速度、位移时程曲线分别通过对加速度时程进行一次和二次积分得到。输入前，需要对地震波进行基线校正，以消除由基线漂移而引起的积分误差，从而使校正后的地震动记录与真实的地震动记录相吻合。经过基线校正后的地震动加速度、速度和位移时程曲线如图 10-13 所示。

在地震诱发滑坡的动力响应分析模拟过程中，由于地震波会在分析边界上发生波的反射，从而对数值模拟结果的准确性带来一定的影响。为减小地震波反射给分析结果带

来的影响，本节采用 Lysmer 等（1969）提出的黏滞边界对东河口滑坡模型进行地震滑坡动力全过程模拟，模型中左、右两个侧面和底面设为黏弹性边界；同时，左、右两个侧面为自由场边界，输入自由场数据，地震波从模型底面输入，模型顶面为自由边界，如图 10-14 所示。

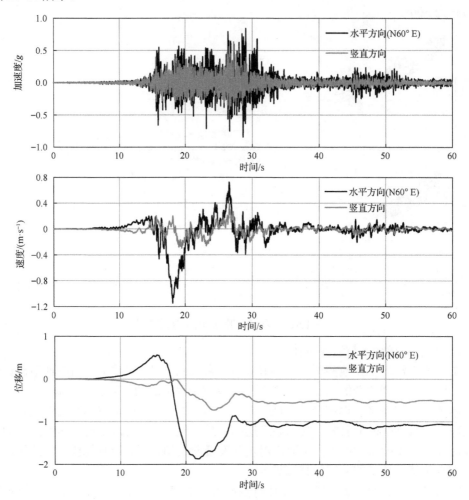

图 10-13　输入的地震荷载加速度、速度和位移时程曲线

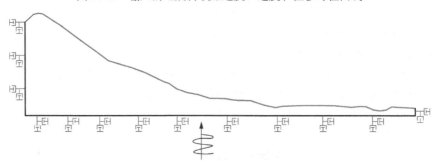

图 10-14　东河口滑坡模型边界条件示意图

3）模型参数

已有许多学者对地震滑坡的动力过程进行了模拟研究，但这些研究大多仅限于对滑坡的运动阶段进行模拟，采用的节理强度参数近似地认为是节理的残余强度参数，荷载输入采用的是完整的地震动输入。地震诱发的高速远程滑坡是一个复杂的过程，涉及滑坡的震裂松动、失稳启动及运动堆积诸多过程。在地震来临之前，滑体尚未形成，除去内部已存在的未知节理裂隙，山体仍较为连续；地震开始后，随着地震动的作用，滑体逐渐形成，并失稳启动。为模拟东河口地震滑坡的整个动力过程，模拟过程中采用两种节理形式对相邻块体间的接触进行描述：一种是虚节理（人工节理），用来模拟震裂破坏前连续区域内的完整岩石；另一种是实节理，用来模拟岩体中存在的真实节理以及岩石破裂后形成的节理。两种节理参数见表 10-3。地震前坡体内可能存在一定量的未知节理，以及坡体内岩体可能存在一定的风化。由于节理未知，地震前，可将坡体视为连续的完整岩体，块体之间由强度参数相对较高的虚节理连接；由于未知节理的存在以及坡体内岩石未知的风化程度，因而，该虚节理的强度可以是介于完整岩石与岩石节理强度的某个值，根据 Sun 等（2011）的研究给出了坡体内虚节理的参考值。采用莫尔-库仑强度准则来判断虚节理是否破坏，随着虚节理的破坏，裂纹随之产生，虚节理变为实节理，节理强度降低。采用非线性 B-B（Barton-Bandis）准则对实节理的接触状态进行判断。滑动过程中节理面强度的动态衰减可以导致高速远程滑坡发生，节理面粗糙度的降低是强度衰减的主要因素，因此在分析东河口滑坡滑动的过程中，考虑节理粗糙度的降低是十分必要的。

采用考虑强度衰减的非线性 B-B 准则对东河口滑坡的运动过程进行模拟。Di Toro 等（2011）在 0.1～2.6m/s 的剪切速率下进行了 300 多次环剪试验，发现黏性和非黏性岩石的摩擦系数随剪切速率增加均显著降低，当速度接近 1m/s 时，摩擦系数接近 0.1。Hu 等（2019）采用高速旋转剪切仪模拟了岩石的高速滑动，发现剪切速度超过 1m/s 时，岩石的摩擦阻力急剧下降（摩擦系数 $\mu \approx 0.05$）。因此，对于高速远程岩质滑坡，其滑动的残余摩擦角可降低到非常小。因此，参照相关文献的研究（Zhang et al.，2014b；Song et al.，2018），本节给出了采用 B-B 准则时的节理参数（表 10-3）。

表 10-3　节理参数

实节理		虚节理	
峰值节理粗糙度系数 JRC_m	10	摩擦角/（°）	29
残余节理粗糙度系数 JRC_r	2	黏聚力/MPa	2.3
节理壁强度 JCS/MPa	80	抗拉强度/MPa	1.9
残余摩擦角 φ_r/（°）	10		
形状因子	0.188		

滑坡模型的材料参数见表 10-4。对基岩分别给出了两种模型下的岩体密度。各时间步的弹簧刚度和最大位移比分别为 1GPa 和 0.01，时间步长间隔取值为 0.001s。

表 10-4　滑坡模型材料参数

参数	滑体	基岩
密度 ρ/（kg·m^{-3}）	2150	2500000000［模型（a）］、2150［模型（b）］

续表

参数	滑体	基岩
重度 $\gamma/(\text{N·m}^{-3})$	21500	0
弹性模量 E/GPa	5.4	5.4
泊松比 μ	0.28	0.1

注：模型（a）为单-基座模型；模型（b）为基座网格化模型。

10.2.2　滑坡全过程模拟

对 DDA 程序进行了改进、整合，改进、整合后的程序计算流程如图 10-15 所示。采用该程序对东河口滑坡全过程进行模拟。

由于地震发生前坡体内存在天然的自重应力场，并且 DDA 计算初始时容易发生振荡，使块体间的接触状态发生较大改变。因此在对滑坡模型施加地震荷载之前，应根据实际情况模拟生成自重应力场，然后再施加地震荷载，使模拟工况更加接近实际状态。

模拟生成自重应力场时，对滑体施加重力荷载，滑体达到平衡状态后，将模型各块体的位移、速度、加速度清零，保留块体的自重应力，同时将各块体间的节理接触状态设置为初始闭合状态。

地震诱发高速远程滑坡是一个极为复杂的过程，东河口滑坡的形成过程伴随着山体震裂、滑坡启动、陡坡重力加速、解体溃滑、碎屑流和堆积堵江等过程。东河口滑坡的整个动力过程大致可以分为震裂松动、失稳启动、高速运动和堆积堵江四个阶段。

1）东河口滑坡失稳启动过程

一般地震开始发生时，地震波在初始时间段的幅值均较小，在较小幅值的地震荷载作用下，坡体并不会发生大的破坏。随着地震动作用的逐渐增强，地震荷载幅值也逐渐增大，以及随着地震作用持时的增加，坡体逐渐被震裂，坡体内裂纹也随之增多，坡体内裂纹逐渐串联，坡体越发变得松动；同时滑面逐渐贯通，坡体逐渐发生破坏，滑坡开始启动。

随着地震荷载幅值和持时的增加，滑体内逐渐萌生裂纹，改进 DDA 模拟的东河口滑坡失稳前滑体区域的裂纹扩展如彩图 28 所示。

由于坡体内节理未知，在数值模拟中假设滑体为均质体，在地震波到达之前，滑坡体中并没有裂缝产生，如彩图 28（a）所示。在地震荷载初始阶段（前 15s 内），由于重力荷载和较小的地震荷载的共同作用，滑坡体中仅有少量裂缝出现，如彩图 28（b）所示。从地震荷载作用的第 15s 左右开始，裂缝在不断增加的地震荷载作用下开始迅速扩展，如彩图 28（c）、（d）所示。如彩图 28（e）所示，随着地震荷载的持续作用，在滑体内部逐渐形成三个初始裂纹扩展区：滑体前缘破裂区 I 区，滑体中部破裂区 II 区，滑体中部至滑体后缘弧形破裂区 III 区。随着各破裂区的扩大 [彩图 28（f）、（g）]，破裂区 III 区逐渐向滑面扩展，在第 20s 左右，形成一条贯通到滑面的拉裂纹，如彩图 28（h）IV 区所示。随着 IV 区拉裂纹的形成，拉裂纹上部坡体的滑面逐渐贯通。坡体的抗滑力减弱，在地震荷载作用下拉裂纹下部滑面逐渐向下扩展。随着地震荷载的不断施加，前缘锁固段在剪切作用下逐渐被剪断，在第 23s 左右滑动面最终完全贯通，形成三个主要裂纹扩展区和一条拉裂纹扩展区，如彩图 28（1）所示。滑体内主要裂纹扩展区的形成体现了边坡动力响应的节律性变化特性，边坡内动力响应放大现象随边坡高程及坡表距离的变化不再是单一的线性放大。从滑体内裂纹的扩展及滑面的形成过程可以发现，东河口地震滑坡大致属于典型的拉裂剪切滑移型滑坡。

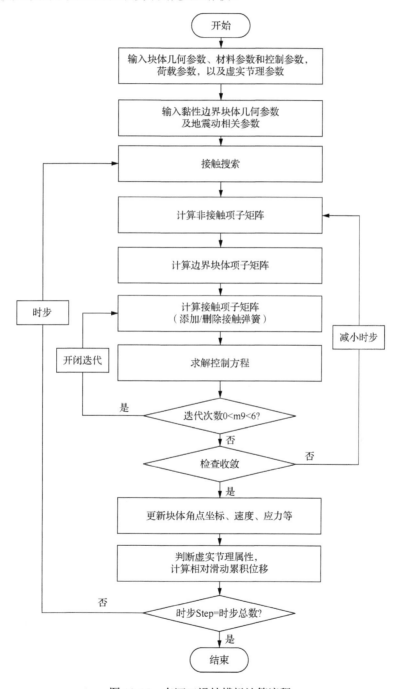

图 10-15　东河口滑坡模拟计算流程

滑动面完全贯通后，滑体随即不能再保持稳定状态，将发生失稳，在 23s 时滑坡启动，开始下滑，如彩图 29 所示。随着地震荷载的持续作用，滑坡体发生了严重的失稳。滑体的后缘逐渐与基岩分离，滑体内不断产生新的裂纹。主要裂纹扩展区 I、II、III 区逐渐贯通。在滑体的下滑过程中滑坡体表面受到严重的张拉作用，因而在滑坡体的表面附近出现了几条大的拉伸裂纹，如彩图 29（c）中破裂区 V 区所示。随着裂纹的迅速扩展，在第 29s 左右时，滑动体破碎严重，几乎完全解体；同时，滑坡体从前缘开始，速度急剧增加，滑坡开始快速滑动。

2）东河口滑坡运动过程

改进 DDA 模拟的东河口滑坡高速运动、减速停积过程如彩图 30 所示。在该模拟过程中考虑了粗糙度的衰减，当滑动面贯通后，滑体开始滑动，随着滑体与基岩间位移的累积，滑体与基岩的接触块体间的节理粗糙度开始下降，节理间的摩擦力减小，从而降低了滑动体的能量损失，滑体的速度迅速增加。滑体经过中部斜坡时，在重力加速作用下，滑体速度急剧增加；同时，在地震动的作用下，滑体变得越来越破碎，在第 45s 时，滑动体已近乎完全解体。整个滑体如碎屑流一般迅速冲向底部平坦地带，并截断了红石河。地震荷载作用结束后，碎屑流在惯性力的作用下继续向前移动，其速度开始逐渐减小，随之到达青竹江，堵塞了青竹江。在第 88s 左右时，大部分碎屑流已停积稳定。中部斜坡上的部分块体在重力作用下，不能保持稳定，仍继续向下滑动。滑体后缘部分块体稳定在了滑源区。经过 60 多秒后，在模拟的第 140s 左右，斜坡上的不稳定块体全部滑到下部堆积体上，滑体全部停止滑动。

模拟结果表明，滑块在水平方向的滑动距离约为 2000m。通过改进 DDA 的模拟，东河口滑坡从模拟时间第 23s 开始启动，到第 88s 滑体主要部分块体停积稳定，滑体运动持续时间约为 65s；部分块体的水平滑动速度可达 70m/s 左右，绝大多数块体的峰值速度在 30～60m/s。这与许强等（2009）通过动量传递法和反推计算法计算得到的滑坡运动持时 63s、坠地时最大速度 59.9m/s、平均速度近 36m/s 较为接近。模拟中，由于滑体前缘部分的块体受到的阻碍较少，其峰值速度和位移均大于滑坡体中部及后缘部分的块体的峰值速度和位移。与实际停积状态相比，改进 DDA 模拟得到的结果与震后滑体的实际堆积状态非常吻合。综合以上模拟结果，表明本节的模拟方法及参数选取具有很好的合理性。

10.3　小　　结

本章通过 Hu 等（2019）所提供的热分解及动态结晶的现场证据，根据地震学中断层间摩擦弱化机制，应用闪速加热导致热分解形成粉末润滑这一机理来解释大光包滑坡的高速远程运动过程；并通过修改 DDA 程序中强度参数的输入方式，以基于速度变化的强度参数取代原 DDA 程序中的常数强度参数，实现了摩擦系数随接触两侧相对速度变化的动态调整，将修改后的 DDA 运用于大光包滑坡的模拟。模拟结果表明：

（1）与原 DDA 相比，修改后的 DDA 由于考虑了滑床摩擦弱化机制能够更加合理地模拟滑坡的高速远程运动特征。

（2）与原 DDA 相比，修改后的 DDA 对大光包滑坡的模拟结果显示：滑坡在地震作用下失稳后，由于滑床摩擦弱化，更多的能量转化为动能，高速滑体掠过黄洞子沟后，扑向对面的平梁子，最终由于平梁子的"急刹车"作用，滑体停止运动。

（3）与原 DDA 相比，修改后的 DDA 对大光包滑坡运动过程和最终堆积形态的模拟结果与已有文献记载和野外调查结果相吻合。这也间接证明了大光包滑坡滑动过程中由于白云岩间摩擦闪速加热导致热分解及粉末润滑造成的摩擦系数降低，可能是造成大光包滑坡高速远程运动特征的重要原因。

将虚实节理概念引入滑坡的模拟过程中，以模拟滑坡的破裂、启动和碎裂过程；考虑节理面粗糙度随节理面相对滑动位移的衰减，以模拟滑坡滑动过程中的快速启动以及高速远程的滑动特性；同时改进了地震波的输入方式，引入考虑地震波传播和吸收反射波的黏性边界以及边界的自由场边界。综合以上改进，以 2008 年汶川地震中东河口滑坡为例，对地震滑坡破裂、启动和运动的整个滑坡动力过程进行了模拟。模拟结果如下：

（1）在地震荷载作用的初始阶段，由于初始的地震荷载较小，坡体并不会发生明显的或较大的破裂；随着地震荷载逐渐增大，在 15s 左右，坡体内裂纹开始迅速扩展，形成真实节理，并随之形成几个主要的裂纹扩展区；在 23s 左右，滑面完全贯通，滑坡开始启动。从滑体内裂纹的扩展及滑面的形成过程可以发现，东河口地震滑坡大致属于典型的拉裂剪切滑移型滑坡。

（2）坡体破裂形成实节理后，在 DDA 模拟中，通过记录接触块体间节理面的相对滑动位移，利用节理面粗糙度随位移衰减的计算式，计算每个时步内各接触节理面的滑动摩擦系数，以判断各块体间的接触状态。模拟结果表明，滑面上的摩擦系数在滑面形成时间段内即出现急剧下降。

（3）由 DDA 模拟的东河口滑坡的运动距离和最终的堆积状态与现场考察的实际情况较为吻合。模拟中，考虑粗糙度衰减后能够更好地反映地震滑坡的高速远程特性，较之不考虑节理面粗糙度衰减的模拟结果相比，滑体的运动速度更大，运动距离更远。

参 考 文 献

柴敬，汪志力，李毅，等，2014. 物理模型试验方法的应用分析 II [J]. 西安科技大学学报（2）：123-128.

陈成，胡凯衡，2017. 汶川、芦山和鲁甸地震滑坡分布规律对比研究[J]. 工程地质学报，25（3）：806-814.

陈桂华，2006. 川滇块体北东边界活动构造带的构造转换与变形分解作用[D]. 北京：中国地震局地质研究所.

陈晓利，2007. 人工智能在地震滑坡危险性评价中的应用[D]. 北京：中国地震局地质研究所.

陈晓利，惠红军，赵永红，2014. 断裂性质与滑坡分布的关系——以汶川地震中的大型滑坡为例[J]. 地震地质，36（2）：358-367.

陈晓利，李传友，王明明，等，2011. 断裂带两侧地震诱发滑坡空间分布差异性的主要影响因素研究——以北川地区的地震滑坡分布为例[J]. 地球物理学报，54（3）：737-746.

程强，苏生瑞，2014. 汶川地震崩塌滚石坡面运动特征[J]. 岩土力学，35（3）：772-776.

程艺昊，2018. 基于信息论与逻辑回归的滑坡定量空间预测[J]. 新疆有色金属，41（1）：4-8.

迟世春，关立军，2004. 基于强度折减的拉格朗日差分方法分析土坡稳定性[J]. 岩土工程学报，26（1）：42-46.

崔圣华，裴向军，黄润秋，等，2019. 汶川地震黄洞子沟右岸大型滑坡地质构造特征及成因[J]. 工程地质学报，27（2）：437-450.

戴岚欣，许强，范宣梅，等，2017. 2017年8月8日四川九寨沟地震诱发地质灾害空间分布规律及易发性评价初步研究[J]. 工程地质学报，25（4）：1151-1164.

董金玉，杨国香，伍法权，等，2011. 地震作用下顺层岩质边坡动力响应和破坏模式大型振动台试验研究[J]. 岩土力学，32（10）：2977-2982.

范刚，2016. 含软弱夹层层状岩质边坡地震响应及稳定性判识时频方法研究[D]. 成都：西南交通大学.

范刚，张建经，付晓，等，2015. 含泥化夹层顺层岩质边坡动力响应大型振动台试验研究[J]. 岩石力学与工程学报，34（9）：1750-1757.

冯文凯，许强，黄润秋，2009. 斜坡震裂变形力学机制初探. 岩石力学与工程学报，28（S1）：3124-3130.

顾淦臣，1981. 论土石坝的地震液化验算和坝坡抗震稳定计算[J]. 岩土工程学报，3（4）：33-42.

郭长宝，杜宇本，张永双，等，2015. 川西鲜水河断裂带地质灾害发育特征与典型滑坡形成机理[J]. 地质通报，2015，34（1）：121-134.

郭长宝，张永双，蒋良文，等，2017. 川藏铁路沿线及邻区环境工程地质问题概论[J]. 现代地质，31（5）：877-889.

国家地震局，1973. 中国地震简目[M]. 北京：地震出版社.

国家地震局兰州地震研究所，1985. 陕甘宁青四省（区）强震目录（公元前1177年—公元1982年）[M]. 西安：陕西科学技术出版社.

国家地震局西南烈度队，1977. 西南地区地震地质及烈度区划探讨[M]. 北京：地震出版社.

韩冰，2010. 地震灾害及启示[J]. 全球科技经济（3）：54-55.

韩金良，吴树仁，2009. 5·12汶川8级地震次生地质灾害的基本特征及其形成机制浅析. 地学前缘，16（3）：306-326.

韩俊艳，陈红旗，杜修力，2010. 典型斜坡滚石运动的理论计算研究[J]. 水文地质工程地质（4）：92-96.

何思明，吴永，李新坡，2009. 滚石冲击碰撞恢复系数研究[J]. 岩土力学，30（3）：623-627.

何思明，吴永，李新坡，2010. 地震诱发岩体崩塌的力学机制[J]. 岩石力学与工程学报，29（S1）：3359-3363.

何蕴龙，陆述远，1998. 岩石边坡地震作用近似计算方法[J]. 岩土工程学报，20（2）：66-68.

胡广韬，戴鸿麟，1995. 滑坡动力学[M]. 北京：地质出版社.

胡新丽，唐辉明，朱丽霞，2011. 汶川震中岩浆岩高边坡破坏模式与崩塌机理[J]. 地球科学（中国地质大学学报），36（6）：1149-1154.

胡聿贤，2006. 地震工程学[M]. 北京：地震出版社.

黄润秋，等，2009a. 汶川地震地质灾害研究[M]. 北京：科学出版社.

黄润秋，李果，巨能攀，2013. 层状岩体斜坡强震动力响应的振动台试验[J]. 岩石力学与工程学报，32（5）：865-875.

黄润秋，李为乐，2008. "5.12"汶川大地震触发地质灾害的发育分布规律研究[J]. 岩石力学与工程学报，27（12）：2585-2592.

黄润秋，李为乐，2009c. 汶川大地震触发地质灾害的断层效应分析[J]. 工程地质学报，17（1）：19-28.

黄润秋，刘卫华，2009d. 基于正交设计的滚石运动特征现场试验研究[J]. 岩石力学与工程学报，28（5）：882-891.

黄润秋，刘卫华，2009e. 平台对滚石停积作用试验研究[J]. 岩石力学与工程学报，28（3）：516-524.

黄润秋，刘卫华，龚满福，等，2010. 树木对滚石拦挡效应研究[J]. 岩石力学与工程学报，29（S1）：2895-2901.

黄润秋，刘卫华，周江平，等，2007. 滚石运动特征试验研究[J]. 岩土工程学报，29（9）：1296-1302.

黄润秋，裴向军，崔圣华，2016. 大光包滑坡滑带岩体碎裂特征及其形成机制研究[J]. 岩石力学与工程学报，35（1）：1-15.

黄润秋，裴向军，张伟锋，等，2009b. 再论大光包滑坡特征与形成机制[J]. 工程地质学报，17(6)：725-736.

黄润秋，余嘉顺，2003. 软弱夹层特性对地震波强度影响的模拟研究[J]. 工程地质学报，11（3）：312-317.

黄润秋，张伟锋，裴向军，2014. 大光包滑坡工程地质研究[J]. 工程地质学报，22（4）：557-585.

纪宗吉，1997. 台湾东北濂洞地区落石行为之研究[D]. 台北：台湾大学.

蒋涵，周红，高孟潭，2015. 三维地形中地震动的频域特征——以芦山地区为例[J]. 震灾防御技术，10（1）：59-67.

巨能攀，邓天鑫，李龙起，等，2019. 强震作用下陡倾顺层斜坡倾倒变形机制离心振动台试验[J]. 岩土力学，40（1）：106-115.

孔纪名，崔云，田述军，等，2009. 地震碎裂滑动型滑坡发育特点及典型实例分析. 四川大学学报（工程科学版），41（3）：119-124

李东雨，陈立春，梁明剑，等，2017. 鲜水河断裂带乾宁段古地震事件与大震复发行为[J]. 地震地质，39（4）：623-643.

李海兵，王宗秀，付小方，等，2008. 2008年5月12日汶川地震（Ms8.0）地表破裂带的分布特征[J]. 中国地质，35（5）：803-813.

李浩宾，2016. 基于GIS的大比例尺滑坡危险性评价方法研究[D]. 成都：成都理工大学.

李鹏，苏生瑞，王闫超，等，2013. 含软弱层岩质边坡的动力响应研究[J]. 岩土力学，34（S1）：365-370.

李伟，俞言祥，肖亮，2017. 阿里亚斯强度衰减关系分析[J]. 地震学报，39（6）：921-929.

李祥龙，唐辉明，王立朝，2014. 顺层岩体边坡地震动力破坏离心机试验研究. 岩石力学与工程学报，33（4）：729-736.

李新平，郭运华，彭元平，等，2005. 基于FLAC3D的改进边坡极限状态确定方法[J]. 岩石力学与工程学报，24（S2）：5287-5291.

李秀珍，孔纪名，邓红艳，等，2009. "5·12"汶川地震滑坡特征及失稳破坏模式分析[J]. 四川大学学报（工程科学版）（3）：72-77.

李芸芸，2016. 地震滑坡危险性初步研究及城市地震灾害三维场景模拟新方法[D]. 哈尔滨：中国地震局工程力学研究所.

李芸芸，孙柏涛，陈相兆，等，2016. 基于GIS平台的地震滑坡危险性快速评估方法的初步研究[J]. 地震工程与工程振动，1（6）：111-119.

梁庆国，韩文峰，李雪峰，2009. 极震区岩体地震动力破坏若干问题探讨[J]. 岩土力学，30（S1）：37-40.

林成功，2003. 台湾921集集大地震滑坡动力分析研究[D]. 重庆：重庆大学.

刘春玲，祁生文，童立强，等，2004. 利用FLAC3D分析某边坡地震稳定性[J]. 岩石力学与工程学报，23（16）：2730-2733.

刘丹，叶四桥，黄己伟，等，2014. 落石运动偏移比的模型试验研究[J]. 长江科学院院报，31（1）：29-32.

刘丹，叶四桥，杨威，2013. 落石水平运动距离影响因素的模型试验研究[J]. 水文地质工程地质，40（6）：112-116.

刘汉香，许强，范宣梅，等，2012. 地震动强度对斜坡加速度动力响应规律的影响[J]. 地震工程与工程振动，33（2）：41-47.

刘汉香，许强，徐鸿彪，等，2011. 斜坡动力变形破坏特征的振动台模型试验研究[J]. 岩土力学，32（S2）：334-339.

刘汉香，许强，周飞，等，2015. 含软弱夹层斜坡地震动力响应特性的振动台试验研究[J]. 岩石力学与工程学报，34（5）：994-1005.

刘永平，佴磊，李广杰，2005. 某高陡边坡崩塌落石运动特征分析及其防治[J]. 水文地质工程地质，32（1）：30-33.

吕庆，孙红月，翟三扣，等，2014. 边坡滚石运动的计算模型[J]. 自然灾害学报，12（2）：79-84.

罗田，2013. 岩质边坡危岩落石运动特征和防护研究[D]. 成都：西南交通大学.

罗依尼什维里，1962. 铁路防治崩塌建筑物计算和设计资料[M]. 北京：人民铁道出版社.

马军，本刊资料，2014. 古人笔下的地震[J]. 文史月刊（4）：60-62.

毛彦龙，胡广韬，毛新虎，等，2001. 地震滑坡启程剧动的机理研究及离散元模拟[J]. 工程地质学报，9（1）：74-80.

门玉明，彭建兵，李寻昌，等，2004. 层状结构岩质边坡动力稳定性试验研究[J]. 世界地震工程，20（4）：131-136.

裴向军，黄润秋，2013. "4·20"芦山地震地质灾害特征分析[J]. 成都理工大学学报（自然科学版），40（3）：257-263.

裴向军，黄润秋，崔圣华，等，2015. 大光包滑坡岩体碎裂特征及其工程地质意义[J]. 岩石力学与工程学报，34（S1）：3106-3115.

裴向军，黄润秋，裴钻，等，2011. 强震触发崩塌滚石运动特征研究[J]. 工程地质学报，19（4）：498-504.

祁生文，伍法权，刘春玲，等，2004. 地震边坡稳定性的工程地质分析[J]. 岩石力学与工程学报，23（16）：2792-2796.

秋仁东，石玉成，李罡，等，2009. 地震引发滚石灾害及其基本特征研究[J]. 地震研究，32（2）：198-203.

宋健，高广运，2013. 基于速度脉冲地震动的边坡地震位移统一预测模型[J]. 岩土工程学报，35（11）：2009-2017.

宿方睿，郭长宝，张学科，等，2017. 基于面向对象分类法的川藏铁路沿线大型滑坡遥感解译[J]. 现代地质，31（5）：930-942.

孙萍，张永双，殷跃平，2009. 东河口滑坡-碎屑流高速远程运移机制探讨[J]. 工程地质学报，17（6）：737-744.

唐春安，左宇军，秦泗凤，等，2009. 汶川地震中的边坡浅层散裂与抛射模式及其动力学解释[C]//中国岩石力学与工程学会地下工程分会. 第十届全国岩石力学与工程学术大会论文集. 北京：中国电力出版社：258-262.

唐红梅，2011. 群发性崩塌灾害形成机制与减灾技术[D]. 重庆：重庆大学.

唐红梅，易朋莹，2003. 危岩落石运动路径研究[J]. 重庆建筑大学学报，25（1）：17-23.

王来贵，赵娜，李天斌，2009. 强震诱发单一弱面斜坡塌滑有限元模拟[J]. 岩石力学与工程学报，28（S1）：3163-3167.

王思敬，1977. 岩石边坡动态稳定性的初步探讨[J]. 地质科学，12（4）：372-376.

闻学泽，1989. 鲜水河断裂带未来首发强震危险性的研究综述[J]. 国际地震动态（7）：1-5.

闻学泽，1990. 鲜水河断裂带未来三十年内地震复发的条件概率[J]. 中国地震，6（4）：8-16.

闻学泽，贾晋康，1988. 鲜水河断裂带强震危险性的预测[J]. 四川地震（3）：11-15.

吴顺川，高永涛，杨占峰，2006. 基于正交试验的露天矿高陡边坡落石随机预测. 岩石力学与工程学报，25（S1）：2826-2832.

向欣，2010. 边坡落石运动特性及碰撞冲击作用研究[D]. 武汉：中国地质大学.

肖克强，李海波，刘亚群，等，2007. 地震荷载作用下顺层岩体边坡变形特征分析[J]. 岩土力学，28（8）：1557-1564.

邢爱国，胡厚田，杨明，2002. 大型高速滑坡滑动过程中摩擦特性的试验研究[J]. 岩石力学与工程学报，21（4）：522-525.

熊探宇，姚鑫，张永双，2010. 鲜水河断裂带全新世活动性研究进展综述[J]. 地质力学学报，16（2）：176-188.

徐光兴，姚令侃，高召宁，等，2008. 边坡动力特性与动力响应的大型振动台模型试验研究[J]. 岩石力学与工程学报，27（3）：624-633.

徐光兴，姚令侃，李朝红，等，2008. 边坡地震动力响应规律及地震动参数影响研究[J]. 岩土工程学报，30（6）：918-923.

许冲，2017. 2017年8月8日四川九寨沟Mw6.5级地震触发滑坡[C]//中国地质学会. 中国地质学会2017学术年会，杭州.

许冲，戴福初，徐锡伟，2010b. 汶川地震滑坡灾害研究综述[J]. 地质论评，56（6）：860-872.

许冲，戴福初，姚鑫，等，2009. GIS支持下基于层次分析法的汶川地震区滑坡易发性评价[J]. 岩石力学与工程学报，28（S2）：3978-3985.

许冲，戴福初，姚鑫，等，2010a. 基于GIS的汶川地震滑坡灾害影响因子确定性系数分析[J]. 岩石力学与工程学报，29（S1）：2972-2981.

许冲，徐锡伟，2014. 2013年芦山地震滑坡空间分布样式对盲逆断层构造的反映[J]. 科学通报，59（11）：979-986.

许冲，徐锡伟，沈玲玲，等，2014a. 2014年鲁甸Ms6.5地震触发滑坡编录及其对一些地震参数的指示[J]. 地震地质，36（4）：18.

许冲，徐锡伟，吴熙彦，等，2013b. 2008年汶川地震滑坡详细编目及其空间分布规律分析[J]. 工程地质学报，21（1）：25-44.

许冲，徐锡伟，徐澔德，2014b. 2013年中国芦山地震滑坡编录与导致的斜坡物质损失量[C]//中国地球物理学会. 中国地球科学联合学术年会2014，北京.

许冲，徐锡伟，于贵华，2012. 玉树地震滑坡分布调查及其特征与形成机制[J]. 地震地质，34（1）：47-62.

许冲，徐锡伟，郑文俊，2013a. 2013年7月22日岷县漳县Ms6.6级地震滑坡编录与空间分布规律分析[J]. 工程地质学报，21（5）：736-749.

许强，陈建君，冯文凯，等，2009. 斜坡地震响应的物理模拟试验研究. 四川大学学报（工程科学版），41（3）：266-273.

许强，黄润秋，2008. "5·12"汶川大地震诱发大型崩滑灾害动力特征初探[J]. 工程地质学报，16（6）：721-729.

许强，李为乐，2010. 汶川地震诱发大型滑坡分布规律研究[J]. 工程地质学报，18（6）：818-826.

许强，裴向军，黄润秋，等，2009. 汶川地震大型滑坡研究[M]. 北京：科学出版社.

亚南，王兰生，赵其华，等，1996. 崩塌落石运动学的模拟研究[J]. 地质灾害与环境保护（2）：25-32.

言志信，张森，张学东，等，2011. 顺层岩质边坡地震动力响应及地震动参数影响研究[J]. 岩石力学与工程学报，30（S2）：3522-3528.

杨海清，周小平，2009. 边坡落石运动轨迹计算新方法[J]. 岩土力学，30（11）：3411-3416.

姚爱军，苏永华，2003. 复杂岩质边坡锚固工程地震敏感性分析[J]. 土木工程学报，36（11）：34-37.

叶四桥，2008. 隧道洞口段落石灾害研究与防治[D]. 成都：西南交通大学.

叶四桥，陈洪凯，唐红梅，2010. 落石冲击力计算方法[J]. 中国铁道科学，31（6）：56-62.

叶四桥，陈洪凯，唐红梅，2011. 落石运动过程偏移与随机特性的试验研究[J]. 中国铁道科学，32（3）：74-79.

叶四桥，唐红梅，祝辉，2006. 危岩落石威胁区域预测[C]//《第二届全国岩土与工程学术大会论文集》编辑委员会. 第二届全国岩土与工程学术大会论文集. 北京：科学出版社：570-575.

殷跃平，2009. 汶川八级地震滑坡高速远程特征分析[J]. 工程地质学报，17（2）：153-166.

殷跃平，成余粮，王军，等，2009. 汶川地震触发大光包巨型滑坡遥感研究[J]. 工程地质学报，19（5）：674-684.

殷跃平，潘桂棠，刘宇平，等，2009. 汶川地震地质与滑坡灾害概论[M]. 北京：地质出版社.

殷跃平，王猛，李滨，等，2012. 汶川地震大光包滑坡动力响应特征研究[J]. 岩石力学与工程学报，31（10）：1969-1982.

殷跃平，张永双，2013. 汶川地震工程地质与地质灾害[M]. 北京：科学出版社.

袁进科，黄润秋，裴向军，2014. 滚石冲击力测试研究[J]. 岩土力学，35（1）：48-54.

袁文忠，1998. 相似理论与静力学模型试验[M]. 成都：西南交通大学出版社.

袁晓铭，1996. 地表下圆形夹塞区出平面散射对地面运动的影响[J]. 地球物理学报，39（3）：373-381.

袁晓铭，廖振鹏，1995. 圆弧型沉积盆地对平面 SH 波的散射[J]. 华南地震，15（2）：1-8.

袁晓铭，廖振鹏，1996. 任意圆弧形凸起地形对平面 SH 波的散射[J]. 地震工程与工程振动，16（2）：1-13.

曾富宝，1997. 地震对土坡稳定的影响[J]. 苏州科技学院学报（工程技术版），10（3）：16-20.

曾廉，1990. 崩塌与防治[M]. 成都：西南交通大学出版社.

张克绪，等，1989. 土动力学[M]. 北京：地震出版社.

张培震，邓起东，张国民，等，2003. 中国大陆的强震活动与活动地块[J]. 中国科学（D 辑：地球科学），33（S1）：12-20.

张友锋，袁海平，2008. FLAC3D 在地震边坡稳定性分析中的应用[J]. 江西理工大学学报，29（5）：23-26.

章广成，向欣，唐辉明，2011. 落石碰撞恢复系数的现场试验与数值计算[J]. 岩石力学与工程学报，30（6）：1266-1273.

赵安平，冯春，李世海，等，2012. 地震力作用下基覆边坡模型试验研究. 岩土力学，33（2）：515-523.

郑颖人，叶海林，肖强，等，2010. 基于全动力分析法的地震边坡与隧道稳定性分析[J]. 防灾减灾工程学报，30（S1）：279-285.

周桂云，李同春，2010. 基于静动力有限元的边坡抗震稳定分析方法[J]. 岩土力学，31（7）：2303-2308.

周荣军，何玉林，黄祖智，等，2001. 鲜水河断裂带乾宁—康定段的滑动速率与强震复发间隔[J]. 地震学报，23（3）：250-261.

周维垣，1990. 高等岩石力学[M]. 北京：水利电力出版社.

周兴涛，韩金良，施凤根，等，2014. 地形地貌对地震波放大效应数值模拟研究[J]. 工程地质学报，22（6）：1211-1220.

Xu C，Xu X W，Dai F C，et al.，2018. 2008 年汶川地震滑坡易发性评价模型对比研究[J]. 世界地震译丛，49（3）：268-286.

Abrahamson N A, Somerville P G, 1996. Effects of the hanging wall and footwall on ground motions recorded during the Northridge earthquake[J]. Bulletin of The Seismological Society of America, 86(1B): S93-S99.

Akgun A, 2012. A comparison of landslide susceptibility maps produced by logistic regression, multi-criteria decision, and likelihood ratio methods: a case study at İzmir, Turkey[J]. Landslides, 9(1): 93-106.

Ashford S A, Sitar N, 1997. Analysis of topographic amplification of inclined shear waves in a steep coastal bluff[J]. Bulletin of the Seismological Society of America, 87(3): 692-700.

Azzoni A, Barbera G L, Zaninetti A, 1995. Analysis and prediction of rockfalls using a mathematical model[J]. International Journal of Rock Mechanics and Mining Science&Geomechanics Abstracts, 32(7): 709-724.

Azzoni A, Freitas M, 1995. Experimentally gained parameters, decisive for rock fall analysis[J]. Rock Mechanics and Rock Engineering, 2(28): 111-124.

Baker J W, 2007. Quantitative classification of near-fault ground motions using wavelet analysis[J]. Bulletin of the Seismological Society of America, 97(97): 1486-1501.

Barredo J, Benavides A, Hervás J, et al. , 2000. Comparing heuristic landslide hazard assessment techniques using GIS in the Tirajana basin, Gran Canaria Island, Spain[J]. International Journal of Applied Earth Observation and Geoinformation, 2(1): 9-23.

Biondi G, Cascone E, Maugeri M, 2002. Flow and deformation failure of sandy slopes[J]. Soil Dynamics & Earthquake Engineering, 22(9-12): 1103-1114.

Bouckovalas G D, Papadimitriou A G. 2005. Numerical evaluation of slope topography effects on seismic ground motion[J]. Soil Dynamics and Earthquake Engineering, 25(7-10): 547-558.

Bourrier F, Eckert N, Darve F, 2009. Bayesian stochastic modeling of a spherical rock bouncing on a coarse soil[J]. Natural Hazards and Earth System Sciences, 9(3): 831-846.

Bozzolo D, Pamini R, Hutter K, 1988. Rockfall analysis: a mathematical model and its test with field data[C]//Proceedings of the 5th International Symposium on Landslides in Lausanne. Balkema, Rotterdam: 555-560.

Bray J D, Rathje E M, 1998. Earthquake-induced displacements of solid-waste landfills[J]. Journal of Geotechnical and Geoenvironmental Engineering, 124(3): 242-253.

Bray J D, Repetto P C, 1994. Seismic design considerations for lined solid waste landfills[J]. Geotextiles and Geomembranes, 13(8): 497-518.

Chen G Q, 2003. Numerical modelling of rock fall using extended DDA[J]. 岩石力学与工程学报, 22(6): 926-931.

Chen G Q, Zheng L, Zhang Y B, et al., 2013. Numerical simulation in rockfall analysis: a close comparision of 2-D and 3-D DDA[J]. Rock Mechanics and Rock Engineering, 46: 527-541.

Cheng D, 2005. A gis-based comprehensive landslide forecasting infoemation system[J]. Journal of Engineering Geology, 13(3): 398-403.

Chousianitis K, Gaudio V D, Kalogeras I, et al., 2014. Predictive model of Arias intensity and Newmark displacement for regional scale evaluation of earthquake-induced landslide hazard in Greece[J]. Soil Dynamics and Earthquake Engineering, 65: 11-29.

Chousianitis K, Gaudio V D, Kalogeras I, et al., 2014. Predictive model of Arias intensity and Newmark displacement for regional scale evaluation of earthquake-induced landslide hazard in Greece[J]. Soil Dynamics and Earthquake Engineering, 65: 11-29.

Christen M, Bartelt P, Gruber U, 2007. RAMMS-a modelling system for snow avalanches, debris flows and rockfalls based on IDL[J]. Photogrammetrie Fernerkundung Geoinformation, 2007(4): 289-292.

Clough R W, Chopra A K, 1996. Earthquake stress analysis in earth dams[J]. Journal of the Engineering Mechanics Division, 92(2): 197-212.

Copons R, Vilaplana J M, 2008. Rockfall susceptibility zoning at a large scale: From geomorphological inventory to preliminary land use planning[J]. Engineering Geology, 102(3-4): 142-151.

Cundall P A, 1971. Computer model for simulating progressive, large-scale movements in block rock systems[C]//ISRM. Proceedings of Symposium of International Society of Rock Mechanics.Nancy: ISRM, 1971: 2-8.

Dakoulas P, Gazetas G, 1985. A class of inhomogeneous shear models for seismic response of dams and embankments[J]. International Journal of Soil Dynamics and Earthquake Engineering, 4(4): 166-182.

Davis L L, West L R, 1973. Observed effects of topography on ground motion[J]. Bulletin of the Seismological Society of America, 63(1): 283-298.

De Paola N, Hirose T, Mitchell T, et al., 2011. Fault lubrication and earthquake propagation in thermally unstable rocks[J]. Geology, 39(1): 35-38.

Di Toro G, Han R, Hirose T, et al., 2011. Fault lubrication during earthquakes[J]. Nature, 471(7339): 494-498.

Dong J, Tsao C, Yang C, et al., 2016. The geometric characteristics and initiation mechanisms of the earthquake-triggered Daguangbao Landslide[J]. Geotechnical Hazards from Large Earthquakes and Heavy Rainfalls: 203.

Dong J, Yang C, Yu W, et al., 2013. Velocity-displacement dependent friction coefficient and the kinematics of giant landslide[M]. Earthquake-induced landslides, Springer: 397-403.

Dorren L K A, Seijmonsbergen A C, 2003. Comparison of three GIS-based models for predicting rockfall runout zones at a regional scale[J]. Geomorphology, 56: 49-64.

Dorren L, 2003. A review of rockfall mechanics and modelling approach[J]. Progress in Physical Geography, 1(27): 69-87.

Dorren L, Berger F, Putters U, 2009. Real-size experiments and 3-D simulation of rockfall on forested and non-forested slopes[J]. Natural Hazards and Earth System Sciences, 1(6): 145-153.

Gaudio V D, Wasowski J, Pierri P, 2003. An approach to time-probabilistic evaluation of seismically induced landslide hazard[J]. Bulletin of the Seismological Society of America, 93(2): 557-569.

Giani G P, Giacomini A, Migliazza M, et al., 2004. Experimental and theoretical studies to improve rock fall analysis and protection work design[J]. Rock Mechanics and Rock Engineering, 37(5): 369-389.

Gorum T, Fan X, Van Westen C J, et al., 2011. Distribution pattern of earthquake-induced landslides triggered by the 12 May 2008 Wenchuan earthquake[J]. Geomorphology, 133(3-4): 152-167.

Gupta R P, Joshi B C, 1990. Landslide hazard zoning using the GIS approach—A case study from the Ramganga catchment, Himalayas[J]. Engineering Geology, 28(1-2): 119-131.

Guzzetti F, Crosta G, Detti R, 2002. Stone: a computer program for the three-dimensional simulation of rock-falls[J]. Computers and Geosciences, 28: 1079-1093.

Han R, Hirose T, Shimamoto T, 2010. Strong velocity weakening and powder lubrication of simulated carbonate faults at seismic slip rates[J]. Journal of Geophysical Research: Solid Earth, 115(B03412).

Han R, Shimamoto T, Hirose T, et al., 2007. Ultralow friction of carbonate faults caused by thermal decomposition[J]. Science, 316(5826): 878-881.

Harp E L, Jibson R. W, 1996. Inventory of Landslides Triggered by the 1994 Northridge, California, Earthquake[J]. Bulletin of the Seismological Society of America, 86(1B): S319-S332.

Howard J K, Tracy C A, Burns R G, 2005. Comparing observed and predicted directivity in near-source ground motion[J].

Earthquake Spectra, 21(4): 1063-1092.

Hu W, Huang R Q, McSaveney M, et al., 2019. Superheated steam, hot CO_2 and dynamic recrystallization from frictional heat jointly lubricated a giant landslide: Field and experimental evidence[J]. Earth and Planetary Science Letters, 510: 85-93.

Huang R Q, Fan X M, 2013. The landslide story[J]. Nature Geoscience, 6(5): 325-326.

Huang R Q, Xu Q, Huo J, 2011. Mechanism and geo-mechanics models of landslides triggered by 5.12 Wenchuan Earthquake[J]. Journal of Mountain Science, 8(2): 200-210.

Huang Y, Zhang W J, Xu Q, et al., 2012. Run-out analysis of flow-like landslides triggered by the Ms 8.0 2008 Wenchuan earthquake using smoothed particle hydrodynamics[J]. Landslides, 9(2): 275-283.

Hungr O, 1988. Engineering evaluation offragment rockfall hazard[C]//Proceedings of the 5th international symposium on landslides in Lausanne. Balkema, Rotterdam: 685-690.

Idriss I M, Seed H B, 1968. An analysis of ground motions during the 1957 San Francisco earthquake[J]. Bulletin of the Seismological Society of America, 58(6): 2013-2032.

Jaafari A, Najafi A, Pourghasemi H R, et al., 2014. GIS-based frequency ratio and index of entropy models for landslide susceptibility assessment in the Caspian forest, northern Iran[J]. International Journal of Environmental Science and Technology, 11(4): 909-926.

Jibson R W, Harp E L, Michael J A, 2000. A method for producing digital probabilistic seismic landslide hazard maps[J]. Engineering Geology, 58(3): 271-289.

Kamijo A, Onda S, Masuya H, et al., 2000. Fundamental test on restitution coefficient and frictional coefficient of rock fall[C]// Japan Society of Civil Engineers .The 5th Symposium on Impact Problems in Civil Engineering.

Keefer D K, 1984. Landslides caused by earthquakes[J]. Geological Society of America Bulletin, 95(4): 406-421.

Keefer D K, 2000. Statistical analysis of an earthquake-induced landslide distribution-the 1989 Loma Prieta, California event[J]. Engineering Geology, 58(3): 231-249.

Kiureghian A D, Ang H S, 1977. A fault-rupture model for seismic risk analysis[J]. Bulletin of the Seismological Society of America, 67(4): 1173-1194.

Labiouse V, Heidenreich B, 2009. Half-scale experimental study of rockfall impacts on sandy slopes[J]. Natural Hazards and Earth System Sciences, 6(9): 1981-1993.

Leshchinsky D, San K Ching, 1994. Pseudo-static seismic stability of slopes: design charts [J]. Journal of Geotechnical Engineering, ASCE, 120(9): 1514-1532.

Ling H I, Cheng H D, 1997. Rock sliding induced by seismic force[J]. International Journal of Rock Mechanics and Mining Sciences, 34(6): 1021-1029.

Liu H, Xu Q, Li Y, et al., 2013. Response of high-strength rock slope to seismic waves in a shaking table test[J]. Bulletin of the Seismological Society of America, 103(6): 3012-3025.

Liu J M, Shi J S, Wang T, et al., 2018. Seismic landslide hazard assessment in the Tianshui area, China, based on scenario earthquakes[J]. Bulletin of Engineering Geology and the Environment, 77(3): 1263-1272.

Lucas A, Mangeney A, Ampuero J P, 2014. Frictional velocity-weakening in landslides on Earth and on other planetary bodies[J]. Nature communications, 5: 3417.

Lysmer J, Kuhlemeyer A M, 1969. Finite dynamic model for infinite media[J]. Journal of Engineering Mechanics-Asce(Journal of the Engineering Mechanics Division), 859: 877.

Makdisi F I, Seed H B, 1978. Simplified procedure for estimating dam and embankment earthquake-induced deformations[J]. Journal of the Geotechnical Engineering Division, 104(GT7): 849-867.

Mangwandi C, Cheong Y S, Adams M J, et al., 2007. The coefficient of restitution of different representive types of granules[J]. Chemical Engineering Science, 62: 437-450.

Manzella I, Labiouse V, 2008. Qualitative analysis of rock avalanches propagation by means of physical modelling of non-constrained gravel flows[J]. Rock Mechanics and Rock Engineering, 41(1): 133-151.

Marzorati S, Luzi L, De Amicis M, 2002. Rock falls induced by earthquakes: a statistical approach[J]. Soil Dynamic and Earthquake Engineering, 22(7): 565-577.

Mavroeidis G P, Papageorgiou A S, 2003. A mathematical representation of near-fault ground motions[J]. Bulletin of the seismological society of America, 93(3): 1099-1131.

Meissl G, 1998. Modellierung der Reichweite von Felsst ¨ urzen: Fallbeispiele zur GIS-gest ¨ utzten Gefahrenbeurteilung[D].

Innsbruck: Institut fur Geographie.

Meunier P, Hovius N, Haines J A, 2008. Topographic site effects and the location of earthquake induced landslides[J]. Earth and Planetary Science Letters, 275(3-4): 221-232.

Miles S B , Ho C L,1999. Rigorous landslide hazard zonation using Newmark's method and stochastic ground motion simulation[J]. Soil Dynamics and Earthquake Engineering, 18(4): 305-323.

Mimoglou P, Psycharis I N, Taflampas I M, 2015. Explicit determination of the pulse inherent in pulse‐like ground motions[J]. Earthquake Engineering & Structural Dynamics, 43(15):2261-2281.

Newmark N M, 1965. Effects of earthquakes on dams and embankments[J]. Geotechnique, 15(2): 139-160.

Nikolakopoulos K G, Vaiopoulos D A, Skianis G A, et al. , 2005. Combined use of remote sensing, GIS and GPS data for landslide mapping [C]//2005 IEEE International Geoscience and Remote Sensing Symposium, Seoul, Korea (South). IEEE, 7: 5196-5199.

Okura Y, Kitahara H, Sammori T, et al., 2000. The effects of rockfall volume on runout distance[J]. Engineering Geology, 58(2): 109-124.

Parker R, 2010. Controls on the distribution of landslides triggered by the 2008 Wenchuan earthquake, Sichuan Province, China[D]. Durham: Durham University.

Paronuzzi P, 1989. Probabilistic approach for design optimization of rockfall protective barriers[J]. Quarterly Journal of Engineering Geology and Hydrogeology, 22(3): 175-183.

Pedersen H A, Sanchez-Sesma F J, Campillo M, 1994. Three-dimensional scattering by two-dimensional topographies[J]. Journal of Fluid Mechanics, 579(3): 383-412.

Pierson L, 2001. Rockfall catchment area design guide [R]. Salem: Oregon department of transportation-research group.

Piteau D R, 1976. Computer rockfall model[M]. Bergamo: ISMES.

Qi S W, Xu Q, Lan H X, et al., 2010. Spatial distribution analysis of landslides triggered by 2008.5.12 Wenchuan Earthquake, China[J]. Engineering Geology, 116(1): 95-108.

Razifard M, Shoaei G, Zare M, 2018. Application of fuzzy logic in the preparation of hazard maps of landslides triggered by the twin Ahar-Varzeghan earthquakes(2012) [J]. Bulletin of Engineering Geology and the Environment, 78: 223-245.

Ritchie A M, 1963. The evaluation of rockfall and its control[J]. Highway Research Record(17): 1-5.

Roback K, Clark M K, West A J, et al., 2018. The size, distribution, and mobility of landslides caused by the 2015 Mw7.8 Gorkha earthquake, Nepal[J]. Geomorphology, 301: 121-138.

Rodríguez-Peces M J, García-Mayordomo J, Azañón J. M, et al., 2014. GIS application for regional assessment of seismically induced slope failures in the Sierra Nevada Range, South Spain, along the Padul Fault[J]. Environmental Earth Sciences, 72(7): 2423-2435.

Rodríguez-Peces M J, García-Mayordomo J, Azañón J. M, et al., 2011. Regional hazard assessment of earthquake-triggered slope instabilities considering site effects and seismic scenarios in Lorca Basin(Spain)[J]. Environmental & Engineering Geoscience, 17(2): 183-196.

Sasaki T, Hagiwara I, Sasaki K, et al., 2004. Earthquake response analysis of rock-fall models by discontinuous deformation analysis[C]// Third Asian rock mechanics symposium, Kyoto. Proceedings of third Asian rock mechanics symposium, 1267-1272.

Seed B H, Martin G R,1966. The seismic coefficient in earth dam design[J]. Journal of the Soil Mechanics and Foundations Division, 92(3):25-58.

Shahi S K, Baker J W, 2011. An empirically calibrated framework for including the effects of near-fault directivity in probabilistic seismic hazard analysis[J]. Bulletin of the Seismological Society of America, 101(2): 742-755.

Shou K J, Hong C Y, Wu C C, et al., 2011. Spatial and temporal analysis of landslides in Central Taiwan after 1999 Chi-Chi earthquake[J]. Engineering Geology, 123(1): 122-128.

Siad L, 2003. Seismic stability analysis of fractured rock slopes by yield design theory[J]. Soil Dynamics and Earthquake Engineering, 23(3): 21-30.

Song J, Gao G Y, Rodriguez-Marek A, et al., 2016. Seismic assessment of the rigid sliding displacements caused by pulse motions[J]. Soil Dynamics and Earthquake Engineering, 82: 1-10.

Song Z C, Zhao L H, Li L, et al., 2018. Distinct element modelling of a landslide triggered by the 5.12 Wenchuan earthquake: a case study[J]. Geotechnical and Geological Engineering, 36: 2533-2551.

Sun P, Zhang Y, Shi J, et al., 2011. Analysis on the dynamical process of Donghekou rockslide-debris flow triggered by 5.12

Wenchuan earthquake[J]. Journal of Mountain Science, 8(2): 140-148.

Thoeni K, Giacomini A, Lambert C, et al., 2014. A 3D discrete element modelling approach for rockfall analysis with drapery systems[J]. International Journal of Rock Mechanics and Mining Sciences, 68: 107-119.

Travasarou T, Bray J, Der Kiureghian A, 2004. A probabilistic methodology for assessing seismic slope displacements[C]//13th World Conference on Earthquake Engineering, Vancouver, B.C., Canada.

Van Westen C J, 2000. The modeling of landslide hazards using GIS[J]. Surveys in Geophysics, 21:241-255.

Vassiliou M F, Makris N, 2011. Estimating time scales and length scales in pulse-like earthquake acceleration records with wavelet analysis[J]. Bulletin of the Seismological Society of America, 101(2): 596-618.

Volkwein A, Schellenberg K, Labiouse V, et al., 2011. Rockfall characterisation and structural protection-a review[J]. Natural hazards and earth system sciences, 9(11): 2617-2651.

Wang B, Cavers D S, 2008. A simplified approach for rockfall ground penetration and impact stress calculations[J]. Landslides, 5(3): 305-310.

Wang Y, Song C, Lin Q, et al., 2016. Occurrence probability assessment of earthquake-triggered landslides with Newmark displacement values and logistic regression: the Wenchuan earthquake, China[J]. Geomorphology, 258: 108-119.

Wartman J, Seed R B, Bray J D, 2005. Shaking table modeling of seismically induced deformations in slopes[J]. International Journal of Geomechanics, 131(5): 610-622.

Woltjer M, Rammer W, Brauner M,et al., 2008. Coupling a 3D patch model and a rockfall module to assess rockfall protection in mountain forests[J]. Journal of Environmental Management, 87(3): 373-388.

Wood C M, Cox B R, 2015. Experimental data set of mining-induced seismicity for studies of full-scale topographic effects[J]. Earthquake Spectra, 31(1): 541-564.

Wu S S, 1985. Rockfall evaluation by computer simulation[J]. Transportation Research Record, 1031: 1-5.

Wyllie D C, 2014. Rock fall engineering development and calibration of an improved model for analysis of rock fall hazard on highways and railway[D]. Vancouver: The University of British Columbia.

Xu C, Dai F C, Xu S N, et al., 2013. Application of logistic regression model on the wenchuan earthquake triggered landslide hazard mapping and its validation [J]. Hydrogeology & Engineering Geology, 40(3): 98-104.

Xu C, Xu X, 2014. The spatial distribution pattern of landslides triggered by the 20 April 2013 Lushan earthquake of China and its implication to identification of the seismogenic fault[J]. Chinese Science Bulletin, 59(13): 1416-1424.

Yin J H, Chen J, Xu X W, et al., 2010. The characteristics of the landslides triggered by the Wenchuan Ms 8.0 earthquake from Anxian to Beichuan[J]. Journal of Asian Earth Sciences, 37(5): 452-459.

Zamora M, Riddell R, 2011. Elastic and inelastic response spectra considering near-fault effects[J]. Journal of Earthquake Engineering, 15(5): 775-808.

Zhai C, Chang Z, Li S, et al., 2013. Quantitative identification of near-fault pulse-like ground motions based on energy[J]. Bulletin of the Seismological Society of America, 103(5): 2591-2603.

Zhang J Q, Liu R K, Deng W, et al., 2016. Characteristics of landslide in Koshi River basin, central Himalaya[J]. Journal of Mountain Science, 13: 1711-1722.

Zhang Y B, 2017. Earthquake-induced landslides[M]. Singapore: Springer.

Zhang Y B, 2013. New analysis methods for earthquake-induced landslides considering tension failure and the trampoline effect[D]. Fukuoka: Kyushu University.

Zhang Y B, Chen G Q, Wu J, et al., 2012. Numerical simulation of seismic slope stability analysis based on tension-shear failure mechanism[J]. Geotechnical Engineering, 43(2): 18-28.

Zhang Y B, Chen G Q, Zen K, et al., 2011. High-speed starting mechanism of rock avalanches induced by earthquake[C]. International Conference on Advances in Geotechnical Engineering, Perth, Australia.

Zhang Y B, Chen G Q, Zheng L, et al. ,2013. Effects of near-fault seismic loadings on run-out of large-scale landslide: A case study[J]. Engineering Geology, 166: 216-236.

Zhang Y B, Wang J M, Xu Q, et al., 2015a. DDA validation of the mobility of earthquake-induced landslides[J]. Engineering Geology, 194: 38-51.

Zhang Y B, Xing H, Chen G Q, et al., 2014a. A new movement mechanism of earthquake-induced landslides by considering the trampoline effect of vertical seismic loading[M]. Switzerland: Springer International Publishing.

Zhang Y B, Xu Q, Chen G Q, et al., 2014b. Extension of discontinuous deformation analysis and application in cohesive-frictional slope analysis[J]. International Journal of Rock Mechanics and Mining Sciences, 70: 533-545.

Zhang Y B, Zhang J, Chen G Q, et al., 2015b. Effects of vertical seismic force on initiation of the Daguangbao landslide induced by the 2008 Wenchuan earthquake[J]. Soil Dynamics and Earthquake Engineering, 73: 91-102.

Zhang Y S, Yang Z H, Guo C B, et al., 2017. Predicting landslide scenes under potential earthquake scenarios in the Xianshuihe fault zone, Southwest China[J]. Journal of Mountain Science, 14(7): 1262-1278.

Zheng L, Chen G Q, Li Y G, et al., 2014. The slope modeling method with GIS support for rockfall analysis using 3D DDA[J]. Geomechanics and Geoengineering, 9(2): 142-152.

附　　录

附录 1　地震滑坡编录信息表

序号	日期	地震	滑坡编录类型多边形（1）/点（0）	滑坡数量/处	滑坡数量（面积>50000m^2）/处	断层性质	作者
1	1976-02-04	危地马拉 (Guatemala)	1	6224	228	左旋走滑断层	Harp 等，1981
2	1976-05-06	意大利弗留利 (Friuli, Italy)	0	27		逆断层	CEDIT，1976
3	1980-01-24	加利福尼亚利弗莫尔 (Livermore, California)	0	105		右旋走滑断层	Wilson 等，1985
4	1980-05-25	马姆莫斯湖 (Mammoth Lakes, California)	1	4027	65	左旋走滑断层	Harp 等，1984
5	1980-11-23	意大利南部 (Southern Italy)	0	199		正断层	CEDIT，1980
6	1983-05-02	加利福尼亚科灵加 (Coalinga, California)	1	3980	1	逆断层	Harp 等，1990
7	1986-10-10	萨尔瓦多圣萨尔瓦多 (San Salvador, El Salvador)	0	268		左旋走滑断层	Rymer，1987
8	1989-10-18	加利福尼亚洛马普列塔 (Loma Prieta, California)	0	1775		右旋逆斜滑断层	Keefer 等，1998
9	1991-04-22	哥斯达黎加星谷 (Valle de la Estrella, Costa Rica)	1	1643	1	逆断层	Marc 等，2016

续表

序号	日期	地震	滑坡编录类型多边形（1）/点（0）	滑坡数量/处	滑坡数量（面积>50000m²）/处	断层性质	作者
10	1994-01-17	Northridge, California	1	11111	28	逆断层	Harp 等，1995
11	1995-01-16	Kobe, Japan	1	2353	0	右旋走滑断层	Uchida 等，2004
12	1997-09-26	意大利中部（Central Italy）	0	179		正断层	CEDIT，1997
13	2001-01-13	萨尔瓦多圣米格尔（San Miguel, El Salvador）	0	139		正断层	GarciaRodríguez 等，2010
14	2001-02-13	San Salvador, El Salvador	0	62		右旋走滑断层	GarciaRodriguez 等，2010
15	2002-11-03	阿拉斯加德纳里山（Denali, Alaska）	1	1579	333	右旋走滑断层	Gorum 等，2014
16	2003-08-14	希腊雷夫卡达岛（Lefkada, Greece）	1	274	9	右旋走滑断层	Papathanassiou 等，2013
17	2004-10-23	Niigata-Chuetsu, Japan	1	4862	524	逆断层	Sekiguchi 等，2006
18	2005-10-08	巴基斯坦克什米尔（Kashmir, Pakistan）	1	1453	230	逆断层	Basharat 等，2014
19	2005-10-08	Kashmir, Pakistan	1	2930	584	逆断层	Basharat 等，2016
20	2005-10-08	Kashmir, Pakistan	1	2424	21	逆断层	Sato 等，2016
21	2006-10-15	夏威夷基霍洛湾（Kiholo Bay, Hawaii）	1	383	12	右旋正斜滑断层	Harp 等，2014
22	2007-04-21	智利艾森（Aisen, Chile）	1	517	48	右旋走滑断层	Gorum 等，2014
23	2007-08-15	秘鲁皮斯科（Pisco, Peru）	0	271		逆断层	Lacroix 等，2013

序号	日期	地震	滑坡编录类型多边形（1）/点（0）	滑坡数量/处	滑坡数量（面积>50000m²）/处	断层性质	作者
24	2008-05-12	中国汶川（Wenchuan, China）	1	197481	2273	右旋逆斜滑断层	Xu 等，2014
25	2008-05-12	Wenchuan, China	1	69606	1457	右旋逆斜滑断层	Li 等，2014
26	2008-05-12	Wenchuan, China	0	60109		右旋逆斜滑断层	Gorum 等，2011
27	2008-06-13	日本本州岛东岸（Eastern Honshu, Japan）	1	4164	22	逆断层	Yagi 等，2009
28	2009-04-06	Central Italy	0	94		正断层	CEDIT，2009
29	2010-01-12	海地（Haiti）	1	23567	18	左旋走滑断层	Harp 等，2016
30	2010-01-12	Haiti	1	4490	3	左旋走滑断层	Gorum 等，2013
31	2011-03-11	日本东北（Tohoku-Oki, Japan）	1	3475	8	逆断层	Wartman 等，2013
32	2011-05-11	西班牙洛尔卡（Lorca, Spain）	0	258		左旋逆斜滑断层	Alfaro 等，2012
33	2013-04-20	中国雅安（Yaan, China）	0	15546		逆断层	Xu 等，2015
34	2013-07-22	中国甘肃（Gansu, China）	1	2330	0	逆断层	Xu 等，2014
35	2014-08-03	中国鲁甸（Ludian, China）	1	1024	9	左旋正斜滑断层	Xu 等，2015
36	2015-04-25	尼泊尔（Nepal）	1	2645	24	逆断层	Zhang 等，2016
37	2015-04-25	Nepal	0	17532		逆断层	Gnyawali 等，2016
38	2015-04-25	Nepal	1	24915	133	逆断层	Mapdataofl 等，2016
39	2016-08-24	意大利诺尔恰（Norcia, Italy）	0	145		正断层	CEDIT，2016
40	2016-10-26	意大利维索（Visso, Italy）	0	235		正断层	CEDIT，2016
41	2016-10-30	Norcia, Italy	0	378		正断层	CEDIT，2016
42	2017-08-08	九寨沟（Jiuzhaigou）	1	4834	2	左旋走滑断层	Xu 等，2018

附录 2　42 个地震滑坡编录滑坡数量坡向图

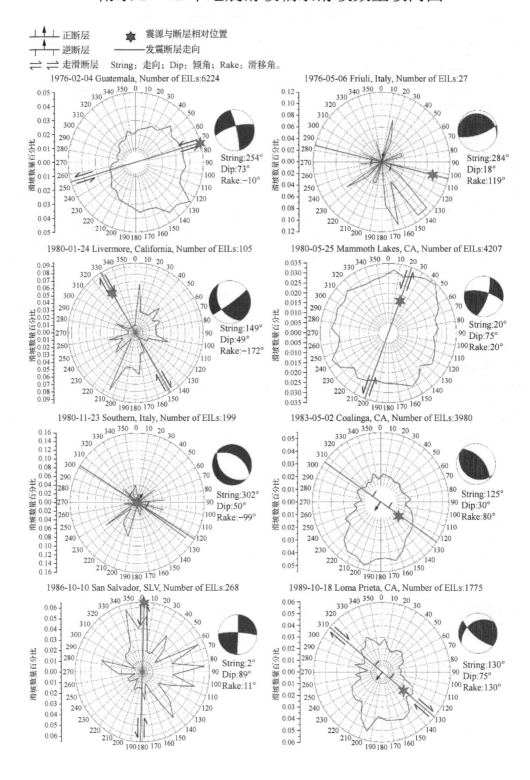

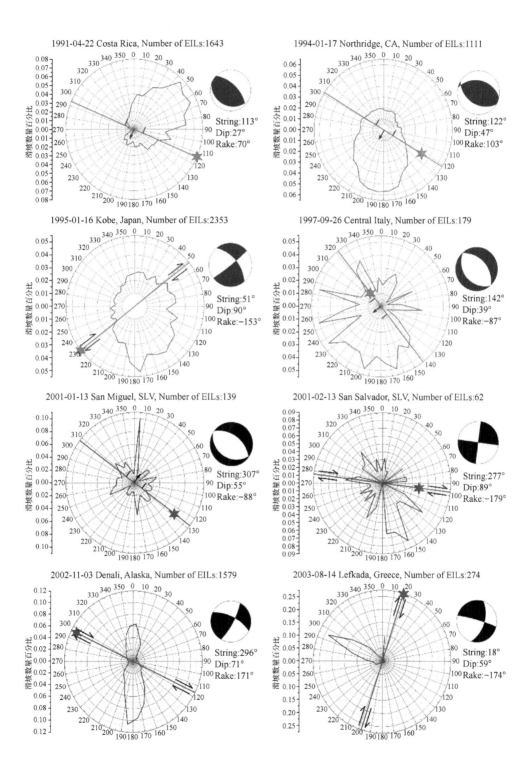

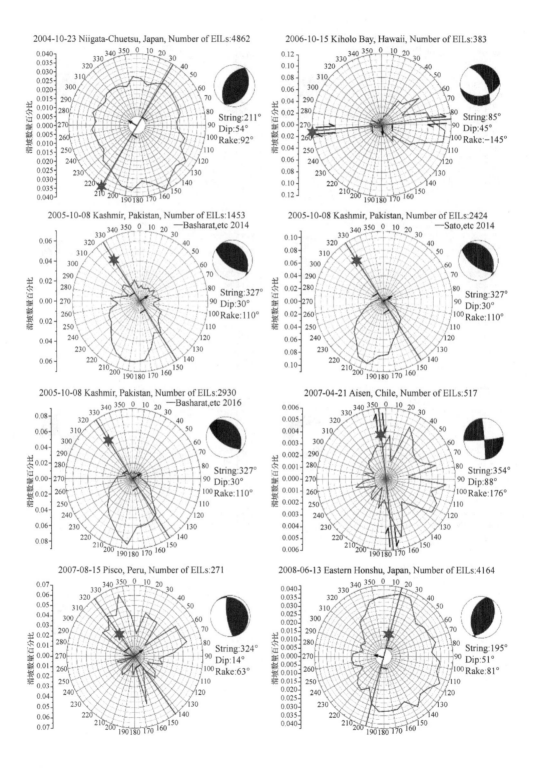

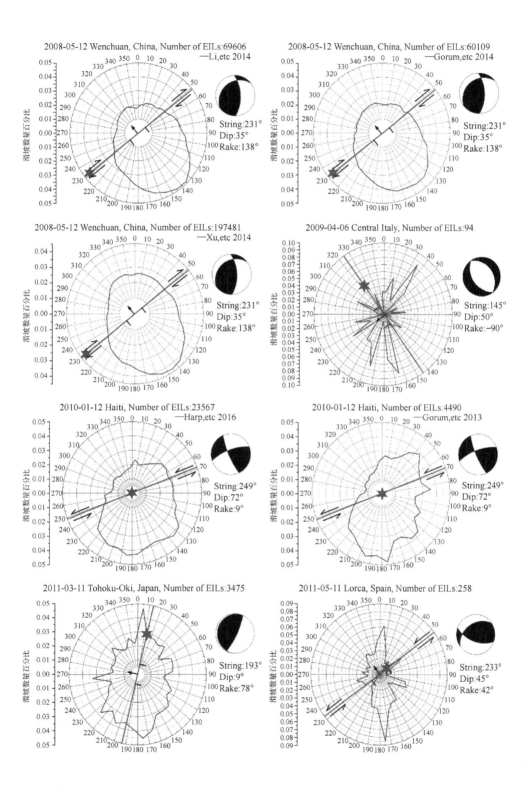

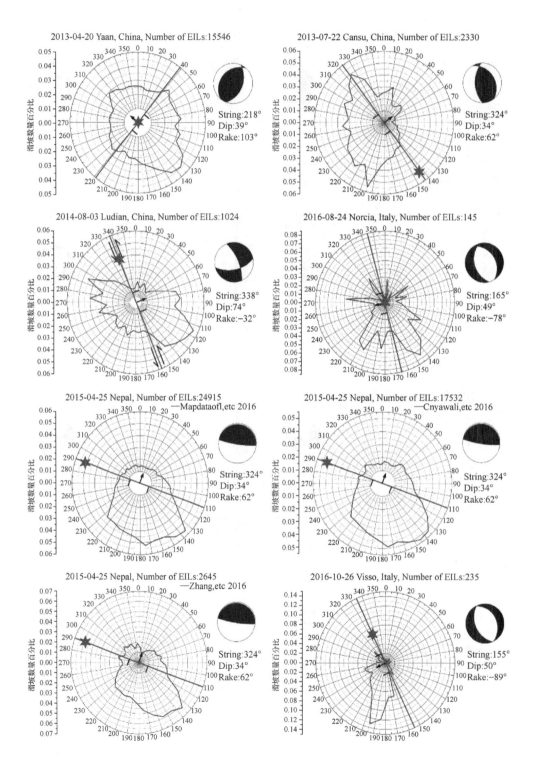

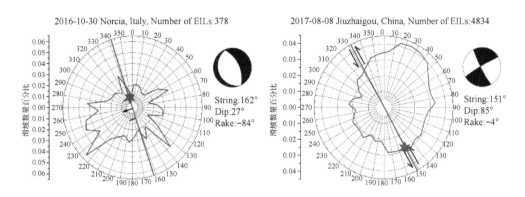

附录3　26个地震滑坡编录滑坡面积坡向图

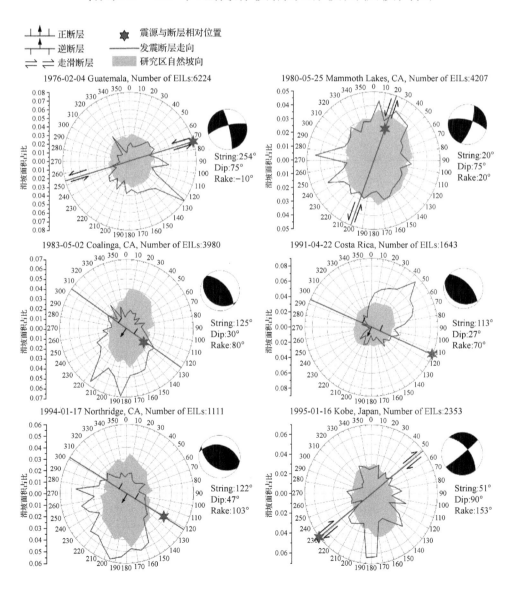

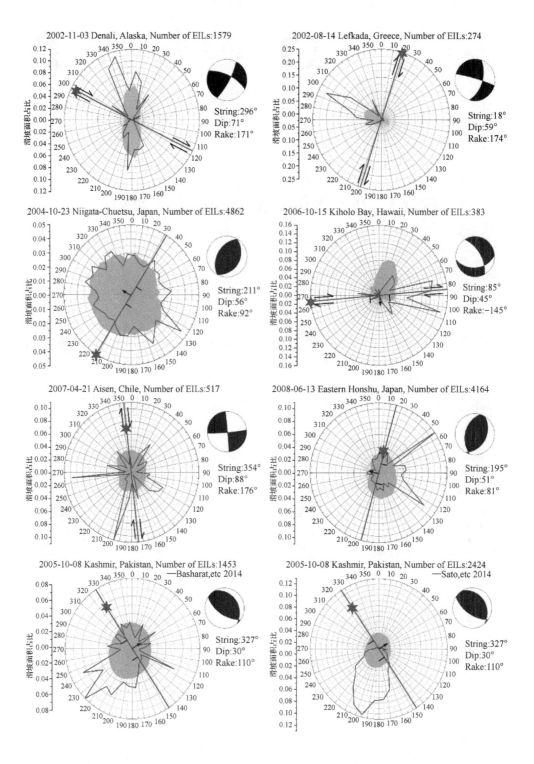

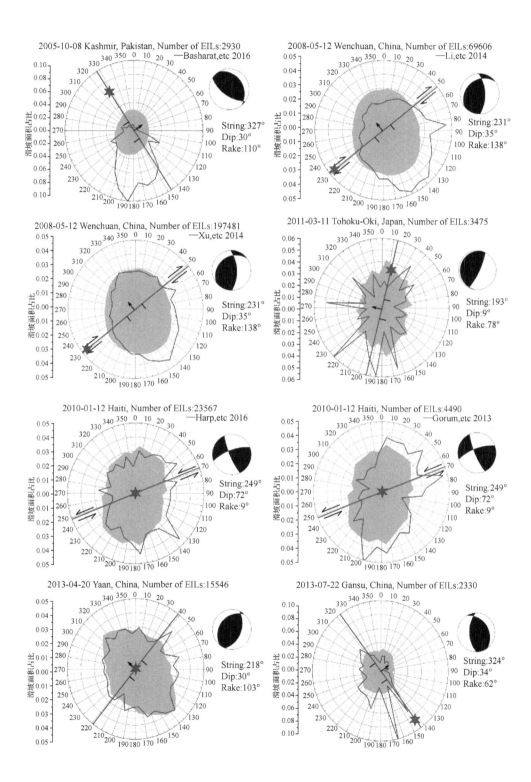

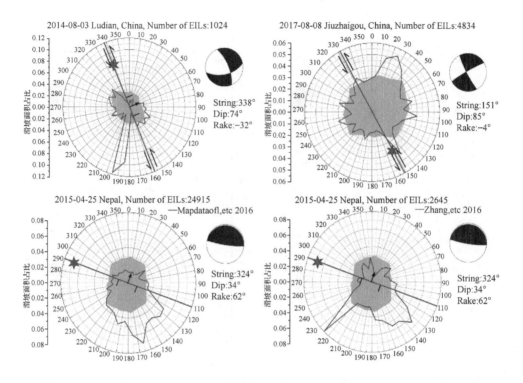

附录 4　42 个地震滑坡编录各方位滑坡数量概率坡向图

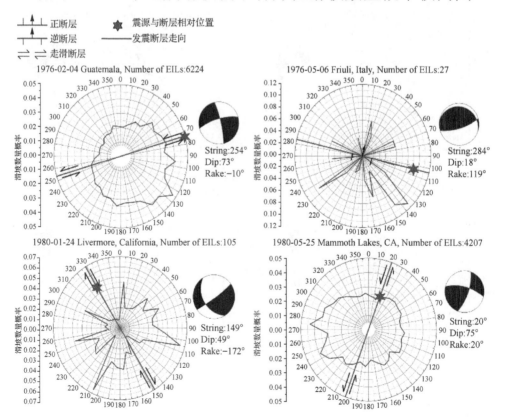

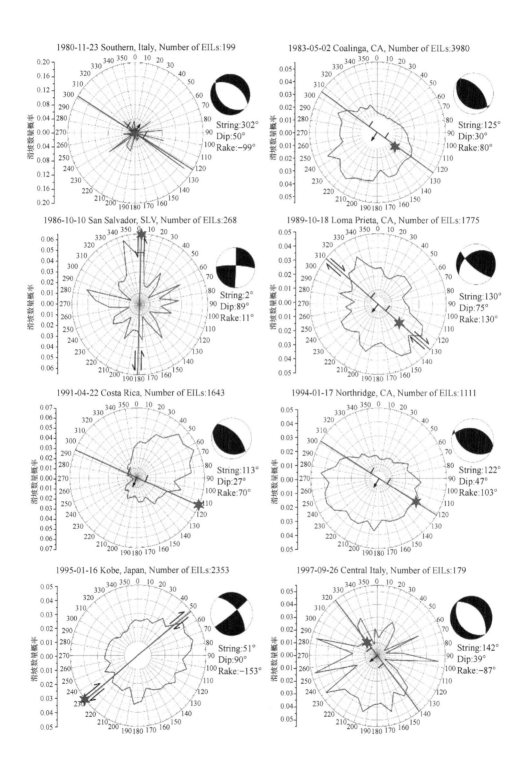

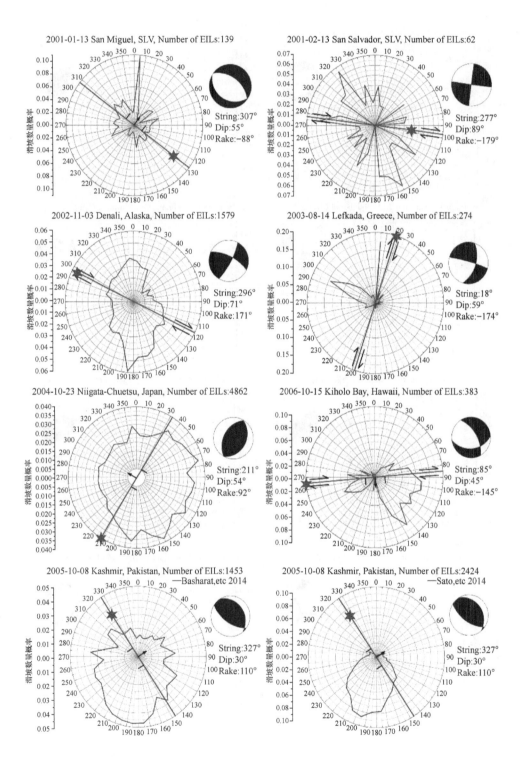

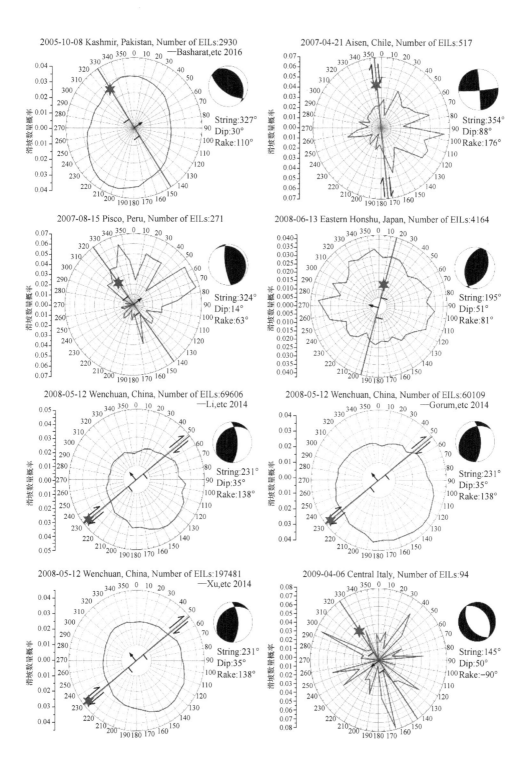

2005-10-08 Kashmir, Pakistan, Number of EILs:2930
——Basharat,etc 2016
String:327°
Dip:30°
Rake:110°

2007-04-21 Aisen, Chile, Number of EILs:517
String:354°
Dip:88°
Rake:176°

2007-08-15 Pisco, Peru, Number of EILs:271
String:324°
Dip:14°
Rake:63°

2008-06-13 Eastern Honshu, Japan, Number of EILs:4164
String:195°
Dip:51°
Rake:81°

2008-05-12 Wenchuan, China, Number of EILs:69606
——Li,etc 2014
String:231°
Dip:35°
Rake:138°

2008-05-12 Wenchuan, China, Number of EILs:60109
——Gorum,etc 2014
String:231°
Dip:35°
Rake:138°

2008-05-12 Wenchuan, China, Number of EILs:197481
——Xu,etc 2014
String:231°
Dip:35°
Rake:138°

2009-04-06 Central Italy, Number of EILs:94
String:145°
Dip:50°
Rake:-90°

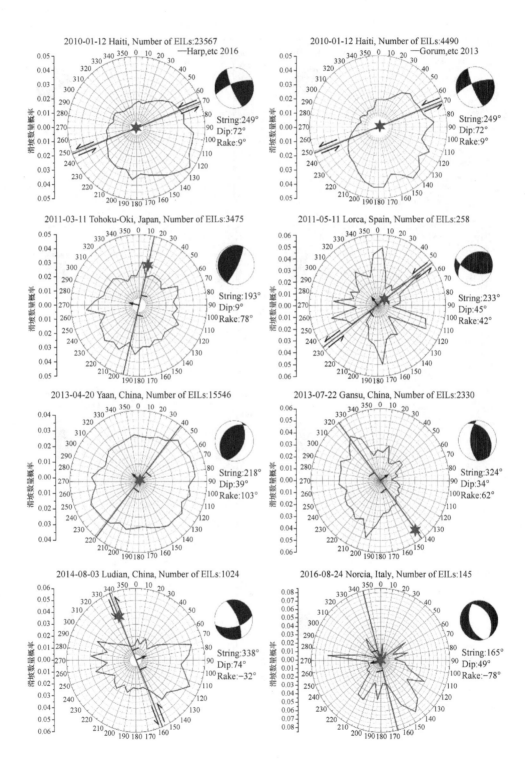

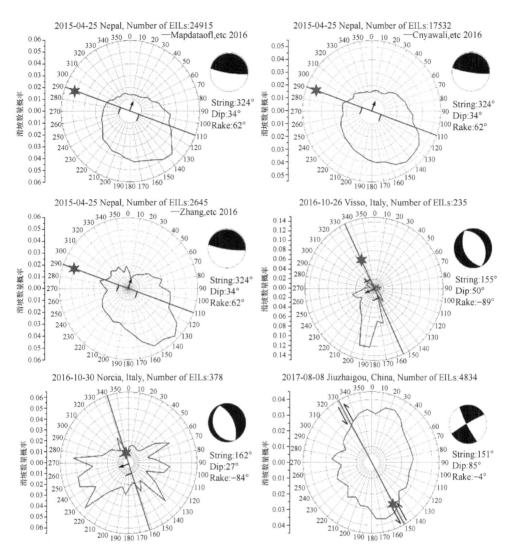

附录 5　26 个地震滑坡编录各方位滑坡面积概率坡向图

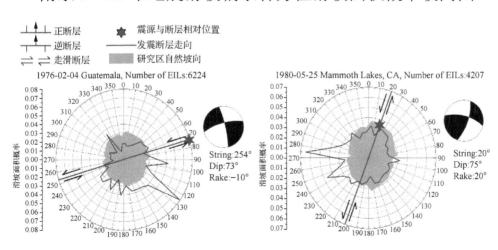

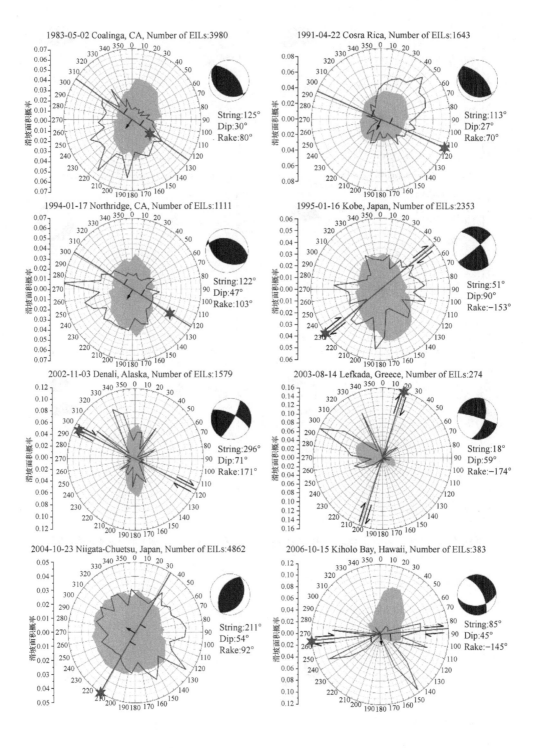

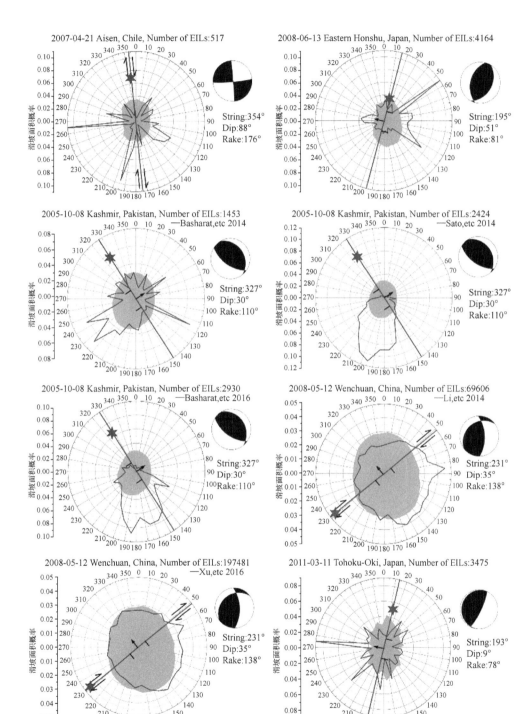

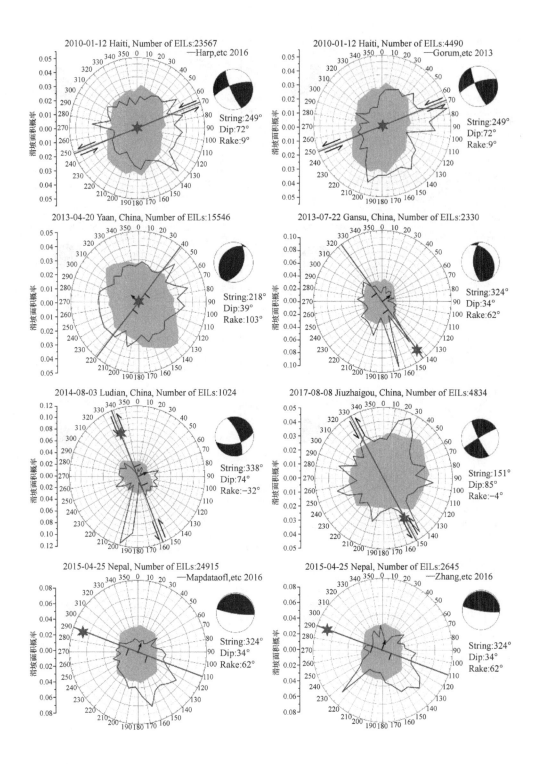

附录 6　本书近断层脉冲地震动数据库目录

地震名	年份	台站名	震级	R/km
Imperial Valley-02	1940	El Centro Array #9	6.95	6.09
Northern Calif-03	1954	芬代尔市政厅（Ferndale City Hall）	6.50	27.02
San Fernando	1971	LA-Hollywood（洛杉矶-好莱坞）Stor FF	6.61	22.77
San Fernando	1971	莱克休斯（Lake Hughes）#1	6.61	27.4
San Fernando	1971	Pacoima Dam（upper left abut）	6.61	1.81
尼加拉瓜马那瓜-01（Managua, Nicaragua-01）	1972	Managua, ESSO	6.24	4.06
Managua, Nicaragua-02	1972	Managua, ESSO	5.20	4.98
Friuli, Italy-01	1976	托尔梅佐（Tolmezzo）	6.50	15.82
苏联加兹利（Gazli, USSR）	1976	卡拉卡尔（Karakyr）	6.80	5.46
Tabas, Iran	1978	Dayhook	7.35	13.94
Tabas, Iran	1978	Tabas	7.35	2.05
Coyote Lake	1979	Coyote Lake Dam-Southwest Abutment	5.74	6.13
Coyote Lake	1979	吉尔罗伊群（Gilroy Array）#2	5.74	9.02
Coyote Lake	1979	Gilroy Array #3	5.74	7.42
Coyote Lake	1979	Gilroy Array #4	5.74	5.7
Coyote Lake	1979	Gilroy Array #6	5.74	3.11
Imperial Valley-06	1979	墨西哥机场（Aeropuerto Mexicali）	6.53	0.34
Imperial Valley-06	1979	农学院（Agrarias）	6.53	0.65
Imperial Valley-06	1979	布劳雷机场（Brawley Airport）	6.53	10.42
Imperial Valley-06	1979	EC County Center FF	6.53	7.31
Imperial Valley-06	1979	El Centro-Meloland Geot. Array	6.53	0.07
Imperial Valley-06	1979	El Centro Array #10	6.53	8.6
Imperial Valley-06	1979	El Centro Array #11	6.53	12.56
Imperial Valley-06	1979	El Centro Array #3	6.53	12.85
Imperial Valley-06	1979	El Centro Array #4	6.53	7.05
Imperial Valley-06	1979	El Centro Array #5	6.53	3.95
Imperial Valley-06	1979	El Centro Array #6	6.53	1.35
Imperial Valley-06	1979	El Centro Array #7	6.53	0.56
Imperial Valley-06	1979	El Centro Array #8	6.53	3.86
Imperial Valley-06	1979	El Centro Differential Array	6.53	5.09
Imperial Valley-06	1979	Holtville Post Office	6.53	7.5
Imperial Valley-07	1979	El Centro Array #6	5.01	10.37
Livermore-02	1980	圣拉蒙伊士曼柯达（San Ramon-Eastman Kodak）	5.42	18.28
Mammoth Lakes-01	1980	罪犯溪（Convict Creek）	6.06	6.63
Mammoth Lakes-06	1980	Long Valley Dam（长谷大坝）（Upr L Abut）	5.94	16.03
墨西哥维多利亚（Victoria, Mexico）	1980	Cerro Prieto	6.33	14.37

续表

地震名	年份	台站名	震级	R/km
意大利伊皮尼亚-01 （Irpinia, Italy-01）	1980	巴尼奥利伊尔皮诺（Bagnoli Irpinio）	6.90	8.18
Irpinia, Italy-01	1980	比萨恰（Bisaccia）	6.90	21.26
Irpinia, Italy-01	1980	斯图尔诺（Sturno）（STN）	6.90	10.84
Irpinia, Italy-02	1980	卡利特里（Calitri）	6.20	8.83
威斯特摩兰（Westmorland）	1981	降落伞试验场（Parachute Test Site）	5.90	16.66
Westmorland	1981	威斯特摩兰消防站（Westmorland Fire Sta）	5.90	6.5
Mammoth Lakes-10	1983	Convict Creek	5.34	6.5
Coalinga-01	1983	Parkfield-Fault Zone 14	6.36	29.48
Coalinga-01	1983	Parkfield-Fault Zone 2	6.36	38.95
Coalinga-01	1983	Parkfield-Fault Zone 3	6.36	37.22
Coalinga-01	1983	Parkfield-Vineyard Cany 1E	6.36	26.38
Coalinga-01	1983	Pleasant Valley P.P.-yard	6.36	8.41
Coalinga-02	1983	无背斜脊（Anticline Ridge Free-Field）	5.09	11.55
Coalinga-02	1983	Anticline Ridge Pad	5.09	11.55
Coalinga-05	1983	石油城（Oil City）	5.77	8.46
Coalinga-05	1983	油田消防站-FF（Oil Fields Fire Station-FF）	5.77	11.1
Coalinga-05	1983	Oil Fields Fire Station-Pad	5.77	11.1
Coalinga-05	1983	Pleasant Valley P.P.-FF	5.77	16.05
Coalinga-05	1983	Pleasant Valley P.P. - yard	5.77	16.05
Coalinga-05	1983	发射台山（Transmitter Hill）	5.77	9.51
Coalinga-07	1983	Coalinga-14th & Elm（Old CHP）	5.21	10.89
Morgan Hill	1984	安德森大坝（Anderson Dam）（Downstream）	6.19	3.26
Morgan Hill	1984	Coyote Lake Dam - Southwest Abutment	6.19	0.53
Morgan Hill	1984	吉尔罗伊群（Gilroy Array）#6	6.19	9.87
Morgan Hill	1984	霍尔斯山谷（Halls Valley）	6.19	3.48
加拿大纳汉尼（Nahanni, Canada）	1985	台站1（Site 1）	6.76	9.6
Nahanni, Canada**	1985	Site 2	6.76	4.93
路易斯山（Mt. Lewis）	1986	Halls Valley	5.60	13.54
Taiwan SMART1（40），China	1986	SMART1 C00	6.32	59.92
Taiwan SMART1（40），China	1986	SMART1 E01	6.32	57.25
Taiwan SMART1（40），China	1986	SMART1 I01	6.32	60.11
Taiwan SMART1（40），China	1986	SMART1 I07	6.32	59.72
Taiwan SMART1（40），China	1986	SMART1 M01	6.32	60.86
Taiwan SMART1（40），China	1986	SMART1 M07	6.32	58.92
Taiwan SMART1（40），China	1986	SMART1 O07	6.32	57.99
N. Palm Springs**	1986	沙漠温泉（Desert Hot Springs）	6.06	6.82
N. Palm Springs	1986	莫罗戈山谷消防站（Morongo Valley Fire Station）	6.06	12.03
N. Palm Springs	1986	North Palm Springs	6.06	4.04
N. Palm Springs	1986	白水鳟鱼养殖场（Whitewater Trout Farm）	6.06	6.04

地震名	年份	台站名	震级	R/km
查尔方特山谷-02 （Chalfant Valley-02）	1986	扎克兄弟牧场（Zack Brothers Ranch）	6.19	7.58
希腊卡拉马塔-01 （Kalamata, Greece-01）	1986	Kalamata（bsmt）	6.20	6.45
Kalamata, Greece-02	1986	Kalamata（bsmt）（1st trigger）	5.40	5.6
Kalamata, Greece-02	1986	Kalamata（bsmt）（2nd trigger）	5.40	5.6
San Salvador	1986	岩土工程研究中心（Geotech Investig Center）	5.80	6.3
San Salvador	1986	国家地理研究所（National Geografical Inst）	5.80	6.99
Taiwan SMART1（45），China	1986	SMART1 C00	7.30	56.01
Taiwan SMART1（45），China	1986	SMART1 I01	7.30	56.18
Taiwan SMART1（45），China	1986	SMART1 I07	7.30	55.82
Taiwan SMART1（45），China	1986	SMART1 M07	7.30	55.11
Taiwan SMART1（45），China	1986	SMART1 O02	7.30	57.13
Taiwan SMART1（45），China	1986	SMART1 O04	7.30	55.18
Taiwan SMART1（45），China	1986	SMART1 O08	7.30	54.8
Taiwan SMART1（45），China	1986	SMART1 O10	7.30	56.94
下加利福尼亚（Baja California）	1987	Cerro Prieto	5.50	4.46
New Zealand-02	1987	马塔希纳大坝（Matahina Dam）	6.60	16.09
惠提尔峡谷-01 （Whittier Narrows-01）	1987	阿尔罕布拉-弗里蒙特学校 （Alhambra-Fremont School）	5.99	14.66
Whittier Narrows-01	1987	贝尔花园贾博内利亚（Bell Gardens-Jaboneria）	5.99	17.79
Whittier Narrows-01	1987	康普顿-卡斯特盖特街（Compton-Castlegate St）	5.99	23.37
Whittier Narrows-01	1987	唐尼-比奇达尔（Downey-Birchdale）	5.99	20.79
Whittier Narrows-01	1987	多尼-公司维修大楼（Downey-Co Maint Bldg）	5.99	20.82
Whittier Narrows-01	1987	加维-调度室（Garvey Res.-Control Bldg）	5.99	14.5
Whittier Narrows-01	1987	洛杉矶-116街学校（LA-116th St School）	5.99	23.29
Whittier Narrows-01	1987	洛杉矶-西 70 街（LA-W 70th St）	5.99	22.17
Whittier Narrows-01	1987	雷布-橙色大道（LB-Orange Ave）	5.99	24.54
Whittier Narrows-01	1987	洛斯塞里托斯农场（LB-Rancho Los Cerritos）	5.99	28.56
Whittier Narrows-01	1987	莱克伍德-德尔阿莫大道 （Lakewood-Del Amo Blvd）	5.99	26.68
Whittier Narrows-01	1987	诺沃克高速公路南区（Norwalk-Imp Hwy, S Grnd）	5.99	20.42
Whittier Narrows-01	1987	圣盖博大道-（San Gabriel-E Grand Ave）	5.99	15.2
Whittier Narrows-01	1987	圣塔菲泉（Santa Fe Springs-E.Joslin）	5.99	18.49
Whittier Narrows-01	1987	Tarzana-Cedar Hill	5.99	41.22
Whittier Narrows-02	1987	洛杉矶-奥布雷贡公园（LA-Obregon Park）	5.27	13.62
迷幻山-02（Superstition Hills-02）**	1987	康布洛姆路（临时道路）[（Kornbloom Road （temp）]	6.54	18.48
Superstition Hills-02**	1987	Parachute Test Site	6.54	0.95
Superstition Hills-02**	1987	Poe 路（临时道路）[Poe Road（temp）]	6.54	11.16
Superstition Hills-02**	1987	迷幻山摄影站（Superstition Mtn Camera）	6.54	5.61

续表

地震名	年份	台站名	震级	R/km
Superstition Hills-02	1987	Westmorland Fire Sta	6.54	13.03
Loma Prieta	1989	雷德伍德城（APEEL 2-Redwood City）	6.93	43.23
Loma Prieta	1989	阿格纽斯州立医院（Agnews State Hospital）	6.93	24.57
Loma Prieta	1989	阿拉米达海军航空兵库 （Alameda Naval Air Stn Hanger）	6.93	71
Loma Prieta	1989	BRAN	6.93	10.72
Loma Prieta	1989	卡皮托拉（Capitola）	6.93	15.23
Loma Prieta	1989	科拉利托斯（Corralitos）	6.93	3.85
Loma Prieta	1989	Coyote Lake Dam（Downst）	6.93	20.8
Loma Prieta	1989	Coyote Lake Dam-Southwest Abutment	6.93	20.34
Loma Prieta	1989	Emeryville（爱莫利维尔）， Pacific Park #2, Free Field	6.93	76.97
Loma Prieta	1989	Foster City（福斯特城）-APEEL 1	6.93	43.94
Loma Prieta	1989	Gilroy-Gavilan Coll.	6.93	9.96
Loma Prieta	1989	Gilroy-Historic Bldg.	6.93	10.97
Loma Prieta	1989	Gilroy Array #1	6.93	9.64
Loma Prieta	1989	Gilroy Array #2	6.93	11.07
Loma Prieta	1989	Gilroy Array #3	6.93	12.82
Loma Prieta	1989	Gilroy Array #4	6.93	14.34
Loma Prieta	1989	金门大桥（Golden Gate Bridge）	6.93	79.81
Loma Prieta	1989	霍利斯特南区和松树区（Hollister-South & Pine）	6.93	27.93
Loma Prieta	1989	霍利斯特市政厅（Hollister City Hall）	6.93	27.6
Loma Prieta	1989	Hollister Differential Array	6.93	24.82
Loma Prieta	1989	LGPC	6.93	3.88
Loma Prieta	1989	奥克兰-外港码头（Oakland-Outer Harbor Wharf）	6.93	74.26
Loma Prieta	1989	Oakland-Title & Trust	6.93	72.2
Loma Prieta	1989	帕洛阿托（Palo Alto-1900 Embarc.）	6.93	30.81
Loma Prieta	1989	Palo Alto-SLAC Lab	6.93	30.86
Loma Prieta	1989	旧金山-悬崖小屋（SF Cliff House）	6.93	78.68
Loma Prieta	1989	SF-Presidio	6.93	77.43
Loma Prieta	1989	SF Intern. Airport	6.93	58.65
Loma Prieta	1989	圣何塞-圣特雷莎山（San Jose-Santa Teresa Hills）	6.93	14.69
Loma Prieta	1989	萨拉托加-阿罗哈街（Saratoga-Aloha Ave）	6.93	8.5
Loma Prieta[**]	1989	Saratoga-W Valley Coll.	6.93	9.31
Loma Prieta	1989	森尼维尔-科尔顿街（Sunnyvale-Colton Ave.）	6.93	24.23
Loma Prieta	1989	金银岛（Treasure Island）	6.93	77.42
Loma Prieta	1989	WAHO	6.93	17.47
Erzican, Turkey	1992	Erzincan	6.69	4.38
Cape Mendocino	1992	Cape Mendocino	7.01	6.96
Cape Mendocino	1992	Eureka（尤里卡）-Myrtle & West	7.01	41.97
Cape Mendocino	1992	Petrolia	7.01	8.18

地震名	年份	台站名	震级	R/km
Landers	1992	巴斯托（Barstow）	7.28	34.86
Landers*	1992	Compton-Castlegate St	7.28	161.23
Landers	1992	Lucerne	7.28	2.19
Landers	1992	耶莫消防局（Yermo Fire Station）	7.28	23.62
大熊（Big Bear-01）	1992	大熊湖-市政中心（Big Bear Lake-Civic Center）	6.46	8.3
Northridge-01	1994	Beverly Hills-12520 Mulhol	6.69	18.36
Northridge-01	1994	Beverly Hills-14145 Mulhol	6.69	17.15
Northridge-01	1994	卡诺加公园-托潘加峡谷（Canoga Park-Topanga Can）	6.69	14.7
Northridge-01	1994	Canyon Country-W Lost Cany	6.69	12.44
Northridge-01	1994	卡斯泰克-旧山脊路线（Castaic-Old Ridge Route）	6.69	20.72
Northridge-01	1994	Hollywood-Willoughby Ave	6.69	23.07
Northridge-01	1994	Jensen Filter Plant Administrative Building	6.69	5.43
Northridge-01	1994	Jensen Filter Plant Generator Building	6.69	5.43
Northridge-01	1994	洛杉矶-沙隆路（LA-Chalon Rd）	6.69	20.45
Northridge-01	1994	LA-Obregon Park	6.69	37.36
Northridge-01	1994	LA-Saturn St	6.69	27.01
Northridge-01	1994	LA-Sepulveda VA Hospital	6.69	8.44
Northridge-01	1994	Los Angeles-7-story Univ Hospital（FF）	6.69	34.2
Northridge-01	1994	LA 00	6.69	19.07
Northridge-01	1994	LA Dam	6.69	5.92
Northridge-01	1994	好莱坞北部-冷水罐（N Hollywood-Coldwater Can）	6.69	12.51
Northridge-01	1994	Newhall-Fire Sta	6.69	5.92
Northridge-01	1994	Newhall-W Pico Canyon Rd.	6.69	5.48
Northridge-01**	1994	Northridge-17645 Saticoy St	6.69	12.09
Northridge-01	1994	Pacoima Dam（downstr）	6.69	7.01
Northridge-01	1994	Pacoima Dam（upper left）	6.69	7.01
Northridge-01	1994	Pacoima Kagel Canyon	6.69	7.26
Northridge-01	1994	Rinaldi Receiving Sta	6.69	6.5
Northridge-01	1994	圣莫尼卡市政厅（Santa Monica City Hall）	6.69	26.45
Northridge-01	1994	西米谷-凯瑟琳路（Simi Valley-Katherine Rd）	6.69	13.42
Northridge-01	1994	Sylmar-Converter Sta	6.69	5.35
Northridge-01	1994	Sylmar-Converter Sta East	6.69	5.19
Northridge-01	1994	Sylmar-Olive View Med FF	6.69	5.3
Northridge-01	1994	塔扎纳-雪松山 A（Tarzana-Cedar Hill A）	6.69	15.6
Kobe, Japan	1995	Amagasaki	6.90	11.34
Kobe, Japan	1995	KJMA	6.90	0.96
Kobe, Japan	1995	加古川（Kakogawa）	6.90	22.5
Kobe, Japan	1995	Kobe University	6.90	0.92
Kobe, Japan	1995	（Nishi-Akashi）	6.90	7.08

续表

地震名	年份	台站名	震级	R/km
Kobe, Japan	1995	Port Island（0 m）	6.90	3.31
Kobe, Japan	1995	西明石（Shin-Osaka）	6.90	19.15
Kobe, Japan	1995	Takarazuka	6.90	0.27
Kobe, Japan	1995	Takatori	6.90	1.47
Dinar, Turkey	1995	Dinar	6.40	3.36
Kocaeli, Turkey	1999	安巴利（Ambarli）	7.51	69.62
Kocaeli, Turkey	1999	阿塞利克（Arcelik）	7.51	13.49
Kocaeli, Turkey	1999	阿塔科伊（Atakoy）	7.51	58.28
Kocaeli, Turkey	1999	切克梅切（Cekmece）	7.51	66.69
Kocaeli, Turkey	1999	Duzce	7.51	15.37
Kocaeli, Turkey	1999	法蒂赫（Fatih）	7.51	55.48
Kocaeli, Turkey	1999	盖布泽（Gebze）	7.51	10.92
Kocaeli, Turkey	1999	哈瓦阿拉尼（Hava Alani）	7.51	60.05
Kocaeli, Turkey	1999	伊兹米特（Izmit）	7.51	7.21
Kocaeli, Turkey	1999	Yarimca	7.51	4.83
Kocaeli, Turkey	1999	宰廷布尔努（Zeytinburnu）	7.51	53.88
Chi-Chi, Taiwan，China	1999	CHY002	7.62	24.96
Chi-Chi, Taiwan，China	1999	CHY006	7.62	9.76
Chi-Chi, Taiwan，China	1999	CHY024	7.62	9.62
Chi-Chi, Taiwan，China	1999	CHY025	7.62	19.07
Chi-Chi, Taiwan，China	1999	CHY026	7.62	29.52
Chi-Chi, Taiwan，China	1999	CHY028	7.62	3.12
Chi-Chi, Taiwan，China	1999	CHY029	7.62	10.96
Chi-Chi, Taiwan，China	1999	CHY034	7.62	14.82
Chi-Chi, Taiwan，China	1999	CHY035	7.62	12.65
Chi-Chi, Taiwan，China	1999	CHY036	7.62	16.04
Chi-Chi, Taiwan，China	1999	CHY041	7.62	19.83
Chi-Chi, Taiwan，China	1999	CHY055	7.62	54.3
Chi-Chi, Taiwan，China	1999	CHY076	7.62	42.15
Chi-Chi, Taiwan，China	1999	CHY080	7.62	2.69
Chi-Chi, Taiwan，China	1999	CHY092	7.62	22.69
Chi-Chi, Taiwan，China	1999	CHY094	7.62	37.1
Chi-Chi, Taiwan，China	1999	CHY101	7.62	9.94
Chi-Chi, Taiwan，China	1999	CHY104	7.62	18.02
Chi-Chi, Taiwan，China	1999	HWA003	7.62	56.14
Chi-Chi, Taiwan，China	1999	HWA011	7.62	53.19
Chi-Chi, Taiwan，China	1999	HWA013	7.62	54.32
Chi-Chi, Taiwan，China	1999	HWA045	7.62	63.43
Chi-Chi, Taiwan[*]，China	1999	ILA004	7.62	88.89
Chi-Chi, Taiwan[*]，China	1999	ILA030	7.62	85.62

地震名	年份	台站名	震级	R/km
Chi-Chi, Taiwan*，China	1999	ILA037	7.62	84.11
Chi-Chi, Taiwan*，China	1999	ILA041	7.62	87.97
Chi-Chi, Taiwan*，China	1999	ILA048	7.62	88.95
Chi-Chi, Taiwan*，China	1999	ILA055	7.62	90.3
Chi-Chi, Taiwan*，China	1999	ILA056	7.62	92.04
Chi-Chi, Taiwan，China	1999	NST	7.62	38.42
Chi-Chi, Taiwan*，China	1999	TAP003	7.62	102.39
Chi-Chi, Taiwan*，China	1999	TAP010	7.62	101.33
Chi-Chi, Taiwan*，China	1999	TAP017	7.62	98.93
Chi-Chi, Taiwan*，China	1999	TAP041	7.62	110.9
Chi-Chi, Taiwan*，China	1999	TAP043	7.62	91.19
Chi-Chi, Taiwan*，China	1999	TAP047	7.62	84.46
Chi-Chi, Taiwan*，China	1999	TAP051	7.62	103.46
Chi-Chi, Taiwan*，China	1999	TAP052	7.62	99.24
Chi-Chi, Taiwan*，China	1999	TAP095	7.62	109
Chi-Chi, Taiwan*，China	1999	TCU003	7.62	86.57
Chi-Chi, Taiwan，China	1999	TCU006	7.62	72.61
Chi-Chi, Taiwan*，China	1999	TCU007	7.62	88.2
Chi-Chi, Taiwan*，China	1999	TCU008	7.62	85.09
Chi-Chi, Taiwan*，China	1999	TCU009	7.62	81.08
Chi-Chi, Taiwan*，China	1999	TCU010	7.62	82.27
Chi-Chi, Taiwan，China	1999	TCU011	7.62	75.17
Chi-Chi, Taiwan*，China	1999	TCU014	7.62	92.7
Chi-Chi, Taiwan，China	1999	TCU015	7.62	49.81
Chi-Chi, Taiwan，China	1999	TCU017	7.62	54.28
Chi-Chi, Taiwan，China	1999	TCU018	7.62	66.25
Chi-Chi, Taiwan，China	1999	TCU025	7.62	52.98
Chi-Chi, Taiwan，China	1999	TCU026	7.62	56.12
Chi-Chi, Taiwan，China	1999	TCU029	7.62	28.04
Chi-Chi, Taiwan，China	1999	TCU031	7.62	30.17
Chi-Chi, Taiwan，China	1999	TCU033	7.62	40.88
Chi-Chi, Taiwan，China	1999	TCU034	7.62	35.68
Chi-Chi, Taiwan，China	1999	TCU036	7.62	19.83
Chi-Chi, Taiwan，China	1999	TCU038	7.62	25.42
Chi-Chi, Taiwan，China	1999	TCU039	7.62	19.89
Chi-Chi, Taiwan，China	1999	TCU040	7.62	22.06
Chi-Chi, Taiwan，China	1999	TCU042	7.62	26.31
Chi-Chi, Taiwan，China	1999	TCU045	7.62	26
Chi-Chi, Taiwan，China	1999	TCU046	7.62	16.74
Chi-Chi, Taiwan，China	1999	TCU047	7.62	35

地震名	年份	台站名	震级	R/km
Chi-Chi, Taiwan，China	1999	TCU048	7.62	13.53
Chi-Chi, Taiwan，China	1999	TCU049	7.62	3.76
Chi-Chi, Taiwan，China	1999	TCU050	7.62	9.49
Chi-Chi, Taiwan，China	1999	TCU051	7.62	7.64
Chi-Chi, Taiwan，China	1999	TCU052	7.62	0.66
Chi-Chi, Taiwan，China	1999	TCU053	7.62	5.95
Chi-Chi, Taiwan，China	1999	TCU054	7.62	5.28
Chi-Chi, Taiwan，China	1999	TCU055	7.62	6.34
Chi-Chi, Taiwan，China	1999	TCU056	7.62	10.48
Chi-Chi, Taiwan，China	1999	TCU057	7.62	11.83
Chi-Chi, Taiwan，China	1999	TCU059	7.62	17.11
Chi-Chi, Taiwan，China	1999	TCU060	7.62	8.51
Chi-Chi, Taiwan，China	1999	TCU061	7.62	17.17
Chi-Chi, Taiwan，China	1999	TCU063	7.62	9.78
Chi-Chi, Taiwan，China	1999	TCU064	7.62	16.59
Chi-Chi, Taiwan，China	1999	TCU065	7.62	0.57
Chi-Chi, Taiwan，China	1999	TCU067	7.62	0.62
Chi-Chi, Taiwan，China	1999	TCU068	7.62	0.32
Chi-Chi, Taiwan，China	1999	TCU070	7.62	19
Chi-Chi, Taiwan，China	1999	TCU071	7.62	5.8
Chi-Chi, Taiwan，China	1999	TCU072	7.62	7.08
Chi-Chi, Taiwan，China	1999	TCU074	7.62	13.46
Chi-Chi, Taiwan，China	1999	TCU075	7.62	0.89
Chi-Chi, Taiwan，China	1999	TCU076	7.62	2.74
Chi-Chi, Taiwan，China	1999	TCU081	7.62	55.48
Chi-Chi, Taiwan，China	1999	TCU082	7.62	5.16
Chi-Chi, Taiwan，China	1999	TCU083	7.62	80.32
Chi-Chi, Taiwan，China	1999	TCU084	7.62	11.48
Chi-Chi, Taiwan，China	1999	TCU087	7.62	6.98
Chi-Chi, Taiwan，China	1999	TCU088	7.62	18.16
Chi-Chi, Taiwan，China	1999	TCU089	7.62	9
Chi-Chi, Taiwan*，China	1999	TCU092	7.62	88.07
Chi-Chi, Taiwan，China	1999	TCU094	7.62	54.53
Chi-Chi, Taiwan，China	1999	TCU095	7.62	45.18
Chi-Chi, Taiwan，China	1999	TCU096	7.62	54.45
Chi-Chi, Taiwan，China	1999	TCU098	7.62	47.67
Chi-Chi, Taiwan，China	1999	TCU100	7.62	11.37
Chi-Chi, Taiwan，China	1999	TCU101	7.62	2.11
Chi-Chi, Taiwan，China	1999	TCU102	7.62	1.49
Chi-Chi, Taiwan，China	1999	TCU103	7.62	6.08

地震名	年份	台站名	震级	R/km
Chi-Chi, Taiwan，China	1999	TCU104	7.62	12.87
Chi-Chi, Taiwan，China	1999	TCU105	7.62	17.16
Chi-Chi, Taiwan，China	1999	TCU106	7.62	14.97
Chi-Chi, Taiwan，China	1999	TCU107	7.62	15.99
Chi-Chi, Taiwan，China	1999	TCU109	7.62	13.06
Chi-Chi, Taiwan，China	1999	TCU110	7.62	11.58
Chi-Chi, Taiwan，China	1999	TCU111	7.62	22.12
Chi-Chi, Taiwan，China	1999	TCU112	7.62	27.48
Chi-Chi, Taiwan，China	1999	TCU113	7.62	31.05
Chi-Chi, Taiwan，China	1999	TCU115	7.62	21.76
Chi-Chi, Taiwan，China	1999	TCU116	7.62	12.38
Chi-Chi, Taiwan，China	1999	TCU117	7.62	25.42
Chi-Chi, Taiwan，China	1999	TCU118	7.62	26.82
Chi-Chi, Taiwan，China	1999	TCU120	7.62	7.4
Chi-Chi, Taiwan，China	1999	TCU122	7.62	9.34
Chi-Chi, Taiwan，China	1999	TCU123	7.62	14.91
Chi-Chi, Taiwan，China	1999	TCU128	7.62	13.13
Chi-Chi, Taiwan，China	1999	TCU129	7.62	1.83
Chi-Chi, Taiwan，China	1999	TCU136	7.62	8.27
Chi-Chi, Taiwan，China	1999	TCU138	7.62	9.78
Chi-Chi, Taiwan，China	1999	TCU141	7.62	24.19
Chi-Chi, Taiwan，China	1999	TCU147	7.62	71.27
Duzce, Turkey	1999	博卢（Bolu）	7.14	12.04
Duzce, Turkey	1999	Duzce	7.14	6.58
阿拉斯加圣以利亚（St Elias, Alaska）	1979	冰湾（Icy Bay）	7.54	26.46
St Elias, Alaska	1979	亚库塔特（Yakutat）	7.54	80
伊朗曼吉尔（Manjil, Iran）	1990	阿卜哈尔（Abhar）	7.37	75.58
马德雷山脉（Sierra Madre）	1991	艾塔迪那-伊顿峡谷（Altadena-Eaton Canyon）	5.61	13.17
Northridge-03	1994	Newhall-Fire Sta	5.20	9.35
Northridge-06	1994	Jensen Filter Plant Administrative Building	5.28	14.69
Northridge-06	1994	Jensen Filter Plant Generator Building	5.28	14.75
Northridge-06	1994	Rinaldi Receiving Sta	5.28	12.96
Northridge-06	1994	Sylmar-Converter Sta	5.28	14.67
中国西北-03（Northwest China-03）	1997	伽师（Jiashi）	6.10	17.73
Hector Mine	1999	安波伊（Amboy）	7.13	43.05
Hector Mine	1999	Big Bear Lake-Fire Station	7.13	61.85
Hector Mine	1999	Hector	7.13	11.66
Hector Mine*	1999	Whittier Narrows Dam downstream	7.13	169.83
扬特维尔（Yountville）	2000	纳帕消防局#3（Napa Fire Station #3）	5.00	11.5
Denali, Alaska	2002	龙头泵站#10（TAPS Pump Station #10）	7.90	2.74

续表

地震名	年份	台站名	震级	R/km
Chi-Chi, Taiwan-02，China	1999	TCU074	5.90	7.68
Chi-Chi, Taiwan-03，China	1999	CHY024	6.20	19.65
Chi-Chi, Taiwan-03，China	1999	CHY025	6.20	28.67
Chi-Chi, Taiwan-03，China	1999	CHY026	6.20	38.88
Chi-Chi, Taiwan-03，China	1999	CHY028	6.20	24.38
Chi-Chi, Taiwan-03，China	1999	CHY029	6.20	31.79
Chi-Chi, Taiwan-03，China	1999	CHY035	6.20	34.52
Chi-Chi, Taiwan-03，China	1999	CHY080	6.20	22.37
Chi-Chi, Taiwan-03，China	1999	CHY101	6.20	25.3
Chi-Chi, Taiwan-03，China	1999	CHY104	6.20	35.05
Chi-Chi, Taiwan-03，China	1999	TCU065	6.20	26.05
Chi-Chi, Taiwan-03，China	1999	TCU075	6.20	19.65
Chi-Chi, Taiwan-03，China	1999	TCU076	6.20	14.66
Chi-Chi, Taiwan-03，China	1999	TCU078	6.20	7.62
Chi-Chi, Taiwan-03，China	1999	TCU079	6.20	8.48
Chi-Chi, Taiwan-03，China	1999	TCU084	6.20	9.32
Chi-Chi, Taiwan-03，China	1999	TCU113	6.20	41.62
Chi-Chi, Taiwan-03，China	1999	TCU115	6.20	35.21
Chi-Chi, Taiwan-03，China	1999	TCU116	6.20	22.13
Chi-Chi, Taiwan-03，China	1999	TCU122	6.20	19.3
Chi-Chi, Taiwan-03，China	1999	TCU129	6.20	12.83
Chi-Chi, Taiwan-03，China	1999	TCU138	6.20	22.14
Chi-Chi, Taiwan-03，China	1999	TCU141	6.20	33.6
Chi-Chi, Taiwan-04，China	1999	CHY029	6.20	25.79
Chi-Chi, Taiwan-04，China	1999	CHY030	6.20	30.5
Chi-Chi, Taiwan-04，China	1999	CHY036	6.20	30.85
Chi-Chi, Taiwan-04，China	1999	CHY074	6.20	6.2
Chi-Chi, Taiwan-04，China	1999	CHY101	6.20	21.67
Chi-Chi, Taiwan-06，China	1999	CHY024	6.30	31.14
Chi-Chi, Taiwan-06，China	1999	CHY029	6.30	41.36
Chi-Chi, Taiwan-06，China	1999	CHY030	6.30	45.29
Chi-Chi, Taiwan-06，China	1999	CHY086	6.30	54.42
Chi-Chi, Taiwan-06，China	1999	CHY092	6.30	43.93
Chi-Chi, Taiwan-06，China	1999	CHY101	6.30	35.97
Chi-Chi, Taiwan-06，China	1999	TCU078	6.30	11.52
Chi-Chi, Taiwan-06，China	1999	TCU079	6.30	10.05
Chi-Chi, Taiwan-06，China	1999	TCU080	6.30	10.2
Loma Prieta	1989	Los Gatos-Lexington Dam	6.93	5.02
Taiwan SMART1 (5)，China	1981	SMART1 O02	5.90	27.51
Taiwan SMART1 (40)，China	1986	SMART1 I02	6.32	60.08

续表

地震名	年份	台站名	震级	R/km
Taiwan SMART1 (40), China	1986	SMART1 I03	6.32	60.03
Taiwan SMART1 (40), China	1986	SMART1 I04	6.32	59.93
Taiwan SMART1 (40), China	1986	SMART1 I05	6.32	59.83
Taiwan SMART1 (40), China	1986	SMART1 I06	6.32	59.75
Taiwan SMART1 (40), China	1986	SMART1 I08	6.32	59.76
Taiwan SMART1 (40), China	1986	SMART1 I09	6.32	59.82
Taiwan SMART1 (40), China	1986	SMART1 I11	6.32	60
Taiwan SMART1 (40), China	1986	SMART1 I12	6.32	60.09
Taiwan SMART1 (40), China	1986	SMART1 M02	6.32	60.89
Taiwan SMART1 (40), China	1986	SMART1 M03	6.32	60.45
Taiwan SMART1 (40), China	1986	SMART1 M04	6.32	59.93
Taiwan SMART1 (40), China	1986	SMART1 M05	6.32	59.5
Taiwan SMART1 (40), China	1986	SMART1 M06	6.32	59.07
Taiwan SMART1 (40), China	1986	SMART1 M08	6.32	59.07
Taiwan SMART1 (40), China	1986	SMART1 M09	6.32	59.35
Taiwan SMART1 (40), China	1986	SMART1 M10	6.32	59.86
Taiwan SMART1 (40), China	1986	SMART1 M11	6.32	60.42
Taiwan SMART1 (40), China	1986	SMART1 M12	6.32	60.78
Taiwan SMART1 (40), China	1986	SMART1 O02	6.32	61.64
Taiwan SMART1 (40), China	1986	SMART1 O03	6.32	60.95
Taiwan SMART1 (40), China	1986	SMART1 O04	6.32	60
Taiwan SMART1 (40), China	1986	SMART1 O05	6.32	59.02
Taiwan SMART1 (40), China	1986	SMART1 O06	6.32	58.23
Taiwan SMART1 (40), China	1986	SMART1 O08	6.32	58.12
Taiwan SMART1 (40), China	1986	SMART1 O10	6.32	59.96
Taiwan SMART1 (40), China	1986	SMART1 O11	6.32	60.9
Taiwan SMART1 (45), China	1986	SMART1 I02	7.30	56.1
Taiwan SMART1 (45), China	1986	SMART1 I03	7.30	56.02
Taiwan SMART1 (45), China	1986	SMART1 I04	7.30	55.91
Taiwan SMART1 (45), China	1986	SMART1 I05	7.30	55.84
Taiwan SMART1 (45), China	1986	SMART1 I06	7.30	55.81
Taiwan SMART1 (45), China	1986	SMART1 I08	7.30	55.89
Taiwan SMART1 (45), China	1986	SMART1 I09	7.30	55.99
Taiwan SMART1 (45), China	1986	SMART1 I11	7.30	56.15
Taiwan SMART1 (45), China	1986	SMART1 I12	7.30	56.2
Taiwan SMART1 (45), China	1986	SMART1 M04	7.30	55.55
Taiwan SMART1 (45), China	1986	SMART1 M09	7.30	55.87
Taiwan SMART1 (45), China	1986	SMART1 M10	7.30	56.36
Taiwan SMART1 (45), China	1986	SMART1 O03	7.30	56.16
Cape Mendocino	1992	Bunker Hill FAA	7.01	12.24

续表

地震名	年份	台站名	震级	R/km
Cape Mendocino	1992	海军基地森特维尔海滩 （Centerville Beach, Naval Fac）	7.01	18.31
Cape Mendocino	1992	红木学院（College of the Redwoods）	7.01	31.46
Cape Mendocino	1992	Ferndale Fire Station	7.01	19.32
Cape Mendocino	1992	福尔图纳消防站（Fortuna Fire Station）	7.01	20.41
Cape Mendocino	1992	洛莱塔消防站（Loleta Fire Station）	7.01	25.91
中国台湾集集（余震2）[Chi-Chi （aftershock 2），Taiwan, China]	1999	CHY002	6.20	39.05
Chi-Chi（aftershock 5）， Taiwan ,China	1999	CHY006	6.30	40.64
Tottori, Japan	2000	OKY005	6.61	28.82
Tottori, Japan	2000	SMN002	6.61	16.61
Tottori, Japan	2000	SMN015	6.61	9.12
Tottori, Japan	2000	SMNH01	6.61	5.86
Tottori, Japan	2000	SMNH02	6.61	23.64
Tottori, Japan	2000	TTR007	6.61	11.29
Tottori, Japan	2000	TTR008	6.61	6.88
Tottori, Japan	2000	TTR009	6.61	8.83
Tottori, Japan	2000	TTRH02	6.61	0.97
加利福尼亚州圣西蒙 （San Simeon, CA）	2003	坦伯顿-1-斯托里医院 （Templeton-1-story Hospital）	6.5	6.22
Bam, Iran	2003	Bam	6.6	1.7
Parkfield-02, Canada	2004	Parkfield-Eades	6.00	2.85
Parkfield-02, Canada	2004	Parkfield-Middle Mountain	6.00	2.57
Parkfield-02, Canada **	2004	Parkfield-1-Story School BLDG	6.00	2.68
Parkfield-02, Canada	2004	斯莱克峡谷（Slack Canyon）	6.00	2.99
Parkfield-02, Canada	2004	Parkfield-Cholame 1E	6.00	3
Parkfield-02, Canada	2004	Parkfield-Cholame 2E	6.00	4.08
Parkfield-02, Canada	2004	Parkfield-Cholame 2WA	6.00	3.01
Parkfield-02, Canada	2004	Parkfield-Cholame 3E	6.00	5.55
Parkfield-02, Canada	2004	Parkfield-Cholame 3W	6.00	3.63
Parkfield-02, Canada	2004	Parkfield-Cholame 4W	6.00	4.23
Parkfield-02, Canada	2004	Parkfield-Cholame 4AW	6.00	5.53
Parkfield-02, Canada	2004	Parkfield-Fault Zone 1	6.00	2.51
Parkfield-02, Canada	2004	Parkfield-Fault Zone 6	6.00	2.7
Parkfield-02, Canada	2004	Parkfield-Fault Zone 9	6.00	2.85
Parkfield-02, Canada	2004	Parkfield-Fault Zone 12	6.00	2.65
Parkfield-02, Canada	2004	Parkfield-Fault Zone 14	6.00	8.81
Parkfield-02, Canada	2004	Parkfield-Stone Corral 1E	6.00	3.79
Parkfield-02, Canada	2004	Parkfield-Vineyard Cany 1E	6.00	2.96
Parkfield-02, Canada	2004	Parkfield-Vineyard Cany 2E	6.00	4.46

续表

地震名	年份	台站名	震级	R/km
Parkfield-02, Canada	2004	Parkfield-Vineyard Cany 2W	6.00	3.52
Parkfield-02, Canada	2004	PARKFIELD-UPSAR 09	6.00	9.34
Niigata, Japan	2004	NIG017	6.63	12.81
Niigata, Japan	2004	NIG018	6.63	25.84
Niigata, Japan	2004	NIG019	6.63	9.88
Niigata, Japan	2004	NIG021	6.63	11.26
Niigata, Japan	2004	NIG028	6.63	9.79
Niigata, Japan	2004	NIGH01	6.63	9.46
Christchurch, New Zealand	2011	克赖斯特彻奇度假村（Christchurch Resthaven）	6.2	5.13
Christchurch, New Zealand	2011	里卡顿高中（Riccarton High School）	6.2	9.44
Christchurch, New Zealand	2011	雪莉图书馆（Shirley Library）	6.2	5.6
Christchurch, New Zealand	2011	斯堤克斯米尔中转站（Styx Mill Transfer Station）	6.2	11.25
Christchurch, New Zealand	2011	希司克特谷小学（Heathcote Valley Primary School）	6.2	3.36
Christchurch, New Zealand	2011	LPCC	6.2	6.12
Duzce, Turkey	1999	IRIGM 487	7.14	2.65
Duzce, Turkey	1999	IRIGM 496	7.14	4.21
Duzce, Turkey	1999	IRIGM 498	7.14	3.58
40204628	2007	汉密尔顿路（Mt. Hamilton Road）	5.45	6.04
14383980	2008	巴里变电站（Barre Substation）	5.39	26.25

注：R 是断层距。

* 断层距小于 80km。

** 缺失竖向地震分量。

彩图1　典型地震边坡灾害实例

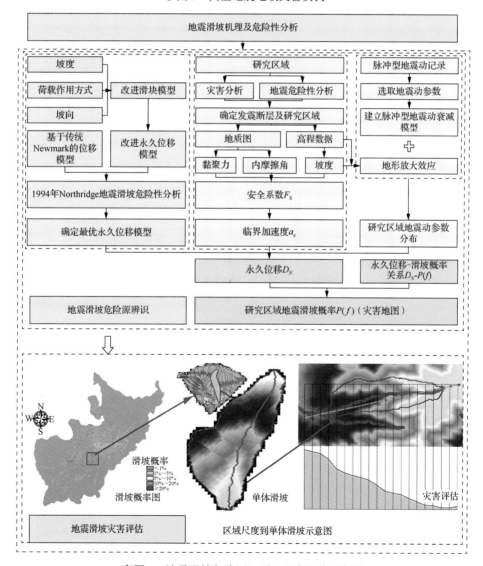

彩图2　地震滑坡危险源识别及灾害评估示意图

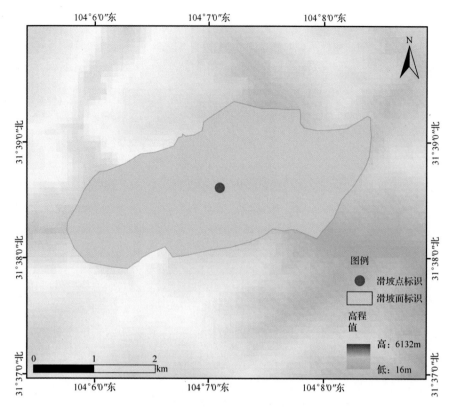

彩图 3　大光包滑坡的点与面标识

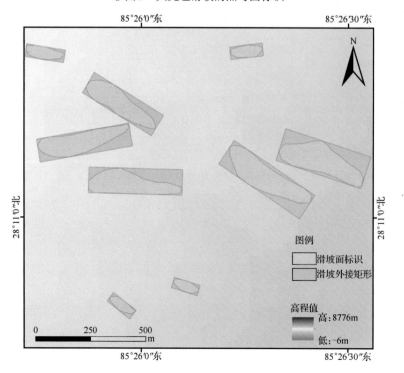

彩图 4　滑坡外接矩形示意图

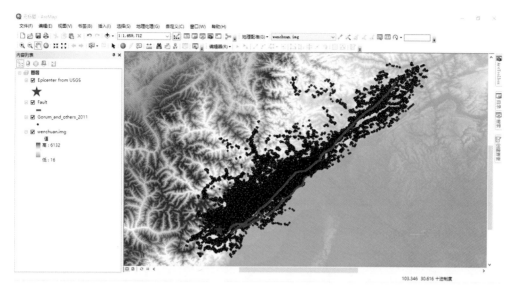

彩图 5　ArcGIS 空间数据管理界面

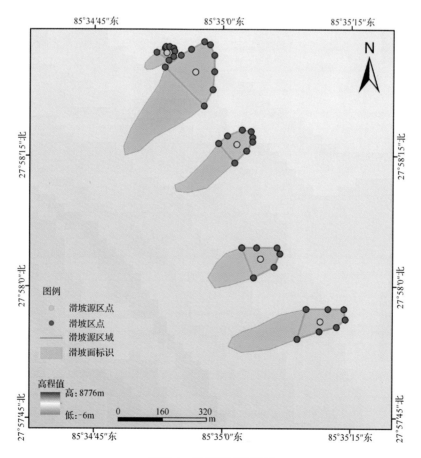

彩图 6　滑坡源区示意图

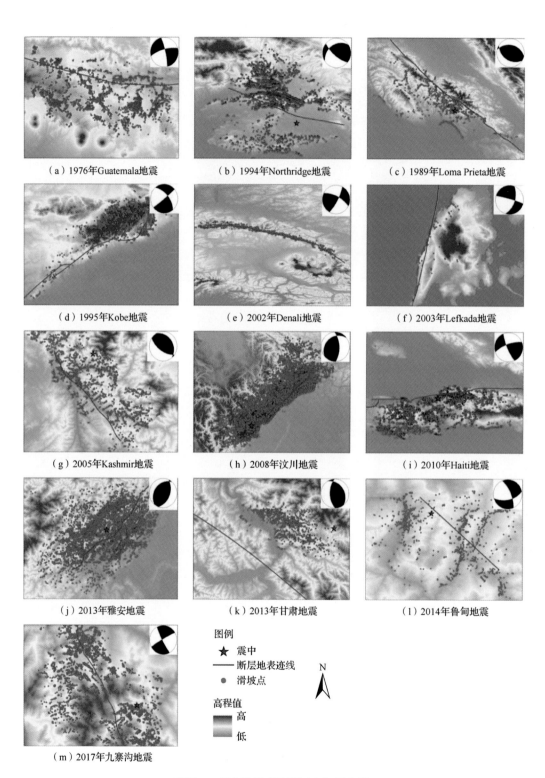

（a）1976年Guatemala地震　　　（b）1994年Northridge地震　　　（c）1989年Loma Prieta地震

（d）1995年Kobe地震　　　（e）2002年Denali地震　　　（f）2003年Lefkada地震

（g）2005年Kashmir地震　　　（h）2008年汶川地震　　　（i）2010年Haiti地震

（j）2013年雅安地震　　　（k）2013年甘肃地震　　　（l）2014年鲁甸地震

（m）2017年九寨沟地震

图例

★　震中

——　断层地表迹线

●　滑坡点

高程值

高

低

N

彩图7　部分地震事件断层空间展布图

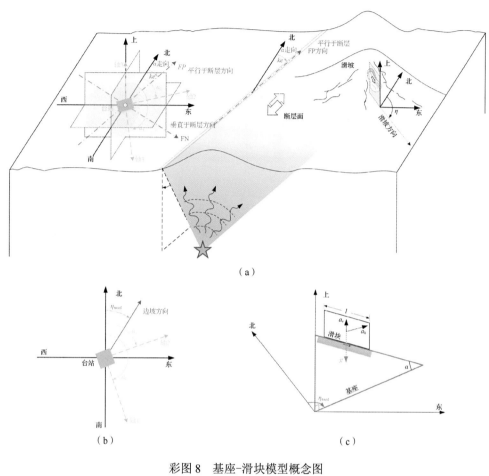

（a）

（b）　　　　　　　　　　　　（c）

彩图 8　基座-滑块模型概念图

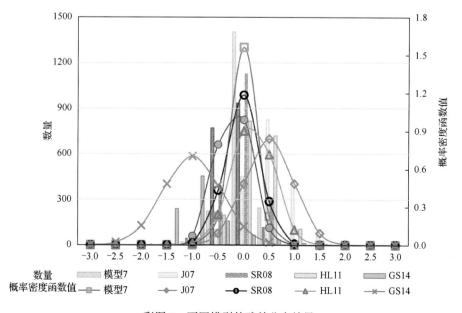

彩图 9　不同模型的残差分布结果

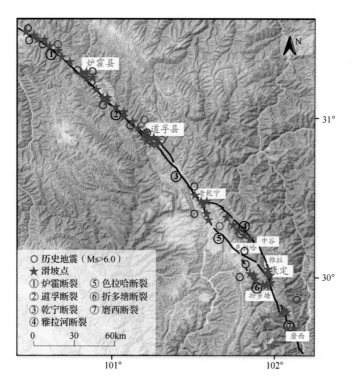

彩图 10　鲜水河断裂带及历史地震分布图（五角星个数代表滑坡灾害密度，不代表数量）

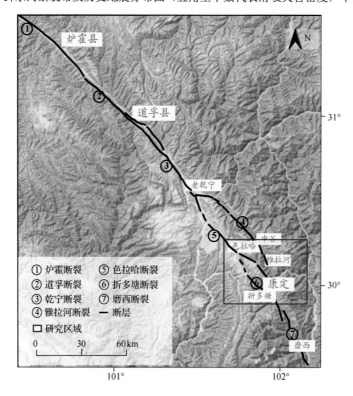

彩图 11　研究区域位置及设定地震发震断层

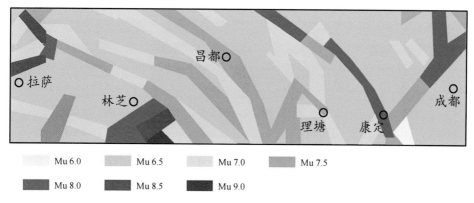

彩图 12　潜在地震区划

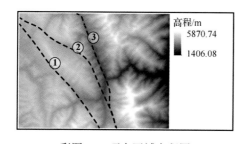

彩图 13　研究区域高程图

（图中虚线为断层位置，①折多塘断裂，②色拉哈断裂，
③雅拉河断裂）

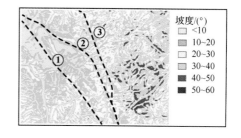

彩图 14　研究区域坡度图

（图中虚线为断层位置，①折多塘断裂，②色拉哈断裂，
③雅拉河断裂）

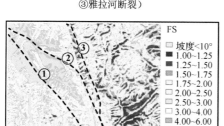

彩图 15　研究区域静态安全系数 FS 分布图

（图中虚线为断层位置，①折多塘断裂，②色拉哈断裂，
③雅拉河断裂）

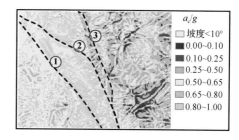

彩图 16　研究区域临界加速度 a_c 分布图

（图中虚线为断层位置，①折多塘断裂，②色拉哈断裂，
③雅拉河断裂）

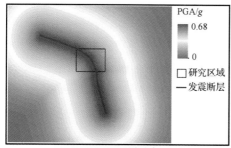

（a）PGA强度分布

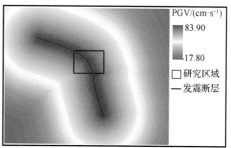

（b）PGV强度分布

彩图 17　色拉哈断层发生 M_S 8.0 级地震时地震动强度分布

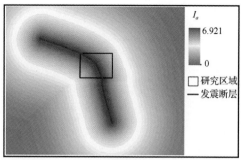

（c）I_a强度分布

彩图 17（续）

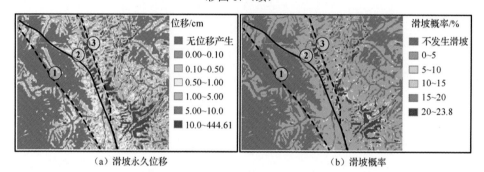

（a）滑坡永久位移 （b）滑坡概率

彩图 18 研究区域地震滑坡永久位移及概率分布图

（图中实线为发震断层位置，①折多塘断裂，②色拉哈断裂，③雅拉河断裂）

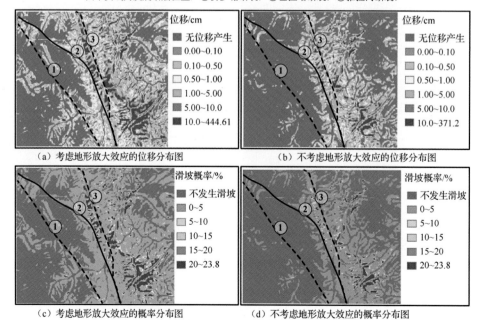

（a）考虑地形放大效应的位移分布图 （b）不考虑地形放大效应的位移分布图

（c）考虑地形放大效应的概率分布图 （d）不考虑地形放大效应的概率分布图

彩图 19 研究区域地震滑坡位移及概率分布图

（图中实线为发震断层位置，①折多塘断裂，②色拉哈断裂，③雅拉河断裂）

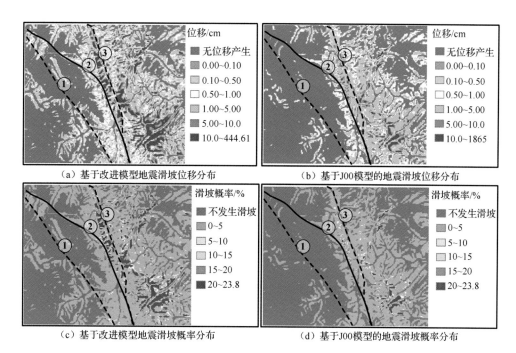

（a）基于改进模型地震滑坡位移分布　　　　　　　（b）基于J00模型的地震滑坡位移分布

（c）基于改进模型地震滑坡概率分布　　　　　　　（d）基于J00模型的地震滑坡概率分布

彩图 20　基于改进力学的位移模型和 J00 模型的地震滑坡永久位移及概率分布图

（图中实线为发震断层位置，①折多塘断裂，②色拉哈断裂，③雅拉河断裂）

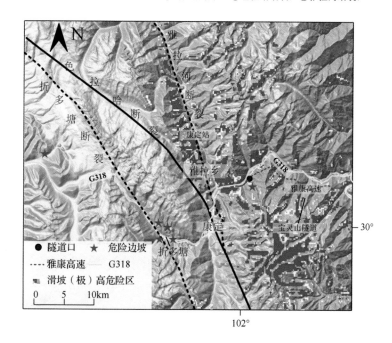

彩图 21　研究区域内交通网线和地震滑坡（极）高危险区分布图

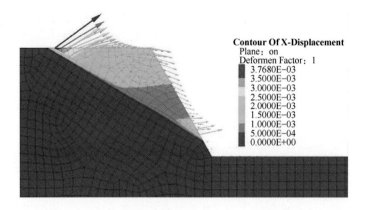

彩图 22　G_m_3 模型 x 向位移云图、位移矢量图

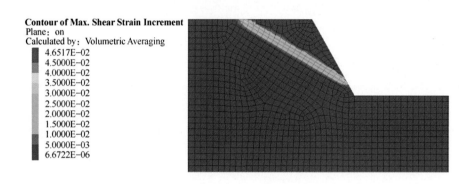

彩图 23　G_m_8 剪应变增量云图

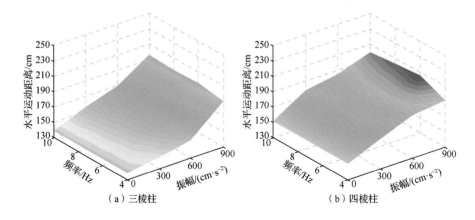

（a）三棱柱　　　　　　　　　　（b）四棱柱

彩图 24　不同形状落石水平运动距离与动荷载振幅、频率关系图

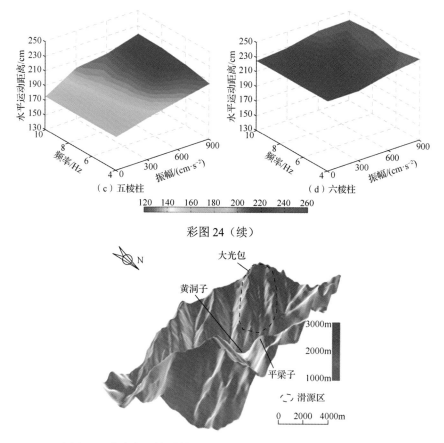

彩图24（续）

彩图25　大光包滑坡震前 3D 地形图（改自 Zhang et al.，2013）

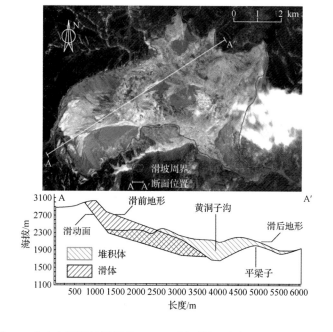

彩图26　大光包滑坡俯视图及 N60°E 剖面图（改自 Zhang et al.，2013）

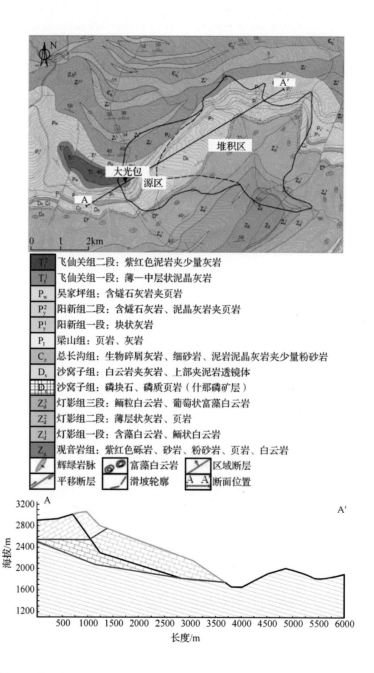

彩图 27　大光包滑坡地质平面图及 A—A′剖面图（改自 Zhang et al.，2013）

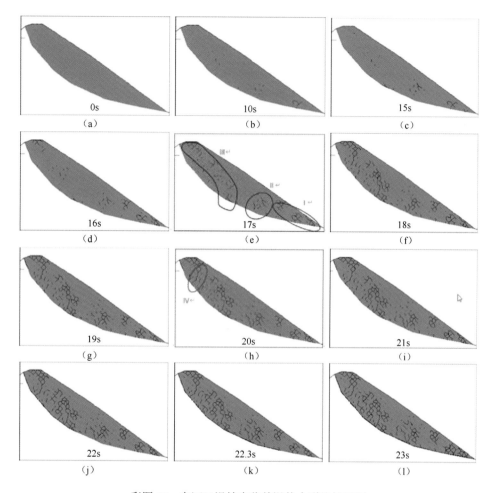

彩图 28　东河口滑坡失稳前滑体内裂纹扩展图

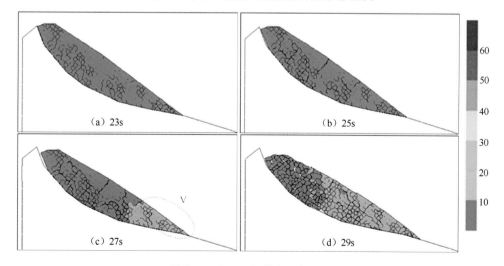

彩图 29　东河口滑坡失稳启动过程

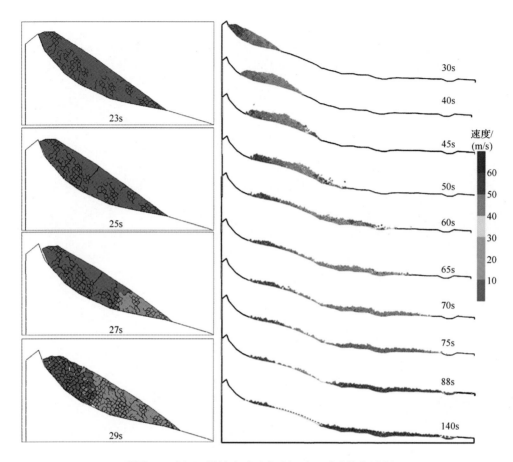

彩图 30　东河口滑坡启动及高速运动、减速停积过程